猪肉可追溯体系质量安全效应研究：理论与实证

刘增金　著

中国农业出版社
北　京

内 容 简 介

我国猪肉可追溯体系建设已推进较长时期，投入了大量人财物力，但已有研究极少对我国现阶段猪肉可追溯体系质量安全效应或者质量安全保障作用进行实证验证，更是缺少从整个生猪产业链视角对猪肉可追溯体系质量安全效应的全面系统论证，我们急需厘清我国猪肉可追溯体系建设至今，其保障生猪和猪肉质量安全的作用到底如何。基于此，本书从理论和实证两个方面基于监管与声誉耦合激励的视角，通过构建契约激励模型和声誉机制模型以及利用双变量 Probit 模型等计量模型，研究猪肉可追溯体系的质量安全效应，以期为猪肉可追溯体系的有效运行和猪肉质量安全的保障提出有针对性的对策建议。其最终成果为中国猪肉可追溯体系和猪肉质量安全等相关问题研究积累重要的文献资料并提供重要的理论借鉴，从而有助于对中国食品质量安全等问题展开更为深入的研究。

本书是国家自然科学基金项目“基于监管与声誉耦合激励的猪肉可追溯体系质量安全效应研究：理论与实证（71603169）”的主要研究成果，也包括国家自然科学基金项目“绿色发展视域下生猪养殖适度规模的演进机理与路径优化研究（71803104）”的部分研究成果。

目　录

第一章　导　　论

一、研究背景与意义

猪肉作为中国居民消费最多的肉类一直受到质量安全问题的困扰，建立猪肉可追溯体系是解决猪肉质量安全问题的重要途径。猪肉在中国居民饮食生活中占有重要地位，《中国统计年鉴》（2019）数据显示，2018 年中国居民人均猪肉消费量达到 22.8 千克，占畜肉类（猪肉、牛肉、羊肉）消费总量的 77.29%。随着收入水平和生活水平的不断提高，人们在猪肉需求量不断增加的同时，对猪肉质量安全也提出新的要求。然而，瘦肉精、注水肉、病死猪肉等质量安全事件的频发大大伤害了人们消费猪肉的信心，不利于经济发展和社会稳定。生猪产业链各环节都存在质量安全隐患，猪肉质量安全问题频发的直接原因可归结为生产经营者在利益驱动下违规使用禁药、添加剂及政府监管不力等，但其背后的根本原因是生猪产业链各环节的生产经营者之间、生产经营者与消费者和政府之间的信息不对称。猪肉可追溯体系作为猪肉质量安全信息的披露工具，可跟踪和追溯生猪产业链各环节的质量安全信息，能弥补分环节控制方法的不足，为产业链各环节的生产经营者及消费者和政府提供真实可靠的信息，有助于降低信息不对称程度。实施可追溯体系不仅能克服产业链内信息不对称，而且能保证食品安全，减少召回成本。

中国存在政府主导和企业主导两种猪肉可追溯体系运行模式，政府主导运行模式因能更好满足大众需求而更具紧迫性。政府主导运行模式经历了农业部 2004 年以来的农产品质量安全追溯体系探索、2008 年启动的农垦农产品质量追溯系统建设，以及商务部 2009 年开始的“放心肉”服务体系试点建设、2010—2014 年分五批共 58 个城市进行的肉类蔬菜流通追溯体系试点建设。较早启动政府主导运行模式的地区在扩展猪肉可追溯体系深度的同时，正在向上市猪肉全部可追溯的方向发展。在政府和企业的共同驱动下，中国猪肉可追溯体系建设取得一定成绩，在某些试点地区得到较快发展。然而已有研究表明猪肉可追溯体系的运行还存在诸多不足，如部分生猪屠宰加工企业深化猪肉可追溯体系建设的积极性不够，初步调研后也发现，猪肉可追溯体系还存在追溯信息不可查、不全面、不可信等问题，没能实现有效溯源，尤其是没能实现生猪养殖环节相关信息的可追溯，制约着猪肉可追溯体系在降低信息不对称方面的作用。理论上，猪肉可追溯体系建设有助于降低信息不对称程度，从而有助于猪肉安全问题的解决。现实问题在于，生猪产业链条过长、利益关系复杂给猪肉可追溯体系建设带来很大困难，使其解决猪肉安全问题的作用大打折扣。因此，在当前我国大力推进猪肉可追溯体系建设的背景下，研究猪肉可追溯体系建设对保障猪肉质量安全的作用具有重要的现实意义。

理论上，解决猪肉质量安全问题有两种思路：一是加强监管，明确责任，加大惩治力度；二是实施产品差异化策略，比如“三品一标”认证，实现优质优价。一般观点认为，猪肉可追溯体系的质量安全保障作用主要体现在通过实现溯源追责来加强对生猪产业链各环节利益主体质量安全行为的监管。然而，可追溯体系对猪肉质量安全的保障作用还体现在产品差异化策略方面。虽然中国猪肉可追溯体系建设并未对猪肉质量安全标准提出更高要求，但可追溯体系带来的产品差异化主要体现在对企业声誉的影响上，可追溯体系通过消费终端追溯查询在一定程度上维护和提高了企业的声誉，对于一个建立长期经营目标、希望增加未来预期收入的企业来说，猪肉可追溯体系还会通过声誉机制起到规范其质量安全行为的作用。因此，猪肉可追溯体系实现溯源对于解决猪肉安全问题的作用具体表现在两个方面：一是溯源可以明确责任，增强猪肉供应链各环节利益主体对猪肉溯源能力的信任或评价，提高生产和销售问题猪肉的风险，在当前政府严惩生产和销售问题猪肉行为的背景下，可以起到规范猪肉供应链各环节利益主体质量安全行为的作用；二是让消费者知道所购买的猪肉来自哪个屠宰企业、哪个养殖场，满足消费者的知情权和选择权，维护和提高企业声誉，刺激企业加强品牌化建设以提高猪肉质量安全水平。同时，监管激励与声誉激励的作用相辅相成，可以共同起到保障猪肉质量安全的作用。

现实中，政府监管激励和市场声誉激励对生猪产业链各环节利益主体质量安全行为规范作用的发挥，受到生猪产业链各环节利益主体对溯源能力信任水平和责任意识的约束。显然，只有生猪产业链利益主体真正认识到以及相信溯源的实现，并且认识到应该为自己的不规范生产经营行为负法律责任，猪肉可追溯体系带来的政府监管的增强和市场声誉的提高才能起到规范产业链利益主体质量安全行为的作用。但由于中国猪肉可追溯体系实施水平的不足以及可追溯体系宣传的不到位，导致部分生猪产业链各环节利益主体对溯源能力的信任水平较低，从而影响可追溯体系政府监管激励和市场声誉激励作用的发挥。已有研究表明，生猪产业链上任一环节利益主体的质量安全行为都会影响猪肉质量安全。然而，由于产业链各环节利益主体可能并非问题猪肉的直接生产者（比如猪肉销售商出售的注水肉并非其自己生产加工），加之法律宣传不到位，由此导致产业链利益主体对是否为生产经营问题猪肉负责的认识出现差异，对于认为不承担责任的生产经营者而言，溯源对其质量安全行为的规范作用将大打折扣，甚至不起作用。

目前关于食品可追溯体系质量安全效应的研究较少，已有研究多是依据信息不对称理论等对食品可追溯体系建设的必要性及作用进行理论探讨，且多局限于宏观层面的分析。有学者对食品可追溯体系的质量安全效应从微观层面上进行了研究。已有研究将视野置于产业链内部，侧重于考察农产品产业链各环节溯源的实现对食品安全水平的影响，并没有从政府和消费者的视角探讨食品可追溯体系带来的质量安全监控力度增强和声誉提高对保障猪肉质量安全的作用。另外，已有研究只是理论上的分析，研究结论具有其合理性的一面，但缺少实证验证，难以提出有针对性的对策建议。基于此，本研究基于监管与声誉耦合激励的视角，从理论和实证两个方面，通过构建契约激励模型和声誉机制模型以及利用双变量 Probit 模型等计量模型，研究猪肉可追溯体系的质量安全效应，以期为猪肉可追溯体系的有效运行和猪肉质量安全的保障提出有针对性的对策建议。

基于监管与声誉耦合激励的猪肉可追溯体系质量安全效应研究具有重要的理论和现实意义。随着食品质量安全特别是食品可追溯体系越来越受到社会各界的广泛关注，相关研究也越来越多，国内外学者从不同角度对此进行了较为深入的研究。鉴于猪肉在国计民生中的重要地位，关于猪肉质量安全问题的研究也越来越多，但通过对本研究核心关键词及相关具体关键词的国内外文献检索发现，国内外还没有直接关于猪肉可追溯体系质量安全效应的研究。本书的研究成果将具有重要的理论价值和现实意义。主要理论意义在于：本研究提出了全新的研究视角，并构造了全新的研究思路，拟对基于监管与声誉耦合激励的猪肉可追溯体系质量安全效应进行系统全面的研究，主要以信息不对称理论、供应链管理理论、产业组织理论、利益相关者理论、消费者行为理论、农户行为研究理论和企业行为理论为理论基础，构造全新逻辑框架和研究思路。由于本研究所要进行的理论和实证分析是开拓性的，研究思路和研究内容缺少可供借鉴的数据资料或研究成果，更多的研究工作需要在问卷调研和典型调研的基础上进行。因此，本研究所获得的研究成果可极大充实丰富本领域国内外研究成果，将为中国猪肉可追溯体系和猪肉质量安全等相关问题研究积累重要的文献资料并提供重要的理论借鉴。主要现实意义在于：本研究成果将为中国猪肉可追溯体系的有效运行及猪肉可追溯体系质量安全保障作用的发挥提供有针对性的对策建议，具体表现为：有助于更好地满足社会经济发展和人们生活水平提高对质量安全猪肉的需求，有助于提高中国生猪产业链管理效率和效益，全面提升中国猪肉及产品的国际市场竞争力，有助于为其他食用农产品尤其是食用畜产品可追溯体系建设提供经验借鉴，有助于中国食品安全问题的解决乃至整个社会经济的持续稳定发展。

二、国内外相关研究综述

（一）关于食品可追溯体系的概念与内涵研究

食品可追溯体系还没有统一的定义，文献中出现过食品可追溯体系、食品可追溯系统、食品质量安全追溯系统、食品供应链跟踪追溯系统以及农产品可追溯系统等诸多叫法。总的来说，可追溯性是一个基础概念，其他概念在此基础上延伸和拓展，彼此之间并没有实质区别。国际标准化组织、欧盟、国际食品法典委员会等从不同角度定义了可追溯性。国际标准化组织的定义为：通过记录标识的方法回溯某个实体来历、用途和位置的能力。欧盟的定义为：食品、饲料、畜产品和饲料原料在生产、加工、流通的所有阶段具有的跟踪追寻其痕迹的能力。国际食品法典委员会的定义为：能够追溯食品在生产、加工和流通过程中任何特定阶段的能力。也有学者认为可追溯性是追溯食品在生产、加工和分销某个特定阶段的能力（Souza 等，2004）。另外，关于食品可追溯的内涵，学者们也从不同角度给出了自己的见解。一般认为，食品可追溯体系应包括记录、查询、标识、责任和信用管理等（方炎等，2005），衡量食品可追溯体系的标准有追溯的广度、深度和精确度等（Golan 等，2003）。

（二）关于食品可追溯体系的利益主体行为研究

目前国内外关于食品可追溯体系的研究已有很多，相比较食品可追溯体系的质量安全效应，学者们对食品可追溯体系利益主体的参与行为选择及其原因这一问题更感兴趣，认为食品可追溯体系的发展完善主要取决于各利益主体的行为选择及利益主体之间的博弈，但已有文献多研究单一利益主体行为选择，很少关注多个利益主体之间的利益关系，主要包括对生产经营者、消费者、政府等利益主体参与食品可追溯体系行为选择的研究。

1. 生产经营者行为的研究主要涉及企业和农户的行为选择

企业行为选择的相关研究主要涉及影响企业参与食品可追溯体系的因素。国外相关研究表明，企业研发、实施、维持可追溯体系有三个基本目标，即提高供应链管理效率、提高食品质量安全控制、区分食品市场微妙或无法察觉的质量特性（Golan 等，2004；Miller，2005）；建立统一、规范的追溯标识体系、追溯信息记录与交换方式才能实现可追溯体系的有效性、协调性和内在可操作性（Jason 等，2012）；可追溯体系作为预防机制将企业内追溯体系与企业库存系统整合，给企业带来更大收益（Whyte，2004），厂商对成本与收益的权衡决定了追溯的效率，影响成本的因素包括追溯的广度、深度和精确度、产品加工转换的程度、系统的复杂程度及技术体系等，影响收益的因素包括产品的市场需求、产品的价值、产品出现安全问题的概率、对安全问题的惩罚力度及上下游企业信息共享带来的价值增量等，且影响不同种类农产品可追溯系统成本和收益的主要因素不同（Golan 等，2004）。影响企业实施食品可追溯体系的主要因素除了自身成本收益外，还有合作伙伴的选择、风险管理、员工培训、质量管理体系等（松田有义，2004）。参与食品可追溯体系的企业信息发送成本越低，核心企业和上游供应商的追溯信息发送量越大，收益也越高（王瑞梅等，2017）。行业中发生食品安全事件概率越大、政府实施强制性可追溯体系的概率越大、市场惩罚和责任成本越大、外部成本越大，企业越倾向实施食品可追溯体系（Hobbs，2004）。国内已有研究发现，农产品企业对可追溯体系的主观认知度不高，其认知的广度和深度急需加强（蒋雪灵，2017），中国企业自愿建立农产品可追溯系统的意愿偏低，但在政策激励的情况下，企业参与食品可追溯体系的意愿有所提升（杨秋红等，2009；吴林海，2013）。

农户行为选择的相关研究主要涉及农户参与食品可追溯体系的影响因素。已有研究表明，农户参与食品可追溯体系的行为选择受到内在特征和外部环境的综合影响，具体包括以下影响因素：对参与食品可追溯体系的预期收益和预期风险（王慧敏等，2011；胡庆龙等，2009）；年龄、受教育程度等个人基本特征（孙致陆等，2011；王慧敏等，2011；周洁红等，2007；陈丽华等，2016）；种植或养殖规模等基本情况（孙致陆等，2011；王慧敏等，2011；周洁红等，2007；陈丽华等，2016）；参加专业合作社、生产和销售等纵向协作关系（刘增金等，2014）；对食品可追溯体系的认知水平（王芸等，2012）、对食品可追溯体系相关法律法规和政策措施的了解程度等（孙致陆等，2011；王慧敏等，2011；周洁红等，2007；陈丽华等，2016）；合作社群体的因素、对合作社的信任度等（方凯，2013），与此同时，食品生产者的行业特点、企业规模和管理者特性等内部特征等也影响其实施意愿（吴林海，2012）。

2. 消费者行为的研究相对较多，涉及到消费者对可追溯食品的认知、态度、支付意愿及实际购买行为等

在研究消费者对可追溯食品认知的文献中，国外研究者在欧盟成员国、美国、加拿大、俄罗斯、日本等进行了多次消费者调查，主要定性描述消费者对可追溯食品的认知（Bernues 等，2003；Roosen 等，2004；

Kissoff 等，2004；Hobbs 等，2005；Kalinova 和 Chernukha，2005）。国内相关研究表明，即便是大城市消费者对可追溯食品的认知水平也偏低（周应恒等，2008；韩杨，2009；乔娟等，2011；尚旭东等，2012；刘增金等，2013；李玉红等，2019）。梳理相关文献发现，消费者对食品可追溯体系的认知不高（吴林海，2010），且受到感知风险、受教育水平和信任态度的影响（文晓巍，2012），消费者对可追溯食品的态度主要包括消费者对实施食品可追溯的重要性评价（韩杨，2009；曹蕾，2010）及对食品可追溯信息的信任程度（王锋等，2009）等。Jin 和 Zhou（2014）通过在线调研获得 6 243 个有代表性的日本消费者样本，研究发现，在 11 种可追溯系统信息中，消费者认为收获日期、生产方法及认证更重要，具有更高受教育程度的女性获取与生鲜农产品有关信息的愿望更强烈。大多数消费者对食品生产经营者提供追溯信息的信任程度偏低，消费者更相信政府公共监管部门发布的追溯信息（韩杨，2009；刘增金，2012）。

消费者对可追溯食品的支付意愿及实际购买行为的研究文献中，支付意愿研究相对较多且更为深入。国外相关研究的关注点主要在消费者对食品产地追溯特性的支付意愿，有研究发现德国等 6 个欧洲国家的消费者对不同来源有机标签的支付意愿存在很大差异（Janssen 和 Hamm，2012），且更关注消费者对可追溯牛肉的支付意愿。Umberger 等（2009）对美国消费者的研究发现，年龄在 45 岁以下、家中没有小孩、在家居住、收入较高且日常生活费用支出较低、关注动物福利、对注射激素及抗生素的牛肉表示担忧、有支持当地农业发展愿望的消费者，对含有原产地信息的可追溯牛肉具有更高的支付意愿。Abidoye 等（2011）、Zhang 等（2012）、van Rijswijk 和 Frewer（2012）、Bai 等（2013）运用假想性实验方法分别研究了不同国家消费者对猪肉、牛奶等食品的可追溯信息属性的偏好和支付意愿，研究结果表明消费者愿意为具有可追溯信息属性的食品支付一定的溢价。国内关于可追溯食品支付意愿影响因素的研究较多（韩杨，2009；沈清韵，2009；吴林海等，2010；曹蕾，2010；赵荣等，2010；周静等，2011）。吴林海等（2014）基于中国猪肉全程供应链体系主要环节的安全风险，界定了猪肉可追溯信息，并以商务部肉菜流通追溯体系建设七个试点城市的 1 489 个消费者为调查对象，运用选择实验法，借助混合模型和潜在分类模型测度了消费者对可追溯猪肉属性的支付意愿，发现消费者对质量认证属性最为重视，其次为外观和可追溯信息。应瑞瑶等（2016）以中国无锡的消费者为案例，分析得出消费者对事前质量保证属性的支付意愿高于对事后追溯属性的支付意愿，且对事前质量保证属性中猪肉品质检测属性的支付意愿最高。尹世久等（2015）以山东省消费者为样本得出，消费者对不同信息标签组合的偏好不同，对可追溯标签的支付意愿高于其他。由于可追溯食品在国内市场较少见，因而研究消费者对可追溯食品实际购买行为的文献较少。刘增金等（2014）通过对大连和哈尔滨消费者的问卷调查研究发现，学历、食品追溯意识、可追溯食品认知水平、个人月平均收入等因素影响消费者对可追溯食品的购买行为。

3. 政府行为的研究主要围绕政府管制的目标、政府监管职能和手段展开

关于政府行为的研究，学者们多是在肯定政府干预作用的前提下，利用博弈理论（赵荣，2011）、公共选择理论（韩杨，2009）等研究食品可追溯体系建设中的政府行为，以寻求达到一种更有效的资源配置状态，促进食品可追溯体系的有效实施。食品可追溯体系建设中政府管制的总目标是实现社会公共利益，但政府实际监管政策执行起来却具有多目标性（韩杨，2009）；行业特征（Heyder，2012）、管理者特征（Wu 等，2011）都会影响政府对食品可追溯体系的决策；中国政府介入食品可追溯体系的形式是以管制者身份增加原有部门的管理职能，建立公共信息交流平台保障系统内各环节主体之间的信息对接，政府作用受到管制成本、政府风险偏好、政府能力等因素限制（韩杨，2009；乔娟等，2011）。政府制定相应法律法规对食品可追溯体系发展影响重大，采用什么样的信息载体、将可追溯信息方便快速地传递给公众是各国食品监管机构共同面临的问题，不同国家尝试采用不同的标签系统（Casewell，1998）；政府规范监管抽检程序能有效提高食品安全水平（Andrew，2005）。

（三）关于食品可追溯体系质量安全效应的研究

目前国内外绝大多数国家和地区食品可追溯体系建设的直接目标是实现溯源，其目的则是保障食品质量安全，因此学者们关于食品可追溯体系作用或效应的探讨主要还是围绕其食品质量安全保障作用展开，具体包括理论和实证两个方面的研究。

1. 食品可追溯体系质量安全效应的理论研究

目前，国内外学者主要依据信息不对称理论对实施食品可追溯的原因和作用展开理论研究。Holleran（1999）将信息不对称理论应用于食品质量安全问题的研究中，认为质量安全信息的不对称导致市场失灵，从而形成“柠檬市场”。Antle（1995）认为信息缺失发生在食品链的整个过程，且随食品链条的延长呈现递增效应。根据消费者在购买商品时所掌握的信息多少以及时间先后次序，可以将商品分为搜寻品、经验品和信任品三种特性（Nelson，1970；Caswell 和 Padberg，1992），食品则同时具有上述三种特性。这种划分为理解信息不对称如何导致市场失灵提供了很好的帮助。信息不对称造成的市场失灵在食品的搜寻品、经验品和信任品方面存在很大差异。对于食品的搜寻品特性，消费者在消费之前就可以识别相关信息；对于食品的经验品特性，消费者也可以通过重复购买来获得；而对于食品的信任品特性，消费者无法获得相关信息，市场调节完全失灵（王秀清，2002）。解决食品质量安全问题的主要手段之一在于消除信息不对称，而消除信息不对称的重要策略之一是建立食品可追溯体系（Hobbs，2004），从根本上预防食品安全风险（Yoo 等，2015）。食品质量信息标签如能取得消费者信任可以有效减缓信息不对称（Rousseau 和 Vranken，2013）。食品可追溯信息属性能够为消费者提供食品生产加工、运输和销售环节的详细信息，并可以通过传递机制向消费者充分披露，由此可改善因信息不对称引起的食品市场失灵问题（Ortega 等，2014）。

2. 食品可追溯体系质量安全效应的实证研究

目前关于食品可追溯体系质量安全效应的研究较少，已有研究多是依据信息不对称理论（Hobbs，2004；韩杨等，2009；刘圣中，2008）、成本与收益的视角（吴林海，2012）等对食品可追溯体系建设的必要性及作用进行理论分析，且多局限于宏观层面的分析。有研究对食品可追溯体系的质量安全效应从微观层面进行了研究，如：王有鸿等（2012）通过建立数理模型分析初级农产品供给环节和最终食品供给环节的追溯水平对农户和制造商努力行为、食品安全事件预期损失的影响，研究发现，这两个环节追溯水平对农户的努力行为具有激励作用，而制造商的努力行为仅受到其自身环节追溯水平的激励，两个环节追溯水平的提高能够减小食品安全事件发生的可能性。龚强等（2012）分析了一个由下游销售者和上游农场组成的垂直供应链结构模型，考察了可追溯性的提高如何改善供应链中食品安全水平及对上下游企业利润的影响，研究发现，增强供应链中任一环节的可追溯性，不但能够促进该环节的企业提高其产品安全水平，还可以促使供应链上其他环节的企业提供更加安全的产品。已有研究将视野置于产业链内部，侧重于考察农产品产业链各环节溯源的实现对食品安全水平的影响，并没有从政府和消费者的视角探讨食品可追溯体系带来的质量安全监控力度增强和声誉提高对保障食品质量安全的作用。另外，已有研究只是理论上的分析，研究结论具有其合理性的一面，但缺少实证验证，难以提出有针对性的对策建议。

（四）关于猪肉可追溯体系的研究

国内外关于猪肉可追溯体系的研究不是很多，国外关于畜产食品可追溯体系的研究多集中在牛肉产品，国内近年对猪肉可追溯体系的研究有所增加，但多围绕可追溯猪肉的消费需求展开。已有关于猪肉可追溯体系的研究多是探讨技术上的实现（Cepin，2005；Dagorn，2003；谢菊芳，2005；杨欣，2009；张可等，2010；兴安，2011；李旭，2011；李清光，2015），少有经营管理层面的研究。有限的关于猪肉可追溯体系经营管理层面的研究主要集中在以下两方面。

1. 制度和法律法规建设方面的研究

已有研究发现，美国、加拿大以及欧盟一些国家的猪肉可追溯体系采取强制性措施，而澳大利亚和巴西的猪肉可追溯体系采取自愿措施，且正努力探讨全面实施猪肉可追溯体系的方案（Murphy 等，2008）。美国的TTA（可追溯、透明、保证）制度建设滞后于主要发达国家和地区的竞争者，其劣势在于生猪供应环节无法提供生产投入品方面的质量保证，如不能有效改善 TTA 制度，美国猪肉行业将丧失在世界猪肉市场上的竞争优势（Sterling 等，2001）。中国猪肉可追溯体系存在养殖与防疫档案建立不足、标识载体技术落后、可追溯系统数据库缺乏统一标准等问题（刘增金，2015）。此外还有信息记录的格式、信息上传的规范与管理平台等标准不统一，智能识读设备和数据库等配套技术不完善，体系后期运行与维护投入不足等问题（徐玲玲，2016）。

2. 利益主体行为方面的研究

目前国内关于猪肉可追溯体系利益主体行为方面的研究相对较多，这与商务部大力推进肉类流通追溯体系建设从而为相关研究创造现实条件密不可分。国外关于牛肉可追溯体系的研究更多。国内已有研究涉及到的猪肉可追溯体系利益主体包括消费者（赵智晶等，2013；吴林海等，2012；Bai 等，2013）、养猪场户（刘增金等，2014；孙致陆等，2011；吴学兵，2014）和屠宰加工企业（周洁红等，2012；叶俊焘，2012；吴学兵，2013），其中以消费者（陈秀娟，2016；吴林海，2012；吴林海，2018）对可追溯猪肉行为选择方面的研究居多。已有文献中，王慧敏（2012）和费亚利（2012）在其博士学位论文中围绕猪肉可追溯体系利益主体的参与意愿及影响因素进行了相对全面研究，但未能对整个生猪产业链各环节利益主体行为及彼此之间关系展开研究。刘增金（2018）在溯源追责的大框架下，基于产业链视角，借鉴社会共治理念，利用对北京市生猪养殖与流通、生猪屠宰加工、猪肉销售等环节利益主体的系统调研，全面深入地分析了猪肉质量安全问题现状、问题产生的逻辑机理与治理路径。

（五）相关的主要研究方法

已有关于食品可追溯体系的文献既有理论研究也有实证研究，以实证研究为主，因此相关研究方法主要是实证研究中用到的方法。理论研究主要是以博弈论分析为主的数理模型分析。比如：运用博弈论分析政府实施强制性或自愿性追溯体系情况下企业的行为选择（Hobbs，2004）；通过建立食品安全模型考察食品安全中的双重道德风险问题（Elbasha 等，2003）；通过构建重复购买模型探寻质量发现、市场结构、企业声誉、市场折扣等因素如何驱动企业建立赢取消费者信任的质量保证体系（Carriquiry 等，2007）；通过建立道德风险模型实证分析行为风险，解释不完善的检测和追溯制度会提高制度破坏行为的收益率（Hirschauer 等，2007）；通过熵理论构建熵变模型并从动力机制、传导机制、实现机制、促进机制和保障机制五个方面剖析了优质猪肉供应链质量行为协调的演进机制（夏兆敏，2013）。

实证研究主要运用到Logistic族回归模型、Probit模型、Tobit模型、多元线性模型（吴林海，2014）和Interval Censored模型以及选择实验法（Tempesta和Vecchiato，2013）等。Verbeke等（2005）运用Porbit模型测量了欧盟实施强制性食品追溯体系对消费者食品选择的影响；沈清韵（2009）利用Tobit模型研究了消费者对可追溯蔬菜支付意愿的影响因素；吴林海等（2010）利用二元Logit模型和Interval Censored模型分别研究了消费者对可追溯食品的支付意愿和支付水平；刘增金等（2014）利用有序Logistic模型研究了消费者对可追溯牛肉支付意愿的影响因素。受制于数据获得难度，部分计量模型运用需要建立在实验方法基础上，比如利用假想价值评估法和选择实验法研究消费者对可追溯食品的陈述性偏好。其中，选择实验法和实验拍卖法是近些年在食品安全领域兴起的一种消费者支付意愿研究方法，国外相关研究成果较多（Adamowicz等，1998；Francisco等，2001；Lusk等，2004；Hobbs，2005；Ortege等，2012），国内也有学者在这方面做出尝试（王怀明等，2011；黄圣男，2012；张振，2013；吴林海等，2013；陈秀娟，2016）；吴林海等（2014）运用选择实验方法，借助混合模型和潜在类别模型，分析了消费者对可追溯猪肉的偏好及支付意愿。

（六）国内外研究现状评价

1. 国内外学者对食品质量安全进行了较为全面和深入的研究，就实施食品可追溯体系达成了基本共识

信息不对称理论、供应链管理理论、产业组织理论和利益相关者理论等对猪肉可追溯体系相关研究具有很强的解释力，能够在很大程度上作为本研究的理论基础。同时，食品质量安全管理标准化的实践也为相关经济管理理论的发展和提升提供了基础。国内外学者对食品可追溯体系的概念界定和理论研究成果对具有中国特色的猪肉可追溯体系质量安全效应研究具有重要的参考和借鉴价值。食品可追溯体系建设已成为世界食品产业发展的必然趋势，也是解决中国猪肉质量安全问题的重要路径。已有研究表

明，食品可追溯体系的运行离不开各利益相关主体的行为选择及彼此之间的利益博弈。与食品质量安全特别是与食品可追溯体系相关的研究对象、研究方法、研究结论等无疑会有助于丰富和完善本研究内容。

2. 虽然关于食品可追溯体系及食品质量安全的研究成果已较多，但基于监管与声誉耦合激励的猪肉可追溯体系质量安全效应研究仍是亟待研究的新方向

已有研究较多从宏观层面关注中国食品可追溯的技术实现和国外经验借鉴，也有较多研究从微观层面考察产业链单一环节的利益主体参与行为，较少从特定产业层面探讨初级农产食品可追溯体系的实施，更极少涉及产业链中所有环节的利益主体行为及彼此之间利益关系。已有研究表明：虽然认识到实施可追溯有助于解决猪肉质量安全问题，但中国猪肉可追溯体系却难以有效实施；国内企业自愿建立猪肉可追溯体系的意愿偏低；国内消费者对可追溯猪肉的认知水平偏低，在信息强化条件下，对实施猪肉可追溯的重要性评价较高，但对追溯信息的真实可靠性存在怀疑；政府作为猪肉可追溯体系的推动者，采用什么样的信息载体将可追溯信息方便快速传递给公众是各国食品监管机构共同面临的问题。上述问题集中反映了中国猪肉可追溯体系运行中存在的不足，显然，学者们对猪肉可追溯体系利益主体的参与行为选择及其原因的研究更感兴趣，但中国猪肉可追溯体系已建设多年，其在现实中保障猪肉质量安全的作用到底如何，同样是一个亟待解决的问题。对于这一问题已有研究成果只能从理论上给予一定启示，却无法切实回答这一问题。已有研究将视野置于产业链内部，侧重于考察农产品产业链各环节溯源的实现对食品安全水平的影响，并没有从政府和消费者的视角探讨食品可追溯体系带来的质量安全监控力度增强和声誉提高对保障猪肉质量安全的作用。另外，已有研究只是理论上的分析，研究结论具有其合理性的一面，缺少实证验证，难以提出有针对性的对策建议。

三、研究内容与研究方法

（一）研究目标

本研究的总目标是：以信息不对称理论、供应链管理理论、产业组织理论和利益相关者理论为主要理论基础，在厘清中国猪肉可追溯体系发展历程和现状的基础上，构建基于监管与声誉耦合激励的猪肉可追溯体系质量安全效应研究的逻辑框架和研究方法，在通过构建契约激励模型和声誉机制模型对猪肉可追溯体系质量安全保障作用进行理论分析的基础上，利用实地调查获得的数据资料实证研究猪肉可追溯体系对生猪产业链利益主体质量安全行为的影响，并基于保障猪肉质量安全的目的、立足中国国情、借鉴国际经验来探讨猪肉可追溯体系运行的优化，最终提出充分发挥猪肉可追溯体系对猪肉质量安全保障作用的政策建议。

（二）概念界定

猪肉。指经过屠宰、分割、冷却或冷冻后直接上市销售的猪肉初级产品；按屠宰、储运过程中猪肉保持的温度分为热鲜肉、冷鲜肉、冷冻肉。本研究中的猪肉特指热鲜肉和冷鲜肉，也可将二者统称为生鲜猪肉。

猪肉质量。又称猪肉品质，指猪肉特性满足人们需求的程度，猪肉质量的内涵包括安全、营养、口感等特性，猪肉质量安全是猪肉质量的内涵特性之一。

猪肉质量安全。包括两层含义：一是猪肉的产品和相关活动的安全，产品安全指猪肉对人类的身体健康和生命无危害，其各项技术指标与卫生标准符合国家或相关行业标准，相关活动安全指用于最终消费的猪肉在生产、加工、储运、销售等各环节免受有害物质污染，使猪肉有益于人体健康所采用的各项措施；二是用于销售的猪肉品质不弄虚作假，不欺骗消费者。

生猪产业链。是以生猪生产为基础，以种猪繁育为起点，以猪肉销售为终点，由饲料生产、兽药生产、种猪繁育、生猪养殖、生猪购销、生猪屠宰加工、猪肉销售等环节构成的链状结构。生猪产业链利益相关者指生猪产业链各环节的主要参与者，包括饲料企业、兽药企业、种猪场、养猪场户、生猪购销商、生猪屠宰加工企业和猪肉销售商等。本研究中的生猪产业链利益主体特指养猪场户、生猪购销商、生猪屠宰加工企业和猪肉销售商。

食品可追溯性。指在食品生产、加工和流通过程中对特定信息进行记录存储并可追溯的能力。根据政府规制不同分为强制性追溯和自愿性追溯，强制性追溯指政府制定相关法规强制要求生产经营者的产品必须实施可追溯；自愿性追溯指生产经营者自愿选择是否对自己的产品实施可追溯。

猪肉可追溯体系。指对生猪养殖、生猪流通、生猪屠宰加工、猪肉流通等产业链某一环节或某几个环节的相关质量安全信息进行跟踪记录，并可实现追溯查询的保证体系。

政府主导的猪肉可追溯体系运行模式。即政府主导运行模式，指由政府针对普通猪肉建立可追溯系统平台，鼓励支持生猪屠宰加工企业和猪肉流通商加入，并可实现猪肉相关信息消费终端追溯查询的模式。

企业主导的猪肉可追溯体系运行模式。即企业主导运行模式，指由顺应市场需求和响应政府激励的中高档猪肉一体化生产经营企业研发和建立自己的可追溯系统，并可实现猪肉相关信息消费终端追溯查询的模式。

猪肉可追溯体系质量安全效应。指猪肉可追溯体系建设对保障猪肉质量安全所产生的反应和效果，也可以理解为猪肉可追溯体系在保障猪肉质量安全方面所起到的作用。

监管与声誉耦合激励。耦合是一个物理学的概念，是两个或两个以上的实体相互依赖于对方的一个量度；监管与声誉耦合激励是指政府监管激励与市场声誉激励之间相互依赖、相互协调、相互促进的良性互动和动态关联关系。

（三）研究内容

第一部分　中国猪肉可追溯体系发展历程与现状

该部分首先在阐述中国猪肉可追溯体系建设背景的基础上，分别阐述政府主导和企业主导的猪肉可追溯体系运行模式的发展历程及现状；然后从保障质量安全角度揭示中国猪肉可追溯体系运行中存在的主要问题和挑战，为接下来的理论研究和实证分析奠定基础。

第二部分　本研究的理论基础与逻辑框架构建

该部分首先在梳理本研究的相关经典理论（包括信息不对称理论、供应链管理理论、产业组织理论、利益相关者理论等）的核心观点基础上，基于本研究的几个关键问题探讨指导本研究顺利进行的主要理论观点和思想，并形成本研究的理论基础；然后基于本研究的理论基础，构建基于监管与声誉耦合激励的猪肉可追溯体系质量安全效应研究的逻辑框架和研究方法。

第三部分　猪肉可追溯体系质量安全效应的理论分析

理论上，政府主导的猪肉可追溯体系建设对生猪产业链各环节利益主体（包括养猪场户、生猪购销商、生猪屠宰加工企业、猪肉销售商）质量安全行为的影响主要表现在两个方面：一是通过加强对生猪产业链各环节的质量安全监控力度来规范产业链各利益主体的质量安全行为；二是通过提高企业声誉来降低交易成本、抑制机会主义行为，从而起到规范各利益主体质量安全行为的作用。具体而言：一方面，政府既是猪肉可追溯体系建设发起者、推动者，也是监管者。政府对企业实施可追溯的外部激励，既包括给予参与可追溯体系企业的正向激励，也包括对违规企业实施惩罚的逆向激励。在政府的契约激励问题中，政府首先制定并公布猪肉可追溯体系的激励契约的内容，观察到政府的契约条款后，企业决定是否加入契约，一旦企业加入契约，就需要报告企业的生产行为特征并采用相关的投入支出组合。另一方面，我国虽已在部分地区推行猪肉可追溯体系试点建设，但并未强制个体企业参与，猪肉生产经营者自愿参与的一个重要原因是可提高企业及其产品在市场上的声誉。市场主体的声誉是在信息不对称的前提下，博弈一方参与者对另一方参与者行为发生概率的一种认知，它包含了参与双方之间重复博弈所传递的信息。只要消费者经常地重复购买生产经营者的产品或服务，就会促使利润最大化类型的生产经营者树立高质量的声誉，声誉可以作为显性激励契约的替代物。即便没有显性激励合同，但为了提高企业市场声誉，增加未来预期收入，企业也会注重自己的经营行为，积极参与猪肉可追溯体系，严把猪肉质量安全关。基于上述基本观点和相关理论，本部分研究主要通过构建政府契约激励模型和市场声誉机制模型，对猪肉可追溯体系保障猪肉质量安全的作用机理进行分析，并在此基础上就政府监管激励和市场声誉激励之间的耦合关系进行深入阐释。

第四部分　猪肉可追溯体系质量安全效应的实证分析

政府主导的猪肉可追溯体系建设的最终目的在于保障猪肉质量安全，猪肉可追溯体系主要通过政府监管激励和市场声誉激励对生猪产业链各环节利益主体质量安全行为的影响，起到保障猪肉质量安全的作用。现实中，猪肉可追溯体系带来的政府监管的增强和市场声誉的提高能否真正起到规范产业链利益主体质量安全行为的作用，还受到产业链利益主体对溯源能力的信任水平的影响以及产业链利益主体责任意识的约束。猪肉可追溯体系可以增强产业链利益主体对溯源能力的信任水平，提高生产经营问题生猪或猪肉的风险，从而起到规范产业链利益主体质量安全行为的作用。然而，实际上产业链利益主体对猪肉安全问题责任界定的认知是有差异的，对于认为不承担责任的生产经营者，猪肉可追溯体系通过提高产业链利益主体溯源信任水平来规范其质量安全行为的作用将大打折扣，甚至不起作用。基于上述基本观点和相关认识，本部分在相关理论探讨的基础上，利用调研数据实证分析猪肉可追溯体系对保障猪肉质量安全的作用。首先，实证分析信息源信任对消费者可追溯猪肉购买行为的影响，以及追溯信息信任对消费者可追溯猪肉购买意愿和支付意愿的影响。其次，利用双变量 Probit 模型分析猪肉可追溯体系对养猪场户质量安全行为的影响。再次，利用典型案例分析猪肉可追溯体系对生猪购销商和生猪屠宰加工企业质量安全行为影响。最后，利用双变量 Probit 模型分析猪肉可追溯体系对猪肉销售商质量安全行为的影响。

第五部分　中国猪肉可追溯体系运行优化探讨

鉴于某些发达国家猪肉可追溯体系起步较早，从理论和实践上都取得较大成果，中国猪肉可追溯体系发展中的问题很可能在发达国家猪肉可追溯体系建设中也遇到过，他们的经验和教训值得中国借鉴。因此本部分主要包括以下内容：首先总结丹麦、美国等国家和地区的猪肉可追溯体系发展的经验，以期对中国猪肉可追溯体系建设提供借鉴；然后厘清中国猪肉可追溯体系建设的产业链关键节点及存在的问题和原因；最后基于本研究第三、四部分的主要研究成果，借鉴国际发达国家和地区的经验，以保障猪肉质量安全为目的，深入探讨符合中国国情的猪肉可追溯体系运行机制的优化路径和对策建议。

第六部分　主要研究成果总结与进一步研究探讨

本部分在全面归纳总结本研究主要成果、具体思想观点和研究结论的基础上，提出促进中国猪肉可追溯体系有效运行以保障猪肉质量安全的政策建议，并探讨有待进一步研究的课题。

（四）技术路线

本研究的技术路线如图1-1所示。

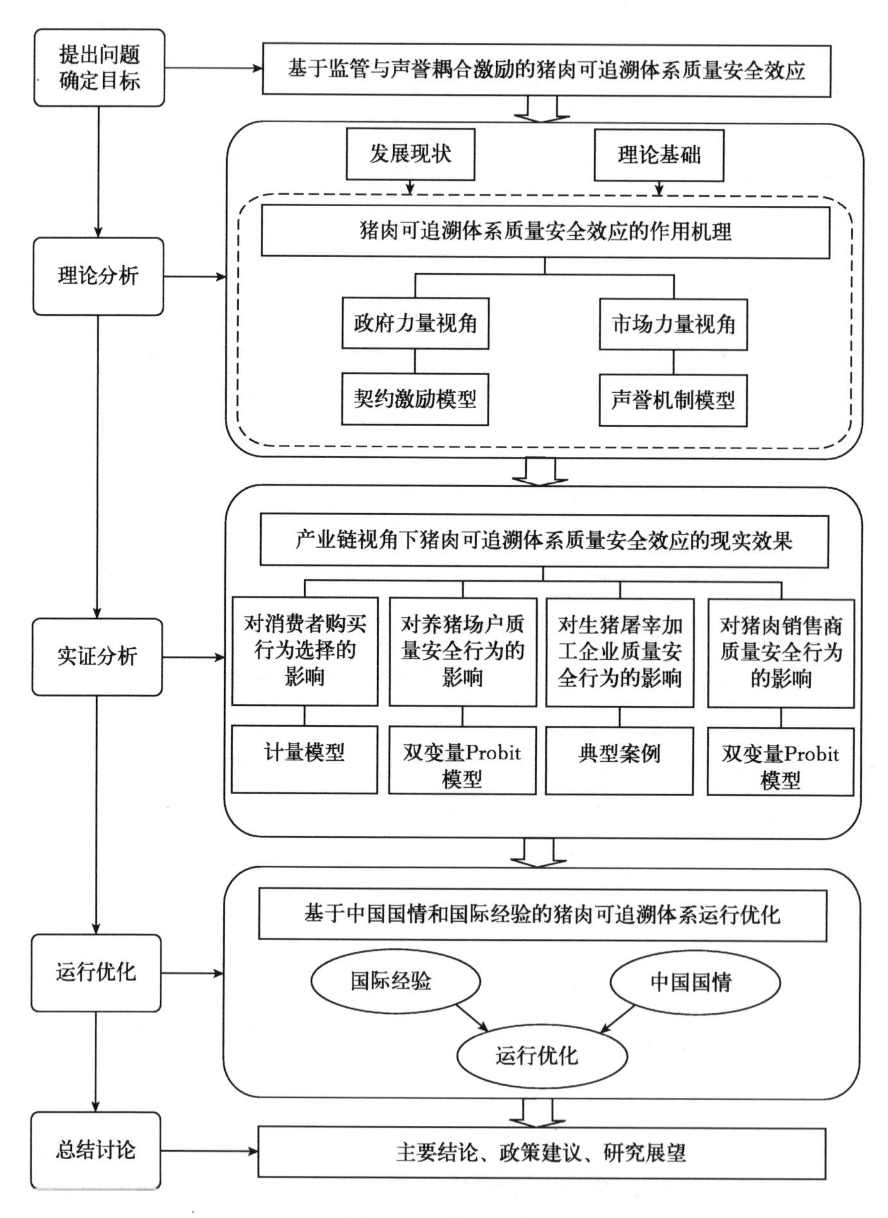

图1-1 技术路线

（五）主要研究方法

1. 数据资料获取方法

本研究主要通过对生猪产业链各环节利益主体（包括养猪场户、生猪屠宰加工企业、猪肉销售商以及猪肉消费者）的问卷调查和访谈调查来获得一手数据资料。选择长三角地区的上海市以及环渤海地区的北京市、济南市作为调研案例地。这是因为：首先这三大城市都是商务部肉类蔬菜流通追溯体系试点建设城市，上海是第一批试点建设城市，济南是第二批试点建设城市，北京是第三批试点建设城市；其次这三大城市分别位于我国战略地位重大的两个经济圈，保障这些地区的猪肉质量安全具有更加重要的现实意义。本研究的调研对象包括猪肉销售商、生猪屠宰加工企业、生猪购销商、养猪场户以及相关政府部门，具体通过以下调研方式获得相关资料。

（1）**大样本问卷调查**。消费者、养猪场户、猪肉销售商的数据资料主要通过大样本问卷调研获得。猪肉消费者调研主要在上海、济南、北京3个城市的城区进行，最终分批次获得总计超过2 000份消费者调查问卷的数据。养猪场户调研主要在北京、湖南、河南3省市的生猪主产区县进行，湖南、河南也是上海、北京的生猪调入省份，最终获得398份有效问卷。猪肉销售商调研主要在上海、北京、济南3个城市的城区进行，调研地点包括批发市场、农贸市场和超市等，最终获得636份有效问卷。

（2）**典型案例访谈调查**。生猪屠宰加工企业和相关政府部门的数据资料很难通过大样本问卷调研实现，因此主要采用典型案例访谈调查的方式获取研究所需的数据资料，调查对象为上海、北京的生猪购销商和生猪屠宰加工企业。总共调研6家生猪屠宰加工企业。相关政府部门访谈主要选择上述2个城市的商委、农委（农业局）等部门。

（3）**二手数据资料搜集**。本研究还通过文献和网络媒体等渠道搜集与之相关的数据资料，并进行系统整理，主要目的在于了解全国层面的猪肉可追溯体系建设情况及发达国家和地区的经验教训。

2. 数据资料分析方法

本研究采取理论与实证分析相结合的研究方法，主要包括以下研究方法。

(1) **数理模型分析**。基于猪肉可追溯体系带来的政府监控力度的增强和市场声誉的提高对生猪产业链各环节利益主体质量安全行为的影响，本研究构建政府契约激励模型和市场声誉机制模型，对猪肉可追溯体系保障猪肉质量安全的作用机理进行分析。

(2) **描述性分析**。利用问卷调查和典型案例调查获得的数据资料，通过单因素分析和多因素交叉分析等，对生猪产业链各环节利益主体（包括养猪场户、生猪屠宰加工企业、猪肉销售商）对猪肉可追溯体系的认知、对溯源能力的信任水平及其质量安全行为进行实证分析。对养猪场户和猪肉销售商的研究可以通过大样本统计进行定性和定量分析，而对生猪购销商和生猪屠宰加工企业的研究只能通过典型案例展开定性分析。

(3) **计量模型分析**。在描述性分析和理论分析的基础上，利用选定的计量模型对生猪产业链各环节利益主体的质量安全行为及其影响因素进行实证分析，主要运用到双变量 Probit 模型等。

四、研究创新

我国猪肉可追溯体系建设已开展多年，投入了大量人财物力，但已有研究极少对我国现阶段猪肉可追溯体系质量安全效应或者质量安全保障作用进行实证验证，更是缺少从整个生猪产业链视角对猪肉可追溯体系质量安全效应的全面系统论证，我们急需厘清我国猪肉可追溯体系建设至今，其保障生猪和猪肉质量安全的作用到底如何。基于此，本项目从理论和实证两个方面，基于监管与声誉耦合激励的视角，通过构建契约激励模型和声誉机制模型以及利用双变量 Probit 模型等计量模型，研究猪肉可追溯体系的质量安全效应，以期为猪肉可追溯体系的有效运行和猪肉质量安全的保障提出有针对性的对策建议。

本项目研究具有开创性，综合利用大量实地调查获得的一手数据资料，包括对上海、济南的 1 009 位猪肉消费者，对北京、河南、湖南的 396 位养猪场户，对北京、上海 6 家生猪屠宰加工企业，以及对北京、上海、济南的 636 位批发市场和农贸市场猪肉销售商进行的实地问卷调查。研究发现，我国猪肉可追溯体系建设通过提高生猪产业链利益主体对溯源追责能力的信任水平，使猪肉可追溯体系产生的政府监管激励和市场声誉激励得以规范生猪产业链利益主体的质量安全行为，这体现出我国猪肉可追溯体系质量安全效应的现实效果较好，确实在保障猪肉质量安全方面发挥了积极作用，但猪肉可追溯体系建设水平的良莠不齐在一定程度上阻碍了质量安全保障作用的发挥。本研究成果为中国猪肉可追溯体系的有效运行及猪肉可追溯体系质量安全保障作用的发挥提供了有针对性的对策建议，尤其是在非洲猪瘟、新冠肺炎对我国生猪产业冲击巨大的前提下，大力推进猪肉可追溯体系建设更加必要，本项目研究成果就更加具有现实意义和价值。此外，本研究所获得的研究成果可充实丰富本领域国内外研究成果，将为中国猪肉可追溯体系和猪肉质量安全等相关问题研究积累重要的文献资料并提供重要的理论借鉴。

第二章　理论分析与逻辑框架

从经济学和管理学角度研究猪肉可追溯体系运行机制问题，在了解猪肉可追溯体系发展现状基础上，还需要构建一个清晰、完整的理论分析框架，为本研究的核心内容提供一个逻辑起点。本章主要依据信息不对称理论、供应链管理理论、产业组织理论、利益相关者理论的基本原理，立足于北京市猪肉可追溯体系和生猪产业的发展现状，构建基于质量安全的猪肉可追溯体系运行机制研究的逻辑框架，以保障整个研究可以在严密的逻辑关系下系统深入地推进。

一、相关理论基础

（一）信息不对称理论

信息不对称理论是由美国经济学家 Stiglitz、Akerlof 和 Spenee 在1970年提出的，是指在市场经济条件下，市场买卖主体不可能完全获知对方的信息，这种信息不对称容易导致拥有信息的一方为获取更大利益而损害另一方的利益。其中以 Akerlof 在 1970 年提出的“柠檬市场”（The Lemons Market）理论更具代表性，且标志着信息经济学由形成阶段进入到发展阶段。Akerlof 认为在只有卖者了解产品质量而买者不了解的情况下，即因交易双方对产品质量的信息不对称，将导致信息优势一方卖者的逆向选择行为，其直接后果将会使高质量产品在市场上难以存在，或者说市场只能提供低质量产品（Akerlof，1970）。逆向选择问题会导致只有很少的交易得以实现。信息不对称不仅减少了市场提供高质量产品的数量，而且减少了市场上产品交易的数量，并没有达到帕累托最优状态，至少可以说没有达到原本可以达到的最优状态，市场上还存在着提供高质量产品的潜在市场。

根据信息不对称理论，信息不对称被认为是导致食品安全问题的根本原因（Antle，1995；Caswell等，1996），这主要因为食品所包含的搜寻品、经验品和信任品特征。根据消费者在购买商品时所掌握的信息多少以及时间先后次序，可以将商品特性分为搜寻品、经验品和信任品三种（Nelson，1970；Caswell等，1992），食品同时具有上述三种特性。这种划分为理解信息不对称如何导致市场失灵提供了很好的帮助。食品质量的搜寻品特性是指人们在消费之前就可以直接了解的外在特征（品牌、标签、包装、销售场所、价格和产品产地等）和内在特征（颜色、光泽、大小、形状、成熟度、外伤、肥瘦和肉品肌理等）。食品质量的经验品特性是指人们在消费之后才能够了解的内在特征（鲜嫩程度、汁的多少、香味、口感、味道和烹饪特征等）。食品质量的信任品特性是指即使消费之后人们也无法了解的有关食品安全和营养水平等方面的特征（涉及食品安全的激素、抗生素、胆固醇、沙门氏菌和农药残留量以及涉及营养与健康的营养成分含量和配合比例等）（王秀清等，2002）。就猪肉产品而言，搜寻品特征可以通过人们的信息搜集行为获得，经验品特征也可以通过反复购买和消费来获得，唯有信任品特征是消费者很难获知的，并且有些对人体的危害要经过很长时间才能够表现出来，这便给了低质量安全猪肉生产经营行为足够的生存空间。因此，逐利本性会促使部分生产经营者弄虚作假，如果市场缺少质量信号甄别机制，就会导致“劣币驱逐良币”现象的发生。

解决食品质量安全问题的主要手段之一在于消除信息不对称，而消除信息不对称的重要策略之一是建立食品可追溯体系（Hobbs，2004）。猪肉可追溯体系的目标是溯源，溯源的实现对于解决猪肉质量安全问题的作用具体表现在三个方面：一是让猪肉销售商以及消费者知道所采购或购买的猪肉来自哪个养猪场户以及哪个生猪屠宰加工企业，满足消费者的知情权和自由选择权，并且使猪肉品牌价值得以彰显，刺激企业加强品牌化建设；二是可以明确责任，增强猪肉供应链各环节利益主体对猪肉溯源能力的认识，提高生产和销售问题猪肉的风险，在政府严惩生产和销售问题猪肉行为的背景下，可以起到规范猪肉供应链各环节利益主体质量安全行为的作用；三是实施猪肉可追溯的企业还向消费者传递了一种信号，即企业投入大量的人财物力用于保障猪肉质量安全，说明了企业的实力和社会责任感，促使消费者相信这是企业通过提供质量安全猪肉而获得利润的长期行为。

（二）供应链管理理论

供应链管理（Supply Chain Management）萌芽于20世纪80年代，产生背景为纵向一体化引发的产业高度集中所导致的企业管理效率低下、自身资源限制，无法快速敏捷地响应迅速变化的多样化市场需求。价值链理论是供应链管理的理论基础之一，波特（1985）在其《竞争优势》一书中最早提出价值链这一概念，认为将企业视作一个独立个体会导致无法识别其竞争优势，企业竞争优势源于在生产过程中所进行的诸多相互分离的活动，价值链正是一种将企业分成许多战略性相关环节的工具。通过价值链分析，企业将相对不具有优势的非核心业务外包，仅经营具有竞争优势的核心业务，这就打破了原来的纵向一体化企业经营方式，原来一个企业中的前后关联部门现在分别成为所有权不同的产业链关联企业，企业间的关联关系决定着彼此间的依赖，为维系一种相对稳定的伙伴关系，提出了所谓横向一体化的供应链管理理论。供应链管理的实质是，借助其他企业的资源以及优势互补，增强企业自身竞争实力，在实现供应链利益最大化的前提下，实现供应链成员企业自身的利益目标。

已有研究对供应链管理还没有形成统一的定义，学者们给出了各自的理解，但实质上是一样的。供应链管理专家David将供应链管理定义为：对供应商、制造商、物流者和分销商的各种经济活动，有效开展集成管理，以正确的数量和质量，正确的地点，正确的事件，进行产品制造和分销，提高系统效率，促使系统成本最小化，并提高消费者的满意度和服务水准（孙元欣，2003）。罗伯特·B. 罕菲尔德和小埃尔尼斯特·L. 尼科斯对供应链管理的定义为：将从原材料到最终产品整个生产过程中全部物流和相关信息流所涉及到的一切活动，通过改善供应链中的关系进行整合，以此获得充分的竞争优势（罗伯特·B. 罕菲尔德等，2003）。

不对称不完全信息和对称不完全信息的客观存在使得信息缺失发生在食品链的整个过程，且随食品链条的延长而呈递增效应（Antle，1995）。

物流战略价值的不断凸显、企业核心竞争力向准确把握客户需求并做出快速反应的方向转变，以及信息技术、电子商务的发展，促使企业逐步认识到供应链管理的必要性和可能性。在食品行业，为满足消费者需求、减少成本、提高效率以及保障食品质量安全，迫切需要加强食品供应链管理。因此，近些年不少学者从供应链管理的角度探讨猪肉供应链优化对保障猪肉质量安全的积极作用（宁攸凉，2012；孙世民，2006）。猪肉可追溯体系有助于供应链组织成员间的产品流和信息流的整合以及供给者和最终客户间的联系，从而有助于猪肉供应链的优化，从该角度来说同样具有保障猪肉质量安全的作用。

食品供应链管理对保障食品质量安全起到一定作用，但由于食品供应链更长且复杂以及物流管理难度更大，并且它始终以企业为核心，强调企业自身效益的实现，忽视将食品供应链上的相关信息传递给消费者，所以保障食品安全的作用有限，还是不能有效解决信息不对称问题。然而，它提供了一种食品供应链管理的思想，可以对整个食品供应链条实施可追溯，即通过对供应链中各环节产品信息的跟踪和追溯，以及对上下游各成员企业信息的共享和紧密合作，以实现消费者对所购买食品信息的了解，以及增强食品供应链中不同利益方之间的合作与沟通，优化供应链整体绩效（Lecomte 等，2003；Weaver 等，2001；Hudson 等，2001）。生猪行业产业化的实现、信息技术的迅速发展以及物流的兴起，使猪肉供应链管理成为可能，也使得猪肉可追溯体系的实现成为可能。供应链管理的实现离不开企业管理信息系统，比如用于制造业库存管理信息处理的 MRP 系统。猪肉可追溯体系中的猪肉可追溯系统也是一种管理信息系统，虽然其初衷在于保障猪肉质量安全，但不可否认的是，猪肉可追溯系统确实提高了企业的管理效率，可以实现企业资源的优化配置，这也是猪肉可追溯系统在某些企业得到迅速发展的重要原因之一。

（三）产业组织理论

产业组织理论的研究对象是同一产业内企业之间的关系，主要研究企业、产业和市场为什么以现有的形式组织起来，这样的组织形式和结构如何影响市场的运行与绩效（金培，1999）。产业组织理论主要包括“结构主义学派”和“芝加哥学派”，这两种学派都以新古典理论为出发点，但因理论逻辑、思考问题方法的不同，他们在理论结论上有很大差别。结构主义学派是建立在经验性研究基础上，提出了结构—行为—绩效分析模型（Structure - Conduct - Performance Model，SCP 模型），认为市场结构决定市场中企业的行为，而企业行为又决定市场运行各方面的经济绩效（图 2 - 1）。芝加哥学派更强调结构—行为—绩效的理论分析，认为应该从价格理论的基础假设出发，强调市场的竞争效率，探讨结构、行为、绩效之间的非直接相关性，认为这三者之间存在复杂的关系。前者鼓励政府干预，而后者则强调市场自由主义。

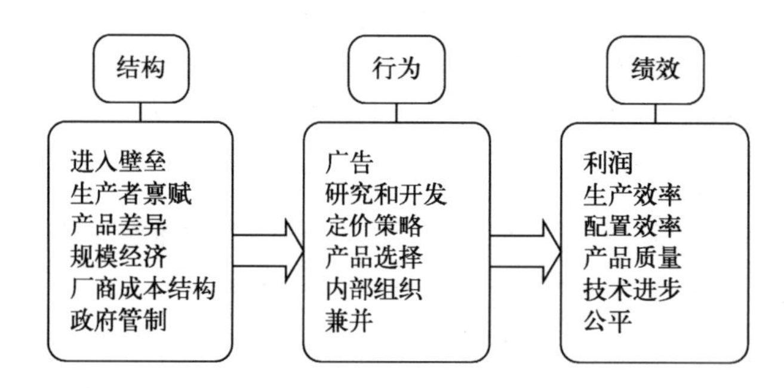

图 2 - 1　结构—行为—绩效分析模型

资料来源：修改自［美］肯尼斯·W. 克拉克森，罗杰·勒鲁瓦·米勒．产业组织：理论、证据和公共政策［M］. 杨龙，罗靖，译．上海：上海三联书店，1989.

研究猪肉可追溯体系建设必须立足于生猪产业的发展，在熟悉生猪产业发展现状的基础上，依据产业组织理论分析猪肉可追溯体系的发展动力，这样才能更深刻认识和理解猪肉可追溯体系建设中遇到的问题及其原因，而展开深入分析的前提必须厘清市场结构、市场行为、市场绩效的内涵。

首先是市场结构。市场结构所反映的市场特征的不同表现为市场类型的不同，市场可以划分为完全竞争市场、垄断竞争市场、寡头垄断市场和完全垄断市场四种类型。就我国生猪行业而言，在与产业链上游的生猪养殖场户、产业链下游的猪肉经销商的竞争及其协作中，生猪屠宰企业仍处于主导地位，拥有较强的价格话语权，因此可以从生猪屠宰企业市场势力的角度来定性市场类型。我国严格实施生猪定点屠宰，以北京市为例，截至 2019 年 8 月，有 9 家定点屠宰企业（正常运营的有 8 家），虽然还面临着来自外埠生猪屠宰企业的竞争，但外埠猪肉进入北京市场的数量较少，并且多数是中高档猪肉，与本地屠宰企业并不存在太强烈的竞争。因此，主要从屠宰加工环节考虑可以将生猪产业定性为垄断竞争市场，接下来的相关分析也立足于这一点。

其次是市场行为。不同的市场结构，市场行为也是不同的，从这一角度，市场行为的分析必须建立在明确市场结构的基础上。猪肉可追溯体系的利益主体与生猪产业链各环节的利益主体基本是一致的，区别在于猪肉可追溯体系的利益主体还包括消费者和政府，虽然二者不是企业，但不管是对生猪产业的发展还是对猪肉可追溯体系的建设，消费者和政府的作用都是巨大的。猪肉可追溯体系建设离不开需求的拉动，也离不开政府的监管，因此市场行为分析除了研究生猪产业链各环节利益主体的猪肉可追溯体系参与行为和意愿，还要研究可追溯猪肉的市场需求和政府的监管动力。

最后是市场绩效。市场绩效是指对于满足特定目标的评价，在 SCP 理论范式中，市场绩效主要包括利润、生产效率、配置效率、产品质量、技术进步与公平等（肯尼斯·W. 克拉克森等，1989）。猪肉可追溯体系建设的目标是实现溯源，最终目的则在于保障猪肉质量安全，因此本研究中的市场绩效主要研究猪肉可追溯体系的质量安全效应，即猪肉可追溯体系在保障猪肉质量安全方面的作用，而这种作用是通过影响生猪产业链利益主体的质量安全行为反映出来的。

（四）利益相关者理论

利益相关者理论产生于 20 世纪 60 年代，是在欧美等国奉行“股东至上”的公司管理实践的质疑中逐步发展起来的，进入 80 年代，其影响迅速扩大。Ansoff（1965）认为“制定一个理想的企业目标必须平衡所有与企业具有利益关系的市场主体（股东、管理人、雇员以及经销商等）的索取权”。后来，Freeman（1984）将利益相关者定义为“能够影响一个组织的目标实现或者受到一个组织目标实现过程影响的人”。此时，由于对利益相关者的界定过于宽泛，衡量利益相关程度的标准不清晰，以致在实证研究和应用推广中寸步难行，难以得出令人信服的结论。此后，又回到以企业为核心的研究上来（柳锦铭，2007）。

在实际应用中，只要对利益相关者进行清晰的分类，明确各利益相关者的利益相关性、权责、作用以及相互之间关系，可以大大拓宽利益相关理论的应用范围。对利益相关者进行科学分类，可以对不同类别的利益相关者进行合理管理，从而便于实证分析。利益相关者分类一般运用利益相关者图解法，即利用一个二维矩阵图来描述两个属性或变量之间的关系，从而实现对利益相关群体的分类。惠勒和西兰帕从利益相关性和社会性两个维度提出一个对利益相关者进行分类的实用方法，划分为主要的社会利益相关者、次要的社会利益相关者、主要的非社会利益相关者和次要的非社会利益相关者四个类别（阿奇·B. 卡罗尔等，2004）。

利益相关者理论为本研究提供了很好的思路，猪肉可追溯体系建设离不开各个利益相关者的参与，不同利益相关者在猪肉可追溯体系建设中具有不同的权责、作用，各利益相关者通过彼此之间的利益博弈最终使猪肉可追溯体系达到一种稳定的运行状态。猪肉可追溯体系的利益相关者包括猪肉可追溯体系的实施者——生猪养殖场户、生猪屠宰加工企业、猪肉销售商，猪肉可追溯体系的推动和监管者——中央政府和地方政府，可追溯猪肉的购买者——消费者，还包括饲料兽药供应商、生猪经销商、科研单位、相关技术企业等。从利益相关性和参与度两个维度建立利益相关矩阵（图 2-2），可以将猪肉可追溯体系的利益相关者划分为确定型利益相关者、预期型利益相关者和潜在型利益相关者三大类。上述分类的意义在于，不同类型的利益相关者对猪肉可追溯体系建设的作用不同，从促进猪肉可追溯体系建设的角度对不同类型利益相关者作用的认识和行为的分析也应该是不同的。

		利益相关性	
		高	低
参与度	高	确定型利益相关者	预期型利益相关者
	低	潜在型利益相关者	—

图 2-2　猪肉可追溯体系利益相关者分类的二维矩阵图

（五）消费者行为理论

对消费者行为的研究最早开始于古典经济学，20 世纪 60 年代，消费者行为学以独立学科的形式分离出来。Sirgy（1982）从消费者个体自身出发，结合外在环境因素，阐述了消费者行为产生的心理，解释了什么是消费者行为。同时，人们建立了消费者文化理论（Arnould Thompson，2005）、非理性行为研究（郑毓煌，2013；汪丁丁，2017）等模型对消费者行为进行解释，形成了消费者行为解释系统框架。

经济学理论为消费者行为研究奠定了基础，“经济人”成为早期消费者行为的理论假设，但该假设强调消费者是“理性人”，忽视消费者行为的复杂性。后来，随着心理学、社会学等多种学科的融入，“社会人”假设替代了原有的“理性人”假设。消费者在整个消费过程中的一系列问题均属于消费者行为的研究范畴，研究包含了对产品及产品信息的认知、深入获悉产品属性等多个方面。

信息不对称被认为是导致食品安全问题的根本原因，降低信息不对称程度有助于食品安全问题的解决。随着网络信息时代的到来，食品质量安全信息错综复杂，在降低信息不对称程度的同时，也造成信息真假难辨的难题。食品消费市场的突出矛盾由消费者对信息的渴望转变为对信息的信任。现代消费者行为学关于信息信任的研究主要围绕信息源的可信度、信息内容的可信度和媒介的可信度展开。

食品可追溯体系为消费者提供了一个获取食品质量安全信息的重要渠道，其旨在通过实现溯源追责为消费者提供真实可靠的信息，来缓解信息不对称程度。Martinez（2011）的研究表明食品可追溯体系可以通过提高消费者信任达到恢复消费者信心的效果，特别是在重大食品安全事件的背景下，溯源的实现对于重塑食品行业的形象、恢复消费信心具有非常重要的作用。目前，关于可追溯食品消费行为，学者们比较关注消费者对可追溯食品的支付意愿。

猪肉可追溯体系作为食品可追溯体系的一部分，是消费者获取猪肉制品质量安全信息的重要来源。只有消费者参与并认可猪肉可追溯体系，愿意购买可追溯猪肉等食品，猪肉可追溯体系才有意义。消费者作为生猪产业链主要利益主体之一，其行为对猪肉可追溯体系的建设与发展至关重要。借助消费者行为学，调查消费者对猪肉可追溯体系的信任程度与对可追溯猪肉的支付意愿，对本研究有很大指导意义。

（六）企业行为理论

企业行为学作为管理学理论中影响最为深远的理论之一，其对企业战略行为决策和实施的影响已经得到了大量理论与实证支撑。与古典经济学的完全理性人假设不同，由卡耐基学派所提出的企业行为学建立在更贴合实际的有限理性人的假设上。赛尔特（R. Cyert）和马奇（March）在1963年所著的《企业行为学》中指出，企业并非是在信息完全且完全理性的基础上根据利益最大化原则作出理性的战略决策，而是囿于有限理性，通过简单的半自动化的规则来做非理性的战略决策。在这些简单的半自动化的规则中就包含最为核心的绩效反馈。

企业的绩效反馈与企业期望水平（Aspiration level）是紧密相连的。企业的期望水平，又被称为企业期望目标以及参照点，是企业对每一年绩效水平的估计，也是能够让企业感到满意的最低绩效水平。当企业的实际绩效高于企业的期望水平时，企业会收到正向的绩效反馈；而当企业的实际绩效低于企业的期望水平时，企业会收到负向的绩效反馈。这些绩效反馈的方向，以及实际绩效水平与期望水平的差值将会在随后驱动企业的战略决策和行为。

Greve（2003）提出的业绩反馈决策模型就表明，当企业的绩效反馈为正时，企业会陷入满足性原则。Gavetti等（2012）曾形象地将这种满足性原则概括为“人从来不会最大化自己的利益，他们只会满足”。Greve（1998，2003）认为企业管理者作为有限理性者，在面临企业所需要的决策方案时，往往不会在了解所有方案所能给他们带来的利益后进行比较，然后选择能最大化利益的那个方案，而是会在发现第一个能够满足他们的期望水平的方案后，停止调查比较，然后采取该方案。这种绩效的反馈机制会令企业的管理者安于现状，不愿意冒新的风险去寻求企业的改变以获取更多的利益。贺小刚（2016）等就发现当企业绩效满足期望时，企业管理者冒险从事创新性活动的能力就减弱。

而当企业的绩效为负时，企业管理者会积极进行问题搜索，从而导致一系列的组织改变。Iyer 和 Miller（2008）就发现当企业处在期望绩效落差时并购会更加频繁。贺小刚等（2017）的研究说明企业决策者会受到期望绩效落差的影响而提升企业的创新投入。连燕玲（2014）和梁杰（2015）的研究发现期望绩效落差的扩大会增大企业实施战略变革的程度。

猪肉可追溯体系的建设离不开生猪产业链上各个企业的参与，根据企业行为理论，当相关企业的实际绩效高于预期绩效时，企业管理者可能会安于现状，不愿意冒新的风险增加投入参加猪肉可追溯体系；而当实际绩效低于预期绩效时，企业管理者可能会勇于创新，参与可追溯体系以期减少期望绩效落差。企业行为理论可作为本研究的指导性理论，为后续企业猪肉可追溯体系参与行为背后的动机分析提供支撑。

（七）农户行为研究相关理论

农户行为包括投资行为、经营行为、生产行为、消费行为、决策行为等，但归根结底都可看作是经济行为，因此可以用经济学知识来分析农户的行为。首先需要考虑的是农户是否符合经济学的前提假设——理性人假设，又称经济人假设。对于农户是否是理性人的研究，目前学术界的研究主要分为三派：以美国著名经济学家、诺贝尔经济学奖得主舒尔茨为代表的形式经济学派，以苏联著名经济学家恰亚诺夫为代表的实体经济学派，以及以加州大学洛杉矶分校的黄宗智为代表的历史学派。

农户即农民家庭，是由血缘组合而成的一种社会组织单位，有着不同于城市家庭的典型特征。农户不仅是一种生活组织，更是一种生产组织，农户的行为也不只是个体的行为更是有组织的群体生产行为。

1. 形式经济学派

形式经济学派以舒尔茨（1964）的《改造传统农业》为代表作，从研究传统农业的特征入手，沿用西方形式经济主义经济学关于人的假设，认为小农像企业家一样都是“经济人”，其生产要素的配置行为符合帕累托最优原则，是最有效率的贫穷的小农经济。后来，波普金进一步论述了舒尔茨的观点，他认为：小农农场最适于用资本主义的“公司”来比拟描述，小农是一个在权衡长短利益之后，为追求最大利益而做出合理抉择的人，是理性的小农。

波普金（1979）在《理性的小农》中提出中心假设：农户是理性的个人或家庭福利的最大化者，并指明“我所指”的理性意味着，个人根据他们的偏好和价值观评估他们选择的后果，然后做出他认为能够最大化他的期望效用的选择。由于以上两者的观点接近，学术界将其概括为“舒尔茨—波普金命题”。该学派的特点是强调小农的理性动机。按照这一命题，可以想象到的是，只要外部条件具备了，农户就会自觉出现“进取精神”，并合理使用和有效配置他们掌握的资源，追求利润最大化。

该学派的主要论点是：在传统农业时期，农户使用的各种生产要素投资收益率很少有明显的不平衡。在这样一种经济组织中，农户的行为是完全有理性的。传统农业增长的停止，不是来自农户进取心的缺乏、努力不够以及自由和竞争不足的市场经济，而是来自传统边际投入下的收益递减。改造传统农业所需要的是合理成本下的现代投入，一旦现代技术要素投入能保证利润在现有价格水平上的获得，农户会毫不犹豫地成为最大利润的追求者。因此，改造传统农业的方式不应该选择削弱农户生产组织功能和自由市场体系，而应在现存组织和市场中确保合理成本下的现代生产要素的供应。

2. 实体经济学派

实体经济学派产生于20世纪20年代末，以苏联农业经济学家恰亚诺夫为代表人物，他的代表作是《农民经济组织》。该学派的研究视角主要侧重于农业经济结构和家庭农场生产组织等问题，理论基础有两个，一个是边际主义的劳动—消费均衡理论，另一个是“生物学规律”的家庭周期说。一方面，从消费意义看，它能满足家庭消费需要，带来享受与愉快，恰亚诺夫称之为“收入正效用”；另一方面，从生产过程看，为获得每一个单位的收入，农户得付出艰辛的劳动，这对他们是一种负担，恰亚诺夫称之为“劳动负效用”。一般来说，随着收入的增加，收入正效用递减，而劳动负效用递增，两者渐渐趋于均衡。农户在权衡收入正效用与劳动负效用之后才决定其劳动投入量，当收入正效用大于劳动负效用时，农民主观评估觉得有利可图，将会追加劳动投入；当收入正效用小于劳动负效用时，尽管继续投入劳动会增加总收入，但要付出更大的劳动代价，忍受更大的劳累，农民主观评估是不合算的，将会减少劳动投入，只有达到均衡点的劳动投入量为最佳。

农户对收入正效用与劳动负效用的主观评价主要取决于家庭收入水平。对于那些收入低的农户家庭，尤其是基本生活需要尚未满足的生存型农户家庭来说，劳动取得收入比追求闲暇更重要，他们对收入正效用的主观评估相对较高，而对劳动负效用评估就低些，这样正、负效用均衡点的边际收益就可能低于市场工资甚至为零，于是出现“自我剥削”现象。不仅劳动力使用如此，其他生产要素也相类似。

在恰亚诺夫的著作问世 30 年后，K·波兰尼等（1957）从另一个视角做出了回应，他秉承恰亚诺夫从小农问题的哲学层面和制度维度来分析小农行为，但相比恰亚诺夫则更为尖锐和深刻。他认为在资本主义市场出现之前的社会中，经济行为根植于当时特定的社会关系之中，因而研究这种经济就需要把经济过程作为社会的制度过程来看待的特殊方法和框架。又过了 20 年之后，美国经济学家斯科特（1976）通过细致地案例考察进一步阐释和扩展了波兰尼的逻辑，并提出明确的“道义经济”命题，在《农民的道义经济学：东南亚的反叛与生存》一书中指出，在“安全第一”的生存伦理下，农民追求的不是收入的最大化，而是较低的风险分配与较高的生存保障。此学派的特点是强调坚守小农的生存逻辑，亦称“生存小农”学派。此外，有些学者将“风险厌恶理论”中“风险”与“不确定”条件下的决策理论运用到农户经济行为研究中。例如，利普顿在其名著《小农合理理论》（1968）中指出，风险厌恶是贫穷的小农的生存需要，他们的经济行为遵循“生存法则”。

3. 历史学派

美国加州大学洛杉矶分校的黄宗智教授于 1985 年提出了自己独特的小农命题——“拐杖逻辑”，即中国的小农家庭的收入是农业家庭收入加上非农佣工收入，后者是前者的拐杖，其核心是对小农经济的半无产化的定义和刻画。由于黄教授所谓的过密化（即农户家庭不能解雇多余的劳动力，因而中国的小农经济不会产生大量原本可以从小农家庭农场分离出来的“无产—雇佣”阶层，曾被译为是“内卷化”）现象的普遍存在，使得多余的劳动力无法独立成为一个新的阶层，他们依然会继续附着在小农经济之上，不能成为真正意义上的雇佣劳动者，黄宗智又称这种现象为“半无产化”。

他在对中国20世纪30—70年代的小农经济进行大量调查研究的基础上，提出要分析小农动机与行为，必须将企业行为理论和消费者行为理论结合起来，前者追求利润最大化，后者追求效用最大化，他认为中国的农民既不完全是恰亚诺夫式的生计生产者，也不是舒尔茨意义上的利润最大化追逐者。他在分析新中国成立前中国几个世纪的农业发展后提出了中国农业是“没有发展的增长”和“过密型的商品化”概念，认为20世纪80年代中国农村改革就是一种反过密化的过程。史清华在1999年的论著综述中，基于黄宗智的总结，对农户研究的学派又做了进一步总结，提出了“历史学派”这一学说，得到了学术界的普遍认可。

农户作为农业生产的直接经营个体，其行为选择取决于对自身行为的认知和行为目标的选择，并且受到个体特征、家庭和生产特征、风险意识以及其他特征影响（刘妙品等，2019）。专家学者在对农户行为的研究中，逐渐形成了较为成熟的农户行为研究相关理论。

在过去的研究中，许多专家学者从利益相关者的视角切入，对食品可追溯体系展开研究。涉及的利益相关主体有食品生产经营者、消费者以及政府。联系建立食品可追溯体系的初衷，不难发现食品可追溯体系的发展状况与各利益相关主体的行为选择以及利益主体之间的博弈息息相关。农户参与农产品质量安全可追溯体系，是从生产源头保障农产品质量安全的关键控制点。

在农户行为选择相关研究中，主要是针对影响农户参与食品可追溯体系的因素的研究。已有研究认为，农户参与食品可追溯体系的意愿或行为受到内在特征和外部环境的综合影响，主要包括以下几方面因素：第一，农户对参与食品可追溯体系的预期收益与预期风险；第二，农户的个人基本特征，具体包括年龄、受教育程度等；第三，农户家庭种植或养殖的基本情况，具体包括种植或养殖规模等；第四，纵向协作关系，具体包括农民专业合作社参与情况、生产和销售关系等；第五，农户对食品可追溯体系的认知，具体包括对食品可追溯体系的认知水平、对食品可追溯体系相关法律法规、政策措施的了解程度等。

二、猪肉可追溯体系质量安全效应研究的逻辑框架

(一) 猪肉可追溯体系发展的动力来源

本部分在关于猪肉可追溯体系发展背景、历程与现状分析的基础上，借鉴20世纪80年代迈克尔·波特教授提出的波特钻石模型的思想，将中国猪肉可追溯体系发展动力来源归结为需求拉动、政府推动、产业链利益主体的竞争与协作、要素投入、相关技术支持、机遇刺激六大因素（图2-3）。接下来对猪肉可追溯体系发展的动力来源展开具体分析。

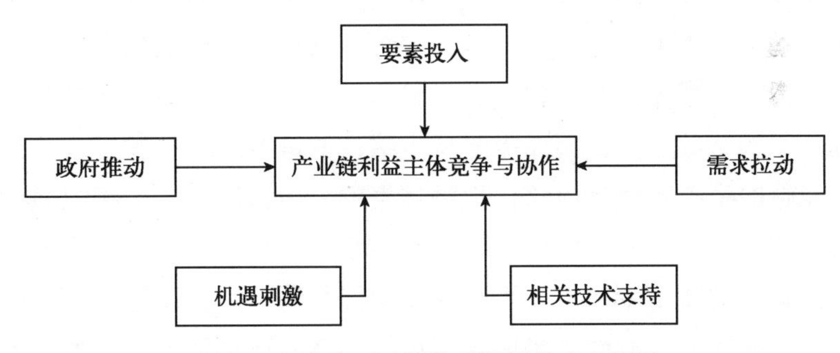

图2-3 猪肉可追溯体系发展的动力来源

需求拉动，指市场对可追溯猪肉的需求状况，包括国内市场需求和国际贸易需求，就中国猪肉可追溯体系的发展而言，国内市场需求比国际贸易需求的拉动作用更大。政府推动，指政府制定的与猪肉可追溯体系相关的法律法规和政策措施以及一系列人财物力投入，政府对中国猪肉可追溯体系发展的推动作用巨大，尤其是对政府主导模式猪肉可追溯体系，这里的政府包括中央政府和地方政府的相关部门。产业链利益主体竞争与协作，指猪肉可追溯体系建设过程中生猪产业链各环节利益主体的战略、结构和竞争，以及各利益主体之间的利益关系，各利益主体包括生猪饲料销售商、生猪兽药销售商、养猪场户、生猪购销商、生猪屠宰加工企业、猪肉销售商以及猪肉销售商依托单位。要素投入，指猪肉可追溯体系建设所需要的生产要素投入，这里的生产要素包括人力资源、资本资源、基础设施或设备等几大类。相关技术支持，指猪肉可追溯体系建设所需要的网络

信息技术等，比如猪肉可追溯体系信息管理系统软件的开发与维护以及网络端口的接入等都需要相应技术的支持。机遇刺激，指超出控制范围的随机事件，包括与猪肉可追溯体系相关的重要事件、重大技术革新、外国政府的重大决策、自然灾害、战争、政治环境发展等。

（二）猪肉可追溯体系发展的利益相关者

政府主导模式猪肉可追溯体系和企业主导模式猪肉可追溯体系发展的动力来源基本是一致的，但各种动力因素的作用大小是有差异的，本研究主要关注政府主导模式猪肉可追溯体系发展的动力因素及其作用。猪肉可追溯体系发展的各种动力因素发生作用的背后必然有相应利益相关者的参与，各种动力因素发生作用的好坏、大小则取决于利益相关者的行为选择。对猪肉可追溯体系利益相关者的具体分析须建立在对生猪产业发展现状整理认识的基础之上，因而需要从生猪产业链各个环节发展现状的分析入手。完整的生猪产业链应该包括种猪繁育、生猪养殖、生猪流通（也称生猪收购或生猪购销）、生猪屠宰加工和猪肉销售等环节，但从与猪肉可追溯体系建设的紧密度来看，主要涉及生猪养殖、生猪流通、生猪屠宰加工和猪肉销售环节。下面主要以北京市为例，阐述生猪产业链各环节的发展现状。

1. 生猪养殖环节

《中国农村统计年鉴》（2019）数据显示，北京市 2018 年出栏生猪 169.4 万头，为市场提供猪肉 12.7 万吨[①]，生猪出栏量和提供的猪肉量只比上海、西藏、青海、宁夏少数几个省份高。北京市生猪主产区包括顺义区、通州区、大兴区、房山区和平谷区，五区的生猪出栏量大约占全市出栏量的 80%，北京市各郊区登记备案的规模养殖场（存栏 500 头以上）的生猪出栏量占全市总出栏量的 75%以上[②]。北京市出栏的生猪主要在本市屠宰加工，因生猪出栏量无法满足北京市场的猪肉需求，北京市屠宰的

---

① 猪肉产量在统计年鉴中是使用抽样调查推算数，其实也可以根据一头生猪的出肉量估算，按照一个白条 75 千克的净重来推算，306.1 万头生猪大约可以出肉 23.0 万吨，与统计年鉴中的数据差距不大。

② 数据来自北京市农业农村局内部资料。

生猪还来自天津、河北、河南、山西、辽宁、吉林、黑龙江等省份。外来猪源既有与大型屠宰加工企业签订购销协议的合同养殖场户和企业自有养殖基地，也有小规模散养户。

2. 生猪流通环节

北京市生猪流通环节主要包括“养猪场户—生猪经纪人—生猪购销商—生猪屠宰加工企业”“养猪场户—生猪购销商—生猪屠宰加工企业”“养猪场户—生猪屠宰加工企业”“养殖基地—生猪屠宰加工企业”等几种生猪购销模式，其中以前两种模式更为普遍。北京市的生猪屠宰加工企业都设有生猪采购部，专门负责企业生猪收购。为了降低生猪采购成本，生猪屠宰加工企业一般并不直接从养猪场户处收购生猪（对于部分大规模养猪场和生猪养殖专业合作社，屠宰加工企业会直接与他们签订生猪购销合同，直接进行生猪收购），而是由采购部工作人员每天与不同猪源地的生猪购销商进行电话联系，沟通北京本地和京外各猪源地生猪的数量、价格、质量等信息。生猪屠宰加工企业根据当日猪肉市场销售情况制定次日的生猪采购计划，并与生猪购销商达成购猪协议。对于生猪购销商而言，生猪价格频繁且剧烈的波动以及养猪场户不断地进入和退出生猪行业，使得寻找猪源变成一件成本很高的工作，由此出现了生猪经纪人这一角色。生猪经纪人专门从事寻找猪源的工作，成为连接养猪场户和生猪购销商之间的桥梁。另外，屠宰加工企业从自有养殖基地通过内部交易的方式收购生猪也是一种重要方式。

3. 生猪屠宰加工环节

截至2019年底，北京市共有9家生猪定点屠宰加工企业，但屠宰的猪肉仍在市场上销售的企业有8家，提供了占北京市80%的猪肉，其中生猪屠宰能力最大的企业实际屠宰量大约为每天6 000头左右，生猪屠宰能力最小的企业实际屠宰量大约每天1 000头左右。大多数屠宰企业开工不足，实际屠宰量远未达到其屠宰能力的需求量。生猪屠宰加工企业购入生猪后，按照国家规定的操作规程和技术要求屠宰，大部分生猪被加工成白条，少部分被加工成分割肉。屠宰加工企业生产的产品中，白条根据不同的等级被销往批发市场、超市、直营店、农贸市场、机关或事业单位、餐饮集团和外埠市场等，其中以批发市场和超市为主，销往超市的白条质量等级普遍较高，而销往批发市场的白条各个质量等级都有①。

4. 猪肉销售环节

北京市生鲜猪肉的销售业态主要包括批发市场、超级市场（简称超市）、直营店、农贸市场等②，其中批发市场又分为一级批发市场（又称批发大厅）和二级批发市场（又称零售大厅）。批发市场主要从事猪肉批发业务，只能销售与之签订《场厂挂钩协议》的定点屠宰加工企业屠宰的生猪。其中，批发大厅只进行猪肉批发，猪肉主要销售给零售大厅的猪肉销售商，少部分也销往超市、农贸市场等，零售大厅也是以猪肉批发为主，但也存在一定量的猪肉零售。北京市现有的三大农产品批发市场，分别为大洋路批发市场、城北回龙观批发市场、新发地批发市场，每个批发市场都有专门的生鲜猪肉销售大厅，生猪屠宰加工企业每天深夜或凌晨将猪肉配送至各批发市场的批发大厅，与此同时，零售大厅的猪肉销售商开始从批发大厅进货，然后销售给超市（一般为小型超市）、农贸市场、饭店、机关或事业单位、工地和普通消费者。另外，超市、直营店、农贸市场主要从事猪肉零售业务，直接面向饭店等企业或单位以及普通消费者。北京零售市场上的猪肉主要来自本地定点屠宰加工企业屠宰的生猪，从量上来说，本地生猪屠宰加工企业屠宰的生猪主要销往批发市场，直接销往超市、农贸市场和直营店的比例相对较少。

基于上述北京市生猪产业链各环节的发展现状，本研究归纳出北京市生猪产业链的一般模式，如图 2-4 所示。可见，北京市生猪产业链条呈现出“两头大、中间小”的特征，这也是目前我国生猪产业链条的基本特征，虽然非洲猪瘟疫情对生猪产业发展产生较大冲击，但本质上并未改变生猪产业链条的纵向协作关系。审视北京市生猪产业链各环节的发展现状可以发现，生猪屠宰加工企业在整个产业链条中仍处于主导地位，拥有决

① 这里所说的质量等级不是指质量安全等级，生猪屠宰企业为了定级结算以及满足不同的市场需求，需要对猪肉进行分级，白条一般分七八个级别，分割肉一般分两三个级别，而分级的标准包括出肉率、水分大小、膘肥瘦、是否有外伤等。

② 严格来说，还有加盟店这样一种销售业态，但由于北京市的加盟店主要处在农贸市场中，此处不再单独列出。

定生猪和猪肉价格的话语权，当然屠宰加工企业也要遵循市场规律，合理制定价格策略，才能立于不败之地。

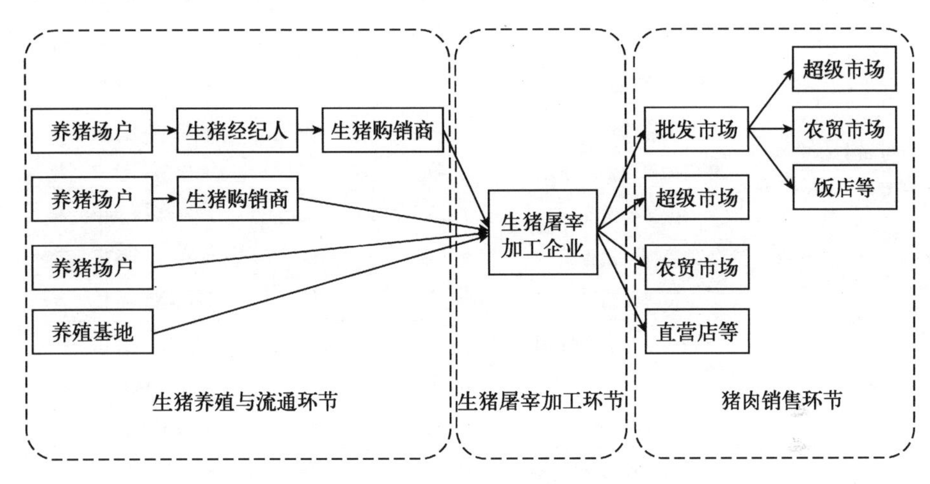

图 2-4　北京市生猪产业链的一般模式

在厘清北京市生猪产业链发展现状的基础上，从影响猪肉可追溯体系发展的驱动因素入手，归纳政府主导模式猪肉可追溯体系建设涉及的利益相关者，结合利益相关性和参与度的高低，将利益相关者进行归类（表 2-1）。本研究将高利益相关性和高参与度的利益相关者称为确定型利益相关者，也称主要利益相关者或利益相关主体；将高利益相关性和低参与度的利益相关者称为潜在型利益相关者，将低利益相关性和高参与度的利益相关者称为预期型利益相关者，后两类利益相关者统称次要利益相关者。可以认为主要利益相关者比次要利益相关者对猪肉可追溯体系发展的作用更大，当然也不否认次要利益相关者在猪肉可追溯体系建设中的重要作用，但至少已不再是阻碍猪肉可追溯体系发展的主要因素。

表 2-1　政府主导模式猪肉可追溯体系建设的利益相关者

驱动因素	利益相关者名称	利益相关性	参与度	利益相关者类型
需求拉动	国内消费者	高	高	确定型利益相关者
	猪肉进口国家和地区	高	低	潜在型利益相关者
政府推动	中央政府相关部门	高	高	确定型利益相关者
	地方政府相关部门	高	高	确定型利益相关者

（续）

驱动因素	利益相关者名称	利益相关性	参与度	利益相关者类型
产业链利益主体竞争与协作	养猪场户	高	高	确定型利益相关者
	生猪屠宰加工企业	高	高	确定型利益相关者
	猪肉销售商	高	高	确定型利益相关者
	猪肉销售商依托单位	高	高	确定型利益相关者
	生猪购销商	高	低	潜在型利益相关者
	生猪饲料销售商	高	低	潜在型利益相关者
	生猪兽药销售商	高	低	潜在型利益相关者
要素投入	生猪屠宰加工企业员工	低	高	预期型利益相关者
	投资者	高	低	潜在型利益相关者
	相关设备供应商	高	低	潜在型利益相关者
相关技术支持	高校和科研院所	低	高	预期型利益相关者
	相关技术企业	低	高	预期型利益相关者
机遇刺激	网络媒体	低	高	预期型利益相关者
	重要集团或客户	高	低	潜在型利益相关者

（三）猪肉可追溯体系运行机制的构成

在厘清猪肉可追溯体系发展的各种驱动力量和利益相关者及其作用之后，接下来对主要驱动力量之间的关系进行梳理，而这最终反映为利益相关主体之间的关系，具体包括：消费者与可追溯猪肉生产经营者之间的利益关系；政府与生猪产业链各环节利益主体、消费者之间的利益关系；生猪屠宰加工企业与生猪产业链上游的养猪场户和生猪购销商以及与产业链下游的猪肉销售商之间的信息传递关系。据此归纳出猪肉可追溯体系运行机制包含的子机制，具体包括评价反馈机制、信息传递机制和监督管理机制（图 2-5）。

评价反馈机制反映的是消费者与可追溯猪肉生产经营者之间的利益关系，指消费者对可追溯猪肉的需求程度与对可追溯猪肉是否满足其需求的评价，以及对可追溯猪肉的购买和消费行为。信息传递机制反映的是生猪屠宰加工企业与生猪产业链上游的养猪场户和生猪购销商以及与产业链下游的猪肉销售商之间的信息传递关系，指猪肉追溯信息在生猪产业链各环节的跟踪与查询，具体可以划分为溯源在生猪产业链各环节之间的实现和溯源在消费零售终端查询环节的实现两个阶段。监督管理机制反映的是政府与生猪产业链各环节利益主体、消费者之间的关系，具体包括对生猪产业链各环节利益主体的监督管理和对消费者的宣传引导两对关系。

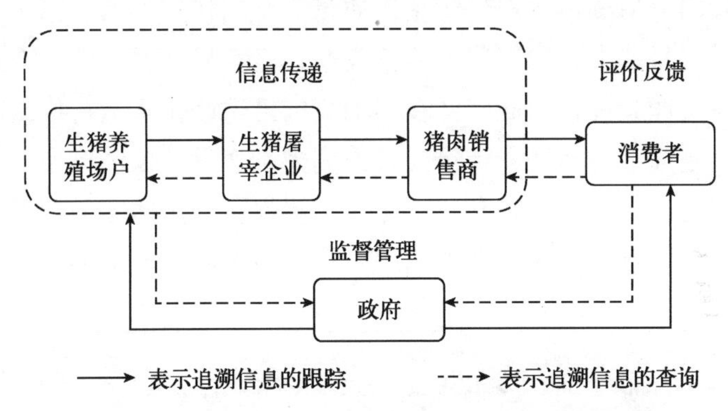

图 2-5　猪肉可追溯体系利益相关主体之间的关系

（四）逻辑框架

本研究的逻辑框架如图 2-6 所示。

首先，在弄清中国猪肉可追溯体系发展现状的基础上，以信息不对称理论和供应链管理理论为理论依据，提出研究问题，即：对于更能满足大众需求的政府主导模式猪肉可追溯体系，如何实现有效溯源以保障猪肉质量安全。

其次，解决上述问题的重要途径在于建立和优化猪肉可追溯体系运行机制，该部分以北京市为例，主要通过实证研究力图解决以下几个问题：

一是猪肉可追溯体系运行机制的构成及运行机理如何。在弄清北京市猪肉可追溯体系发展现状和生猪产业链各环节现状的基础上，依据产业组织理论和利益相关者理论，构建逻辑框架，旨在厘清猪肉可追溯体系运行的内在结构。

二是产业链利益主体参与猪肉可追溯体系的积极性如何。猪肉可追溯体系建设的直接目标是实现有效溯源，而猪肉可追溯体系要想实现有效溯源与生猪产业链利益主体的积极参与直接相关，因此在明确猪肉可追溯体系运行机制的构成和运行机理的基础上，根据消费者行为理论、农户行为研究相关理论和企业行为理论，考察产业链利益主体参与猪肉可追溯体系的意愿及其影响因素，并深入探讨猪肉可追溯体系运行中存在的问题对产业链利益主体参与行为的影响。

三是猪肉可追溯体系对保障猪肉质量安全的作用如何。猪肉可追溯体系建设的最终目的在于保障猪肉质量安全，已有研究更多停留在理论分析阶段，缺少实证验证，因此同样在明确猪肉可追溯体系运行机制的构成和运行机理的基础上，实证分析猪肉可追溯体系建设对保证猪肉质量安全的作用，并立足于生猪产业链利益主体参与猪肉可追溯体系的情况，深入探讨猪肉可追溯体系运行中存在的问题对保障猪肉质量安全的影响。

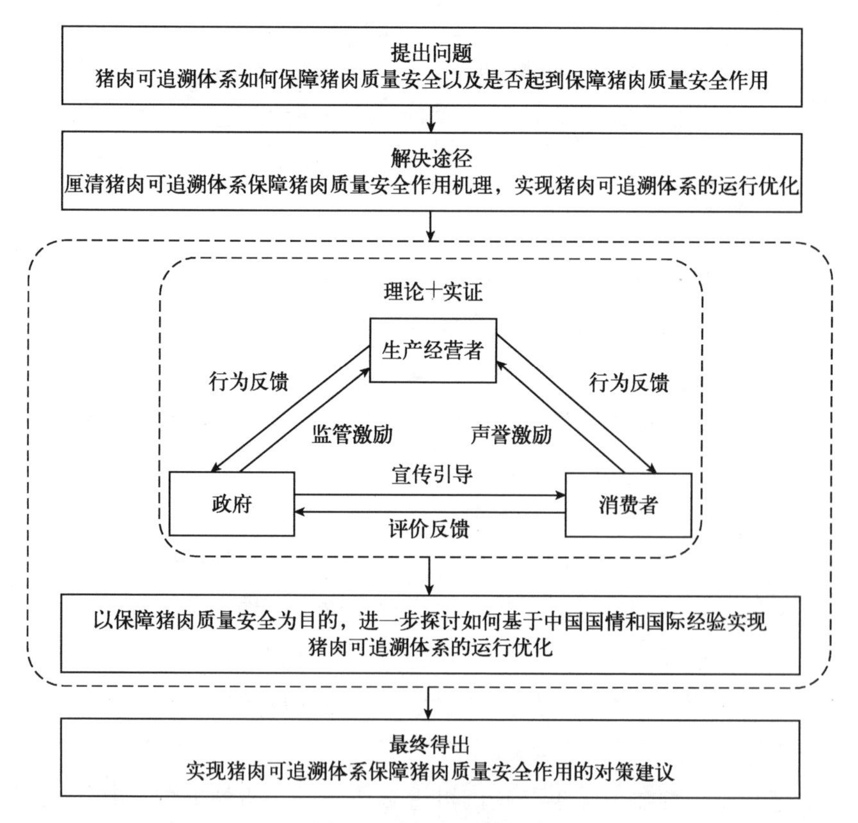

图 2-6　基本逻辑思路

最后，根据研究结论得出实现猪肉可追溯体系运行机制优化的对策建议以及有待进一步研究探讨的问题。

三、本章小结

本章立足于我国猪肉可追溯体系和生猪产业链各环节的发展现状，依据信息不对称理论、供应链管理理论、产业组织理论、利益相关者理论、消费者行为理论、农户行为研究相关理论、企业行为理论，构建了基于质量安全的猪肉可追溯体系运行机制研究的逻辑框架，主要得出以下结论。

首先，信息不对称被认为是猪肉质量安全问题产生的根本原因，信息不对称的存在则主要是因为猪肉产品所包含的信任品特征，建立猪肉可追溯体系有助于消除信息不对称，从而有助于解决猪肉质量安全问题。生猪产业链环节多、链条长加剧了信息不对称程度，加强供应链管理同样有助于消除信息不对称，而猪肉可追溯体系建设则有助于加强猪肉供应链管理。信息不对称理论和供应链管理理论为本研究确定猪肉可追溯体系研究这样一个重要选题提供了理论支撑。

其次，借鉴波特钻石模型的思想，以北京市为例，猪肉可追溯体系发展动力来源可归结为需求拉动、政府推动、产业链利益主体的竞争与协作、要素投入、相关技术支持、机遇刺激六大因素，利用利益相关者理论的二维矩阵图，确定猪肉可追溯体系涉及到的利益相关主体包括政府、消费者、生猪产业链利益主体，根据彼此之间的利益关系确定猪肉可追溯体系运行机制所包含的子机制，具体包括评价反馈机制、信息传递机制和监督管理机制。

最后，依据产业组织理论的结构—行为—绩效分析范式，确定本研究的逻辑框架，其中，实证研究内容包括先研究猪肉可追溯体系运行机制的构成及运行机理，再研究产业链利益主体参与猪肉可追溯体系的行为，最后研究猪肉可追溯体系对保障猪肉质量安全的作用。

第三章　中国猪肉可追溯体系建设概况

在对中国猪肉可追溯体系运行机制展开具体分析之前，需要对中国猪肉可追溯体系的发展历程与现状有一个清晰的了解和认识，才能为接下来的理论和实证分析提供现实依据。本章主要对中国猪肉可追溯体系的发展背景、历程与现状进行介绍，包括北京市猪肉可追溯体系的发展背景、历程与现状，后文的进一步分析都是建立在本章所介绍的现实基础上。

一、中国猪肉可追溯体系发展历程与现状

相比欧美等发达国家，中国食品可追溯体系建设起步较晚，以北京奥运会为分界点，大致可以分为两个发展阶段：2008 年以前是探索阶段，主要是以个别企业带动其他企业的点发展，比如，大连雪龙产业集团研发并实施的牛肉可追溯系统，给其他企业提供了经验借鉴；2008 年以后逐步走向正规，主要以个别试点地区带动其他地区的面发展，比如，上海市作为商务部第一批肉类流通追溯体系试点建设城市在全国范围较早开始食品可追溯体系建设，为其他城市食品可追溯体系建设提供了经验借鉴。近些年我国对食品可追溯体系建设的重视程度逐步提高，尤其是非洲猪瘟疫情和新冠肺炎疫情的发生给食品追踪溯源提出更高且更迫切的需求，中共中央、国务院陆续发布了几个重要文件，对食品可追溯体系建设提出明确要求（表 3 - 1）。

猪肉作为中国居民消费的主要肉类产品，保障其质量安全至关重要，猪肉可追溯体系建设始终是中国食品可追溯体系建设的重点。中国食品可追溯体系可以分为两种发展模式，一种是政府主导模式，一种是企业主导模式。猪肉可追溯体系同样存在上述两种发展模式，其中，政府主导模式是由政府针对普通猪肉建立可追溯系统平台，鼓励支持生猪屠宰加工企业

加入，并可实现猪肉相关信息消费终端追溯查询的模式。企业主导模式是由中高档猪肉一体化生产经营企业研发和建立自己的可追溯系统，并可实现猪肉相关信息消费终端追溯查询的模式。相比政府主导模式，企业主导模式的运营成本一般较高，由于实施猪肉可追溯的成本主要由企业承担，因而所出售的猪肉价格也较高，只适用于通过良好的品牌声誉来实现高价格销售的高档猪肉，并不能满足大众消费市场既安全又廉价的要求。不同模式下生猪产业链利益主体不同，各利益主体在猪肉可追溯体系建设中的作用也不同。接下来对中国猪肉可追溯体系发展的背景、历程与现状进行介绍。

表 3-1　中国猪肉可追溯体系发展历程

时间	发布方	文件	摘要
2015 年 12 月 30 日	国务院办公厅	《关于加快推进重要产品追溯体系建设的意见》	坚持以落实企业追溯管理责任为基础，以推进信息化追溯为方向……加快建设覆盖全国、先进适用的重要产品追溯体系，促进质量安全综合治理
2019 年 7 月 17 日	国务院办公厅	《关于加强非洲猪瘟防控工作的意见》	提升生物安全防护水平，严格动物防疫条件审查……督促养猪场（户）建立完善养殖档案，严格按规定加施牲畜标识，提高生猪可追溯性
2019 年 2 月 5 日	中共中央办公厅、国务院办公厅	《地方党政领导干部食品安全责任制规定》	组织协调食品安全监管部门和相关部门，及时分析食品安全形势，研究解决食品安全领域相关问题，推动完善“从农田到餐桌”全链条全过程食品安全监管机制；组织推动食品安全监管部门和相关部门建立信息共享机制，推进“互联网＋”食品安全监管，不断提升食品安全监管效能和治理能力现代化水平

（一）中国猪肉可追溯体系发展背景

1. 市场需求拉动

首先是国内消费需求拉动。猪肉是中国城乡居民消费的主要肉类产品之一，近十年猪肉消费量一直处于稳步上升的态势，猪肉消费量仍在城乡居民家庭畜禽肉类消费中占有较大比重，2018年中国城乡居民人均猪肉消费量占畜禽肉类（猪肉、牛羊肉和家禽肉等）消费量的比重达到77.29%[①]。因此，能否满足人们对于猪肉的需求是关系国计民生的大事。近些年中国城镇居民对猪肉的需求逐渐由单纯追求数量向同时追求质量转变，这一方面由于人们收入水平和生活水平的提高，另一方面则由于瘦肉精、注水肉、病死猪肉等猪肉质量安全事件的频繁发生使得人们对普通猪肉丧失消费信心。显然，人们对质量安全猪肉的需求并未得到完全满足。为了保障猪肉质量安全，满足质量安全猪肉的消费需求，政府开始大力推进猪肉可追溯体系建设。

其次是国际贸易需要拉动。中国是世界第一大生猪生产国，无论是生猪存栏量还是出栏量均处于世界领先地位。中国猪肉产品的出口在世界猪肉贸易格局中本应占有重要地位，但与猪肉产量的国际地位提升不相符的是，中国猪肉产品贸易在整个农产品贸易以及国际猪肉贸易中的地位却发生了逆转（张振等，2011）。中国猪肉在国际贸易中不具有竞争优势，一方面是由于猪肉生产成本高，导致不具有出口价格优势，另一方面则是由于国际上不少国家对于进口猪肉质量安全标准的提高。依据WTO国民待遇原则，要求成员之间在签订贸易条约时，要保证相互给予对方的自然人、法人在本区域境内享有与本成员方自然人、法人同等的待遇，要对进口成员方产品与区域内产品一视同仁，同等待遇。因此，生产相对落后、食品标准相对不健全的出口方，在面临进口方严格的可追溯体系标准与进口法律、法规时，将导致出口方面临合理的国际贸易规则而失去出口市场。自2002年起，以欧盟为代表的发达国家相继对农产品实施质量安全追溯制度，欧盟委员会出台法规，要求从2005年1月1日起，凡是在欧盟国家销售的食品必须具备可追溯功能，否则不允许上市，禁止出口不具备可追溯的食品[②]。欧盟各国均已建立了食品可追溯系统，美国、加拿大和日本也纷纷引入全程标识追溯系统，美国和加拿大还计划对溯源管理实

① 资料来源：《中国统计年鉴》（2019）。

② 资料来源：安徽日报 http：//epaper.anhuinews.com/html/ahrb/20160627/article_3460311.shtml。

施强制措施，作为提高政府应对疫情和重大产品安全事件的措施之一[①]。因此，为了提升中国猪肉在国际贸易中的竞争力，加强猪肉可追溯体系建设势在必行。食品可追溯体系率先在肉类进出口贸易中施行。2011年6月，国家质量监督检验检疫总局颁布《进出口肉类产品检验检疫监督管理办法》，取代了《进出境肉类产品检验检疫管理办法》，强化了对进出口肉类产品可追溯的要求，特别是对出口肉类产品的可追溯性作出明确规定，要求出口肉类产品的生产企业应当"对出口肉类产品的原辅料、生产、加工、仓储、运输、出口等全过程建立有效运行的可追溯的质量安全自控体系"。

2. 相关法律法规要求

随着食品质量安全事件的频发，中国农产食品（尤其是畜产食品）在出口贸易中频频受阻，食品质量安全问题受到社会各阶层的普遍关注，也引起了相关政府部门的高度重视，我国相继颁发了相关法律法规。国家出台的食品安全相关的法律法规主要包括《中华人民共和国农产品质量安全法》《食品召回管理规定》《中华人民共和国食品安全法》等。这些法律法规的颁布对食品可追溯体系建设提出要求，这促使食品可追溯体系逐渐被提上建设日程，同时鉴于猪肉在中国居民肉类产品消费中的重要地位，猪肉可追溯体系建设成为食品可追溯体系建设的重点。

3. 重大事件刺激

重大事件的发生对推动中国猪肉可追溯体系的发展起到重要作用。例如，为了迎接奥运会，北京市全面启动《奥运食品安全行为纲要》，制定了奥运食品安全标准，推进食品可追溯体系研究。针对食品质量安全隐患较多的肉类食品与蔬菜率先开展追溯试点，并于2007年底初步建成动物源性食品质量安全全程可追溯监管系统。另外，上海世博会期间，同样对餐饮肉类和蔬菜产品提出了可追溯要求。杭州市在G20峰会期间，也以保障G20峰会食品安全为契机，结合实际进一步推进食用农产品市场质量安全追溯体系建设。借助奥运会、世博会和G20峰会的契机，北京市、上海市和杭州市的食品可追溯体系建设在全国处于领先地位。

① 资料来源：食品商务网 http：//www.21food.cn/html/news/26/258142.htm。

4. 相关技术支持

猪肉可追溯体系的发展离不开网络信息技术的支持。食品可追溯系统的实施涉及自动识别技术、自动数据获取和数据通信技术，这些技术的基础则是产品标识和编码（师严涛，2006）。国际物品编码协会（EAN）和美国统一代码委员会（UCC）共同开发出 EAN・UCC 系统（全球统一标识系统），该系统包括编码结构、数据载体（包括条码、RFID）和数据交换（包括 EDI 和 XML）三方面内容（孔洪亮等，2004）。世界上已有 20 多个国家和地区采用国际物品编码协会推出的 EAN・UCC 系统，对食品原料的生产、加工、储藏及零售等供应链各环节上的管理对象进行标识，通过条码和人工可识读方式来实现对食品供应过程的跟踪与追溯（方炎等，2005）。欧盟各国已经成功采用该系统对牛肉、鱼、蔬菜等实施食品跟踪（孔洪亮等，2004）。中国猪肉可追溯体系建设主要运用无线射频技术（RFID），并取得巨大成果。

（二）政府主导模式猪肉可追溯体系发展历程与现状

政府对于中国猪肉可追溯体系的发展起到很大推动作用，尤其是政府主导模式下猪肉可追溯体系的发展。要想从宏观层面上对中国猪肉可追溯体系的发展有一个整体认识，需要首先介绍政府在猪肉可追溯体系建设方面做出的努力。中国猪肉可追溯体系建设主要由农业部和商务部分别推动，下面对这两个政府部门所做的努力分别介绍。

1. 农业部的农垦农产品质量追溯系统建设

农业部较早对农产品可追溯制度进行了积极探索，其工作思路主要可以归纳为以下两个阶段。

第一阶段是 2004 年至 2008 年，该阶段主要在农产品可追溯体系建设的技术、标准等方面为可追溯体系的发展做好基础性工作。

2004 年 4 月，农业部等八个部委指定中国物品编码中心制定《肉类制品跟踪与追溯应用指南》和《生鲜产品跟踪与追溯应用指南》；2006 年 6 月，为了规范畜禽生产经营者行为，加强畜禽标识和养殖档案管理，建立畜禽可追溯制度，有效防控重大动物疫病，保障畜禽产品质量安全，农业部颁布了《畜禽标识和养殖档案管理办法》，并于 2006 年 7 月 1 日施行[①]。该办法对畜禽繁育、饲养、屠宰、加工、流通等环节涉及的有关标识和档案管理做了全面规定，这对于落实畜禽产品质量安全责任追究制度，适应国内外市场需求，提高畜禽产品国际竞争力，促进畜牧业持续健康发展具有重要意义。2006 年 9 月，农业部又发布了《关于贯彻实施〈畜禽标识和养殖档案管理办法〉的通知》，为了相关规定的贯彻实施，通知还附带发布了《牲畜耳标技术规范》《牲畜耳标生产系统技术规范》《牲畜耳标管理规范》《畜禽标识信息数据库管理规范》等几个配套技术规范。

第二阶段是 2008 年至今，该阶段开始利用前一阶段积累的成果重点开展农垦农产品质量追溯系统建设。

早在 2003 年农业部农垦系统就启动“农垦无公害农产品质量追溯”试点工作，研究探索农产品质量追溯制度的发展模式和实现路径，但直到 2008 年才正式实施“农垦农产品质量追溯系统建设项目”。2008 年 7 月，农业部农垦局与 15 个省级主管部门及 23 家企业签订了“农垦农产品质量追溯系统建设项目”合同，根据合同要求，项目承担企业需在 2008 年底前按照“生产可记录、信息可查询、流向可跟踪、责任可追究”的总体要求实现企业所申报产品的可追溯[②]。食品可追溯体系参与企业建立了质量追溯系统，示范带动农业企业、农民专业合作社建立农产品质量追溯制度，追溯产品涵盖了米面、水果、茶叶、蔬菜、禽、肉、蛋、奶、水产品等主要农产品、农产加工品。农垦农产品质量追溯工作在提高从业人员质量安全责任意识、推进农业标准化生产、示范带动我国农产品质量追溯制度建设方面发挥了重要作用（表 3-2）。

围绕追溯项目建设，农业部颁布实施了《农垦农产品质量追溯系统建设项目管理办法》等一系列管理制度，制定发布了《农产品质量安全追溯操作规程——通则》（NY T1761—2009）等八项农产品质量追溯行业标准，开发建设了集农业生产档案记录、质量安全监管、消费者查询于一体

---

① 资料来源：中央人民政府门户网站 http：//www.gov.cn/gongbao/content/2007/content_705532.htm。

② 资料来源：中央人民政府网站 http：//www.gov.cn/gzdt/2008-07/11/content_1042580.htm。

的农产品质量追溯信息系统，农垦农产品质量追溯工作体系基本形成，制度规范日益健全，技术支撑不断增强。农垦农产品质量追溯系统软件由五部分组成，具体包括定制子系统、采集子系统、企业汇总子系统、查询子系统、监管子系统（图 3-1）。

表 3-2　农业部农垦农产品质量追溯系统建设参与的部分猪肉产品生产经营企业汇总

企业名称	参与年份	所在区域
上海爱森肉食品有限公司	2008	东部地区
北京黑六牧业科技有限公司	2009	东部地区
广西农垦永新畜牧集团有限公司	2009	西部地区
重庆大正畜牧科技有限公司	2009	西部地区
宁夏灵农畜牧发展有限公司	2009	西部地区
黑龙江五方肉业有限公司	2010	中部地区
新疆天康控股（集团）有限公司	2010	西部地区
湖北盛龙农业科技开发有限公司	2012	中部地区
重庆华牧实业（集团）有限公司	2013	西部地区
贵州省江口县梵态畜牧养殖有限责任公司	2014	西部地区
辽宁振兴生态集团发展有限公司	2014	中部地区

资料来源：根据农业部农垦局农垦农产品质量追溯展示平台网站的资料整理。

为了防止乱用和冒用农垦农产品质量追溯标识，保护农垦农产品质量追溯品牌形象，农业部决定从 2012 年开始，委托北京达邦管理顾问有限公司，统一组织发行专门的农垦农产品质量追溯防伪标签。

农垦农产品质量追溯系统的追溯标签上包括农产品追溯码、信息查询渠道、追溯标识等信息。其中，农产品追溯码是用于农产品追溯信息查询的唯一代码，企业（组织或机构）可以从以下 3 种规则中选择适宜的编码方法：一是按 NY/T1431 规定执行，由 EAN · UCC 编码体系中全球贸易项目代码 AI（01）和产品批号代码 AI（01）等应用标示符组成；二是以批次编码作为追溯信息编码；三是企业（组织或机构）自定义追溯信息编码。总的来说，农产品追溯码一般应包括生产者代码、产品代码、产地代码、批次代码和检验码几部分内容，比如图 3-2 的编码示例。农垦农产品质量追溯系统提供了网站查询、短信查询、语音查询 3 种追溯信息查询方式。

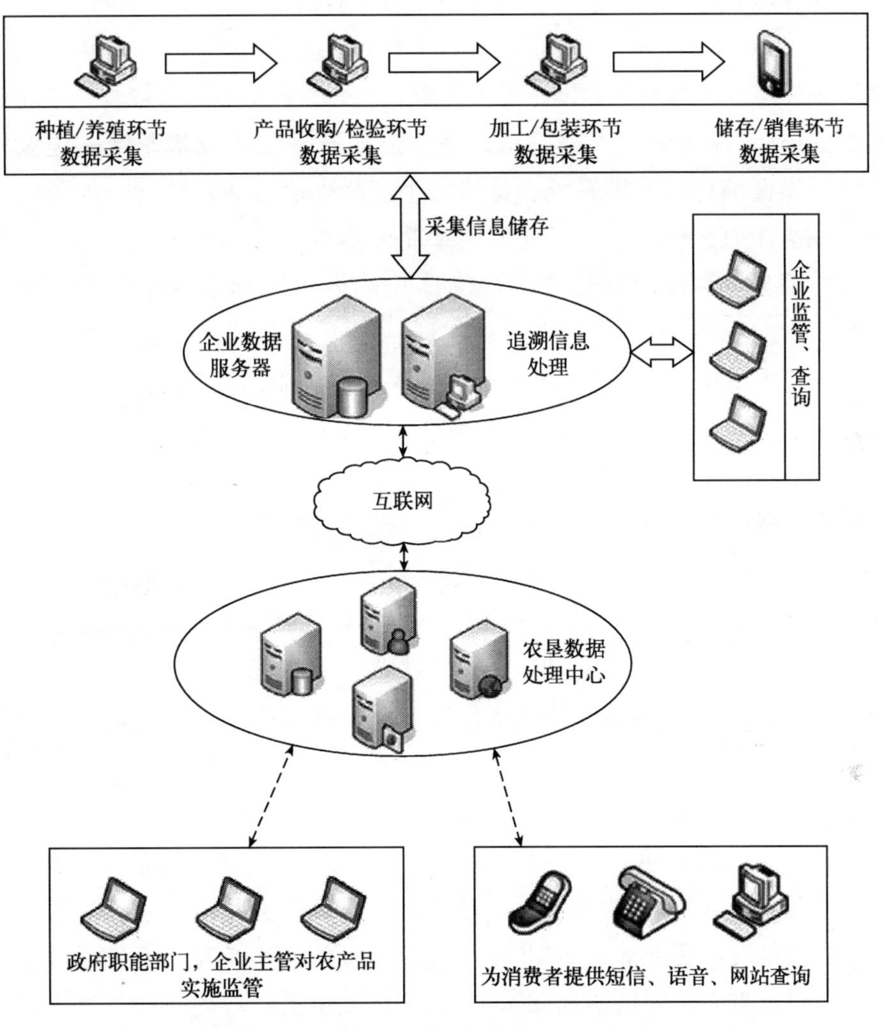

图 3－1　农垦农产品质量追溯系统总体拓扑图

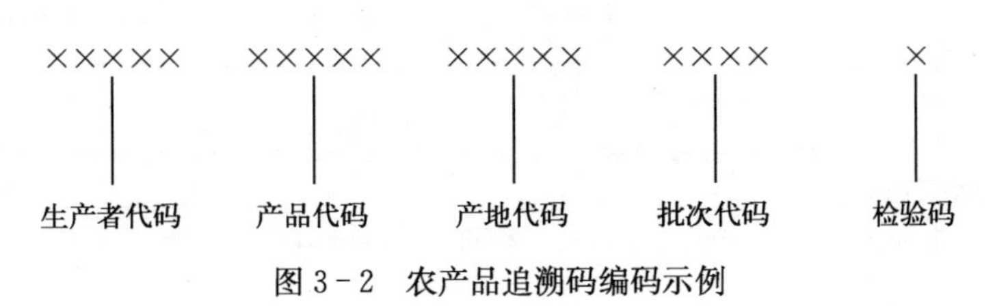

图 3－2　农产品追溯码编码示例

2. 商务部的肉类蔬菜流通追溯体系建设

商务部对食品可追溯体系建设的探索相对较晚。为确保群众吃上“放心肉”，商务部于2009年确定北京、上海、江苏等10个省市作为“放心肉”服务体系试点地区，试点省市需重点抓好完善定点屠宰规划、优化屠宰行业布局、推动屠宰行业升级改造、建立屠宰监管技术系统、建设猪肉质量安全信息可追溯系统、将猪肉生产全程信息纳入监管、加强生猪屠宰执法能力建设以及引导大型屠宰企业延伸产业链等几项工作。“放心肉”服务体系建设将猪肉可追溯体系建设纳入其中，作为重点建设内容。

为了提高流通领域食品安全保障水平，促进流通行业发展，商务部自2010年开始以城市为单位开展肉类蔬菜流通追溯体系试点建设，率先在大连、上海、南京、无锡、杭州、宁波、青岛、重庆、昆明、成都等10个城市开展肉类蔬菜流通追溯体系第一批试点建设。随后又陆续制定了《全国肉类蔬菜流通追溯体系建设规范（试行）》《肉类流通追溯体系基本要求》《蔬菜流通追溯体系基本要求》《肉类蔬菜流通追溯体系管理平台技术要求》《肉类蔬菜流通追溯体系编码规则》《肉类蔬菜流通追溯体系感知技术要求》《肉类蔬菜流通追溯体系传输技术要求》《肉类蔬菜流通追溯体系信息处理要求》《肉类蔬菜流通追溯体系专用术语》等8个技术规范①。为了规范肉类蔬菜流通追溯体系专用标识使用主体和范围，强化标识管理，商务部于2011年12月制定颁布了《肉类蔬菜流通追溯体系专用标识使用规定（试行）》②。为了解第一批肉类蔬菜流通追溯体系建设试点城市工作进展情况，商务部于2012年2月发布《关于开展肉类蔬菜流通追溯体系建设试点初步评估的通知》，主要评估城市追溯管理平台、流通节点子系统建设情况、组织实施及其他工作进展情况③。商务部已批准5批共

① 资料来源：中华人民共和国商务部 http：//www.mofcom.gov.cn/aarticle/b/g/201109/20110907750591.html。

② 资料来源：中华人民共和国商务部 http：//www.mofcom.gov.cn/article/fgsjk/201112/20111202649371.shtml。

③ 资料来源：中华人民共和国商务部 http：//sczxs.mofcom.gov.cn/article/cl/201202/20120207959095.shtml。

58个城市开展肉类蔬菜流通追溯体系试点建设（表3-3），以肉类（当前阶段主要是猪肉）、蔬菜为重点，在有条件的城市建立覆盖全部大型批发市场、大中型连锁超市、机械化定点屠宰厂和标准化菜市场以及部分团体消费单位的肉类蔬菜流通追溯体系①（表3-4）。

表3-3　商务部肉类流通追溯体系试点建设城市汇总

城市名称	试点批次	参与年份	所在区域	城市名称	试点批次	参与年份	所在区域
上海	第一批	2010	东部地区	西宁	第三批	2012	西部地区
重庆	第一批	2010	西部地区	苏州	第三批	2012	东部地区
大连	第一批	2010	东部地区	芜湖	第三批	2012	东部地区
青岛	第一批	2010	东部地区	潍坊	第三批	2012	东部地区
宁波	第一批	2010	东部地区	宜昌	第三批	2012	中部地区
南京	第一批	2010	东部地区	绵阳	第三批	2012	西部地区
杭州	第一批	2010	东部地区	秦皇岛	第四批	2013	中部地区
成都	第一批	2010	西部地区	包头	第四批	2013	西部地区
昆明	第一批	2010	西部地区	沈阳	第四批	2013	中部地区
无锡	第一批	2010	东部地区	吉林	第四批	2013	中部地区
天津	第二批	2011	东部地区	牡丹江	第四批	2013	中部地区
石家庄	第二批	2011	中部地区	徐州	第四批	2013	东部地区
哈尔滨	第二批	2011	中部地区	福州	第四批	2013	东部地区
合肥	第二批	2011	中部地区	淄博	第四批	2013	东部地区
南昌	第二批	2011	中部地区	烟台	第四批	2013	东部地区
济南	第二批	2011	东部地区	漯河	第四批	2013	中部地区
海口	第二批	2011	中部地区	襄阳	第四批	2013	中部地区
兰州	第二批	2011	西部地区	湘潭	第四批	2013	中部地区
银川	第二批	2011	西部地区	中山	第四批	2013	东部地区
乌鲁木齐	第二批	2011	西部地区	遵义	第四批	2013	西部地区
北京	第三批	2012	东部地区	天水	第四批	2013	西部地区
太原	第三批	2012	中部地区	拉萨	第五批	2014	西部地区
呼和浩特	第三批	2012	西部地区	晋中	第五批	2014	中部地区

① 资料来源：国家重要产品追溯体系 https：//zycpzs.mofcom.gov.cn/front/listIndex.do?nodeid=72。

（续）

城市名称	试点批次	参与年份	所在区域	城市名称	试点批次	参与年份	所在区域
长春	第三批	2012	中部地区	海东	第五批	2014	西部地区
郑州	第三批	2012	中部地区	铜仁	第五批	2014	西部地区
长沙	第三批	2012	中部地区	石河子	第五批	2014	西部地区
南宁	第三批	2012	西部地区	吴忠	第五批	2014	西部地区
贵阳	第三批	2012	西部地区	威海	第五批	2014	东部地区
西安	第三批	2012	西部地区	临沂	第五批	2014	东部地区

资料来源：根据商务部肉类流通追溯体系建设网站的资料整理，截至2015年1月。

表3-4　商务部肉类流通追溯体系建设历程

时间	发布方	文件	摘要
2016年2月26日	商务部办公厅	《关于加快推进重要产品追溯体系建设有关工作的通知》	推动建立完善本地政府追溯数据统一共享交换机制，推进跨环节追溯体系对接、不同部门间信息互通共享；积极参与国家食品追溯信息化工程建设，探索建设当地统一的追溯体系公共服务窗口，面向社会公众提供追溯信息一站式查询服务
2016年8月26日	商务部办公厅和国家标准委办公室	《关于印发〈国家重要产品追溯标准化工作方案〉的通知》	加强追溯标准化基础研究，制定重要产品追溯标准化工作指导意见，建立和完善重要产品追溯标准体系，研制一批重要产品追溯基础共性标准，探索开展重要产品追溯标准化试点示范，开展标准实施信息反馈和实施后评估
2017年2月23日	商务部与工业和信息化部 公安部 农业部 质检总局 安全监管总局 食品药品监管总局	《关于推进重要产品信息化追溯体系建设的指导意见》	《指导意见》强调重要产品信息化追溯体系建设要坚持兼顾地方需求特色、发挥企业主体作用、注重产品追溯实效、建立科学推进模式等基本原则，从追溯管理体制、标准体系、信息服务、数据共享交换、互联互通和通查通识、应急管理等方面提出了建设目标，力争到2020年建成覆盖全国、统一开放、先进适用、协同运作的重要产品信息化追溯体系

（续）

时间	发布方	文件	摘要
2019年10月25日	商务部市场秩序司	《重要产品追溯六项国家标准正式发布实施》	《标准》解决了重要产品追溯体系建设中迫切需要规范的术语、系统构建等基础共性要求和数据互联、信息采集等关键技术要求 六项国家标准的公布实施，将有效提高重要产品追溯体系建设、管理的规范化和标准化水平，促进各部门、各地区重要产品追溯体系互联互通，显著提升重要产品安全保障能力

肉类蔬菜流通追溯体系的追溯标签上主要包括追溯码和信息查询渠道等信息。追溯码由经营者主体码＋交易流水号两部分内容组成，一共20位数字（图3－3），其中经营者主体码是指作为卖方的经营者的主体码，一共13位数字，交易流水号是指按交易时间顺序生成的一段唯一的代码，一共7位数字[①]。一般一次交易产生一个追溯码，但零售环节不产生新码，而是沿用批发环节产生的追溯码。

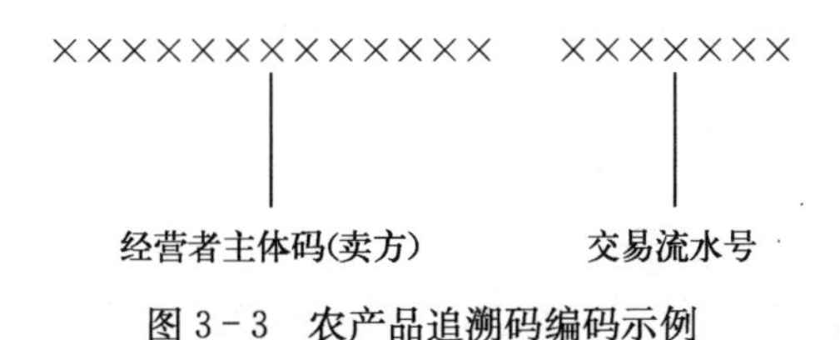

图3－3　农产品追溯码编码示例

3. 农业部农垦农产品质量追溯系统与商务部肉类蔬菜流通追溯体系的比较

本研究对农业部农垦农产品质量追溯系统与商务部肉类蔬菜流通追溯体系的异同进行了对比，如表3－5所示。

① 资料来源：国家重要产品追溯体系 https：//zycpzs. mofcom. gov. cn/html/biaozhunrenzheng/2017/5/1496226162621. html。

表 3－5　农垦农产品质量追溯系统与肉类蔬菜流通追溯体系的异同

比较项目	农垦农产品质量追溯系统	肉类蔬菜流通追溯体系
建设目标	溯源	溯源
最终目的	保障质量安全	保障质量安全
建设部门	农业部	商务部
覆盖区域	全国	全国
建设时间	2008 年至今	2010 年至今
试点对象	企业	城市
食品种类	米面、水果、茶叶、蔬菜、禽、肉、蛋、奶、水产品等主要农产品	肉类（主要是猪肉）、蔬菜
平台建设	有中央平台，没有地方平台	有中央平台，也有地方平台，以后者为主
追溯标签	农业部专门设计的追溯标签	依附于原有的食品标签或购物小票上
追溯标识内容	追溯码、信息查询渠道、追溯标志	追溯码、信息查询渠道
编码规则	3 种规则任选其一	只有 1 种规则
查询方式	网站、短信、语音	网站、购买场所的终端查询机
核心技术	无线射频技术	激光灼刻技术

（三）企业主导模式猪肉可追溯体系发展历程与现状

由于食品可追溯体系建设前期投入较大，因此国内企业主导模式食品可追溯体系的实施企业不多，且主要是中高档食品生产经营企业，实施可追溯的食品种类包括猪肉、牛肉、羊肉、牛奶、奶粉、鸡蛋、蔬菜、水果等主要农产品及其初级加工品，代表性企业如表 3－6 所示。其中，大多数企业都建立了自己的食品可追溯系统，并可以在其网站上实现追溯信息查询，只有蒙牛乳业（集团）股份有限公司和黑龙江省完达山乳业股份有限公司未在其网站上找到产品可追溯系统或追溯信息查询方式。另外，受制于产业链条长、来源渠道多，像伊利、蒙牛这种大型乳业公司很难实现其所有产品的可追溯，因此这两个公司只是对各自的某一种产品实施可追溯，比如伊利金典有机奶和蒙牛精选牧场纯牛奶。

表 3-6　企业主导模式食品可追溯体系实施企业汇总

企业名称	产品名称	企业网址
吉林精气神有机农业股份有限公司	精气神山黑猪肉	http：//www. ejqs. com
山东徒河黑猪食品有限公司	徒河黑猪肉	http：//www. tuheheizhu. com
大连雪龙产业集团有限公司	雪龙黑牛肉	http：//www. xuelongbeef. com
陕西秦宝牧业发展有限公司	雪花牛肉	http：//www. qinbao. com. cn
内蒙古科尔沁牛业股份有限公司	科尔沁牛肉	http：//kerchin. com
锡林郭勒盟草原峰煌食品有限责任公司	锡林郭勒羊肉	http：//www. fenghuangfood. cn
内蒙古伊利实业集团股份有限公司	金典有机奶	http：//www. yili. com
蒙牛乳业（集团）股份有限公司	蒙牛精选牧场纯牛奶	http：//www. mengniu. com. cn
黑龙江飞鹤乳业有限公司	飞鹤奶粉	http：//www. feihe. com
黑龙江省完达山乳业股份有限公司	完达山婴幼儿配方乳粉	http：//www. wondersun. com. cn
北京正大蛋业有限公司	正大鸡蛋	http：//www. cpegg. com
北京天安农业发展有限公司	小汤山蔬菜	http：//www. tiananongye. com
天水花牛苹果（集团）有限责任公司	潘苹果	http：//www. panpingguo. com

注：由于食品种类及相应生产经营企业繁多，汇总可能有遗漏，但至少汇总的企业是比较有代表性的。

国内以企业为主导的食品可追溯体系在牛肉产品上推行较早，实施也更好，这与国外发达国家牛肉可追溯体系的建设经验已非常成熟有密切关系。在以企业为主导的牛肉可追溯体系发展模式中，农业部“948”项目“肉牛生产链关键技术引进和中国安全优质牛肉生产体系建设（2006—G47)”起到重要作用。2006 年，中国农业大学肉牛研究中心联合西北农林科技大学动物科技学院、北京金维福仁清真食品有限公司、大连雪龙产业集团有限公司、陕西秦宝牧业发展有限公司、北京华芯同源科技有限公司等单位成功申请到农业部“948”项目。该项目提出了我国肉牛生产全程质量追溯系统从产地到餐桌的技术框架，开发了基于 RFID 的全国肉牛身份标识关键技术，建立了基于 RFID 的带犊母牛饲养环节追溯技术子系统，建立了基于 RFID 的肉牛育肥场追溯技术子系统，建立了基于 RFID

与条码技术结合的肉牛屠宰场追溯技术子系统，建立了多途径牛肉质量安全追溯终端查询技术平台等主要成果。项目成果已经在北京金维福仁清真食品有限公司、辽宁大连雪龙产业集团有限公司、陕西秦宝牧业发展有限公司等我国肉牛生产企业的5 000头肉牛上进行了示范推广，并在北京连锁超市进行了初步应用。辽宁大连雪龙产业集团有限公司和陕西秦宝牧业发展有限公司的牛肉可追溯系统仍在有效运行，其中大连雪龙产业集团有限公司的“雪龙肉牛质量安全追溯系统”被北京奥运会食品安全委员会采用，用于确保奥运会所用牛肉的质量安全。雪龙肉牛从出生、屠宰到销售的全程信息都可在网上查询，购买雪龙牛肉的消费者可以通过包装袋上的追溯码，点击雪龙产业集团网站主页上的浮动图标链接，进入牛肉可追溯信息查询系统，输入追溯码，查询与消费者所购买牛肉相关的生产信息，一旦购买的牛肉出现质量安全问题，可以有效追查到责任人，从而有效保证了消费者的知情权和合法权益。

以企业为主导的猪肉可追溯体系实施企业较少，吉林精气神有机农业股份有限公司和山东徒河黑猪食品有限公司是两家比较有代表性的企业。其中，吉林精气神有机农业股份有限公司成立于1991年，是集山黑猪遗传育种、养殖、加工、销售一体化的吉林省农业产业化重点龙头企业。精气神山黑猪产品已进入北京、上海、广州、深圳等全国大中型城市数百家大型商超及高档、特色酒店，在中高端猪肉市场占有一席之地。该企业建立了“吉林精气神山黑猪肉质量安全溯源查询系统”，为消费者提供了网站查询和短信查询两种追溯信息查询方式，输入追溯码之后，可以显示猪肉的养殖信息（吉林精气神有机农业股份有限公司）、屠宰信息（屠宰日期、屠宰厂名称、屠宰厂地址、检验检疫信息）和销售信息（只有销售网络图，没有具体销售信息）。吉林精气神山黑猪肉质量安全溯源查询系统的总体拓扑图如图3-4所示。山东徒河黑猪食品有限公司（原山东绿源新食品有限公司）成立于2006年，注册资金1 000万元，是一家集生态农业种植、徒河黑猪养殖及相关产品加工贸易的综合性民营企业。该企业建立了“山东绿源新食品徒河黑猪溯源查询系统”，但系统还在建设过程中，暂时不能实现追溯信息查询。

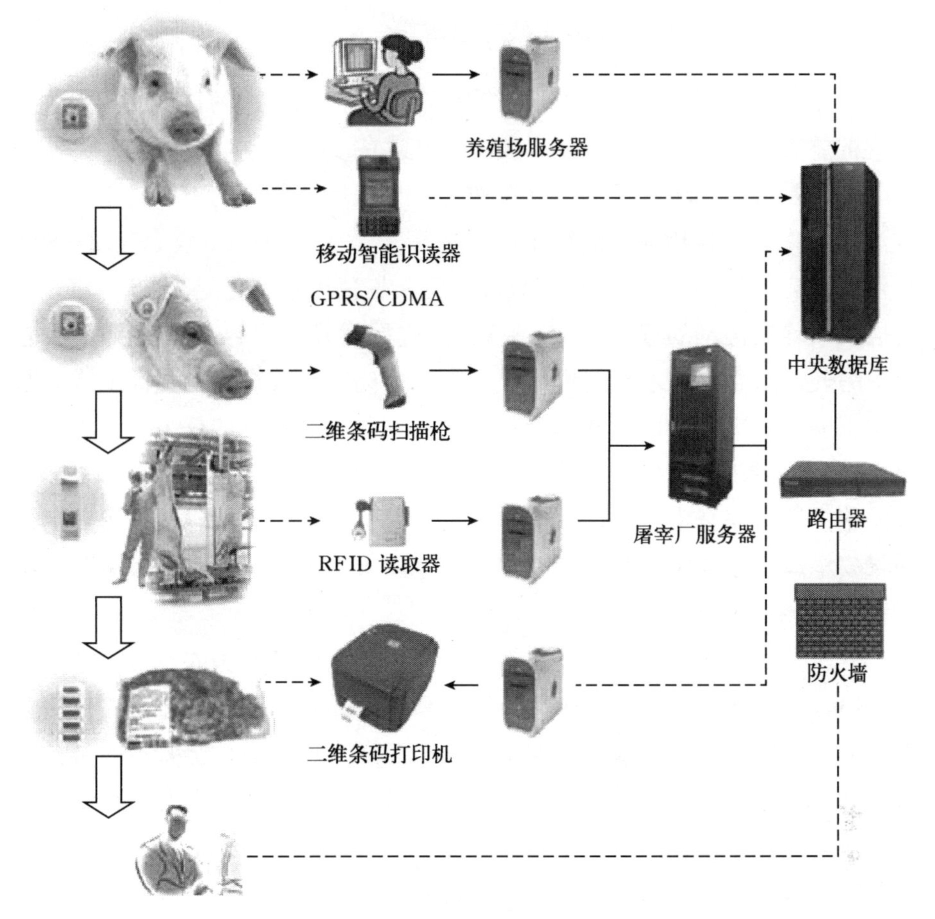

图 3-4　吉林精气神山黑猪肉质量安全溯源查询系统总体拓扑图

二、北京市猪肉可追溯体系发展历程与现状

相比全国其他省市，北京市较早就开展了对食品可追溯体系建设的探索，但前期主要侧重蔬菜可追溯体系的发展，在天安农业和方圆平安等蔬菜企业的试点建设取得较大成功，形成小汤山和方圆平安两大知名产品品牌，提高了两个企业的社会知名度。从 2009 年开始北京市逐步对猪肉可追溯体系建设进行探索，并于 2012 年取得阶段性建设成果。下面对北京市猪肉可追溯体系建设的背景、发展历程与现状进行介绍。

(一) 北京市猪肉可追溯体系发展背景

北京市猪肉可追溯体系的发展同样离不开市场需求的拉动、相关法律法规的要求、重大事件的刺激以及相关技术的支持。

首先是市场需求的拉动。北京作为中华人民共和国的首都，是全国的政治、文化、科教和国际交往中心，集聚了大量的人口。北京市 2018 年常住人口 2 154.2 万，而北京市城镇居民人均猪肉消费量是 15.8 千克，农村居民人均猪肉消费量是 19.1 千克[①]，这显然是一个巨大的猪肉消费总量。另外，随着收入水平的提高，人们对猪肉质量安全提出更高要求。解决这部分人对猪肉的数量和质量需求是一项重大而艰巨的任务。双汇瘦肉精事件、黄浦江死猪事件等给北京市敲响警钟，虽然近些年北京市未曝出大的猪肉质量安全事件，但猪肉质量安全的隐患是存在的，消费者对猪肉质量安全风险表现出担忧。因此，基于上述方面考虑，北京市较早开始了猪肉可追溯体系建设。

其次是相关法律法规的要求。除了《中华人民共和国农产品质量安全法》《食品召回管理规定》《中华人民共和国食品安全法》等相关法律法规对食品可追溯性做出要求，由北京市第十二届人民代表大会常务委员会通过、并由北京市第十三届人民代表大会常务委员会修订的《北京市食品安全条例》总则中明确规定了“实行产地要准出、销地要准入、质量可溯源、风险可控制的全过程管理”。该条例于 2013 年 4 月 1 日起施行，同样对食品可追溯性提出要求，加快了北京市食品可追溯体系建设，尤其是与人民生活息息相关的猪肉可追溯体系建设。

再次是重大事件的刺激。2008 年北京奥运会对北京市食品可追溯体系的发展起到重要推动作用。为确保奥运会食品安全，北京市启动了首都奥运食品安全追溯系统建设，以实现对首都奥运食品从生产到消费整个食品链的全程跟踪与追溯。并希望北京奥运会后，该系统转变成为首都食品安全日常监控手段，应用于首都重大活动、大型赛事的食品安全保障工作。该系统在“好运北京”26 场奥运测试赛中正式投入使用，先期实现

① 资料来源：《北京市统计年鉴》(2019)。

水产、畜禽和果蔬的全程追溯[①]。

最后是相关技术的支持。北京市猪肉可追溯体系的发展同样离不开网络信息技术的支持，比如无线射频识别技术、激光灼刻技术、溯源电子秤、手持交易终端等互联网感知技术。

（二）政府主导模式猪肉可追溯体系发展历程与现状

北京市政府主导模式食品可追溯体系发展历程大致可分为以下两个阶段。

第一阶段是2008年北京奥运会以前的一段时期。该阶段主要以北京奥运会为契机，大力推进猪肉可追溯体系建设。该阶段虽说主要是一个探索的过程，但为以后猪肉可追溯体系的建设提供了较好的基础条件。

2007年8月，针对奥运食品必须实现信息追溯要求而建设的畜禽产品追溯体系，在"好运北京"体育赛事中正式启用。该畜禽产品追溯体系主要是在源头养殖地给畜禽佩戴耳标或脚环等能存储畜禽信息的标识物，在屠宰、流通、销售环节运用IC卡和无线射频识别技术电子标签，层层加载信息，形成信息数据库。畜禽产品上贴有条形码标签，消费者可通过网络、电话、短信等方式查到饲养、屠宰、流通等环节的全部信息[②]。

2007年底，北京市养殖的猪牛羊拥有了新型二维码耳标。新型二维码耳标是一个信息存储元件，在牲畜出生之后开始佩戴。二维码耳标可以存储牲畜所在养殖场的名称和地区、免疫时间、免疫员、免疫病种等内容，这个可以在全国范围内通用的"身份证"记录了牲畜从生到死的重要信息。每头牲畜耳标上的编码是唯一的，这也决定了"身份证"的唯一性。动物检疫员只需将IC卡插入识读器，像刷卡一样在牲畜耳标旁一刷，该牲畜的饲养地、饲养人、每次防疫情况等信息便全部显示在识读器上，检疫信息更新后按传输键，相关信息就会进入到农业部以及北京市农业局的数据库里。截至2009年底，北京市存栏的近300万头牲畜都拥有了二维码耳标，相关存储数据也达到近15万条，涉及北京市各个养殖场和养

① 资料来源：中国网 http：//www.china.com.cn/health/txt/2007 - 03/23/content _ 8002296.htm。

② 资料来源：《中国牧业通讯》，2008年第3期，第8页。

殖小区的287万多头牲畜，涵盖防疫、检疫、监督各个环节[①]。

该阶段将猪肉可追溯体系的建设重点放在养殖环节，这有助于从源头上控制猪肉质量安全，对于奥运会等重大活动、大型赛事的猪肉质量安全保障具有积极作用，但这样的猪肉可追溯体系建设显然无法满足整个北京市的大众需求。

第二阶段是2009年至今。该阶段北京市成为商务部“放心肉”服务体系试点地区，将猪肉可追溯体系建设作为重要建设内容，并且随着北京市成为商务部第三批肉类蔬菜流通追溯体系试点建设城市，猪肉可追溯体系更是被提上建设日程。

2009年，为确保群众吃上“放心肉”，商务部确定北京、上海、江苏、福建等10个省市作为“放心肉”服务体系试点地区，“放心肉”服务体系建设将猪肉可追溯体系建设纳入其中，作为重点建设内容。北京“放心肉”工程于2012年1月正式启动试点，消费者只要购买试点企业的猪肉，就能凭购物小票上的追溯码查询其来源[②]。“放心肉”工程以屠宰企业为核心，向上关联养殖场、向下连接猪肉零售终端，形成了来源可追溯、去向可查证、责任可追究的安全肉品供应保障渠道。“放心肉”来源于定点屠宰厂，猪皮上灼刻有激光码（取代了传统的红蓝章）、肉品品质检验合格章以及动物检疫检验章。同时，“放心肉”还拥有从生猪屠宰、检疫检验、批零配送的流通全过程电子档案以及屠宰过程的视频录像。消费者可通过超市或者批发市场的溯源查询终端（图3-5），点击“溯源查询”按钮，输入零售凭证上的追溯码，即可获知猪肉来源，包括肉类商品的屠宰企业、出厂、屠宰日期和交易凭证号，同时也能提供销售的超市名称、供货商和超市的收货日期、收货总量等信息。另外，“已备案”的意义在于让消费者买得放心，万一出现了食品安全问题就能有追溯渠道可查。虽然“放心肉”工程的实施增加了相应的设备，但由于设备都是政府投资，所以猪肉价格并没有明显上涨。

2012年北京市成为商务部第三批肉类蔬菜流通追溯体系试点建设城

① 资料来源：《北京市动物卫生监督所办公室行业聚焦简报》，2009年第77期，第3页。

② 资料来源：中国新闻网 http：//www.chinanews.com/sh/2015/07-14/7403298.shtml。

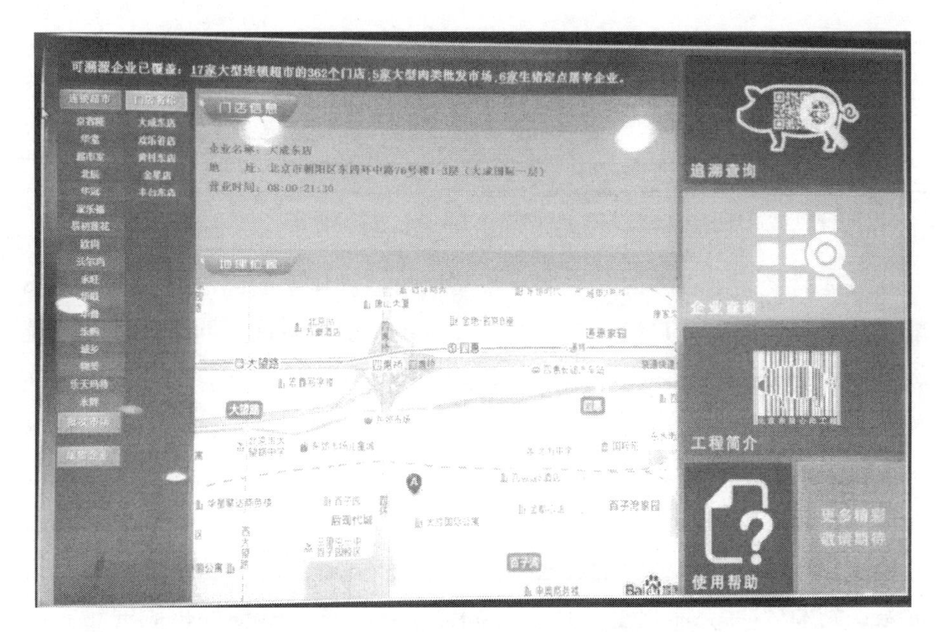

图 3-5　北京市“放心肉”工程零售终端查询系统

市之一，按照规定，北京市需在 2013 年 2 月底前，基本建成城市追溯管理平台，在各试点企业实验性安装追溯子系统，初步具备追溯功能，形成完整的追溯数据链条，并且需通过商务部组织的中期评估；需在 2013 年 5 月底前，完成各试点企业追溯子系统建设，实现城市平台与中央平台及各节点子系统之间数据连接调试与测试，完成商户备案及集成电路卡（IC 卡）发放，开展试点企业管理人员与商户培训，确保追溯体系投入试运行。这进一步推动了北京市猪肉可追溯体系建设。北京市的肉类蔬菜流通追溯体系试点建设延续了“放心肉”工程建设，截至 2015 年 1 月，北京市已有 6 家生猪定点屠宰加工企业、5 家大型肉类批发市场、17 家大型连锁超市的 362 个门店纳入“放心肉”工程（表 3-7）。

表 3-7　北京市“放心肉”工程参与企业汇总

企业类型	企业名称
生猪屠宰加工企业	燕都利民、大红门、顺鑫鹏程、五肉联、怀柔肉联、千喜鹤
批发市场	大洋路、新发地、城北回龙观、锦绣大地、八里桥

（续）

企业类型	企业名称
连锁超市	京客隆、华堂、超市发、北辰、华冠、家乐福、易初莲花、欧尚、沃尔玛、永旺、华联、华普、乐购、城乡、物美、乐天玛特、永辉

注：此处并没有给出企业的完整名称，只给出了企业名称的简称。

然而，受制于各种因素，北京市猪肉可追溯体系的终端追溯查询还不能实现对生猪养殖场户信息的查询，并且由于追溯查询机网络环境和系统软件尚处于调试阶段，工作人员对新系统操作还不够熟悉，门店管理存在疏漏等问题，导致出现追溯查询机黑屏、电源掉线、查询信息空缺、数据录入错误以及电子秤坏掉等情况。另外，北京市"放心肉"工程还未将外埠进京销售的鲜肉纳入追溯体系①。2016 年 12 月 8 日，北京市人民政府办公厅发布《北京市加快推进重要产品追溯体系建设实施方案》，主要目标是：到 2020 年，本市重要产品追溯体系建设的规划标准得到完善，政策制度进一步健全；全市追溯数据统一共享交换机制基本形成，初步实现有关部门和企业追溯信息互通共享；重要产品生产经营企业的追溯意识显著增强，利用信息技术建设追溯体系的企业比例大幅提高；社会公众对追溯产品的认知度和接受度逐步提升，追溯体系建设市场环境明显改善。

三、上海市猪肉可追溯体系发展历程与现状

跟北京市一样，上海市作为第一批建设的肉类蔬菜流通追溯体系试点城市，自 2009 年就开始对食品可追溯体系建设进行探索。2010 年上海市世界博览会的举办，对上海市食品质量安全提出了更高的要求，在一定程度上加速了可追溯体系的探索进程。上海市食品可追溯体系建设前期主要侧重畜禽可追溯体系的发展，上海猪肉流通安全信息追溯系统 2008 年就被列入市政府实事项目，于 2016 年提前超额完成。上海老牌食品企业——上海光明食品集团率先开通网络、电话语音、手机短信"三合一"

① 资料来源：中国政府网 http：//www.gov.cn/jrzg/2013－01/22/content _ 2317999.htm。

的食品质量安全追溯体系，极大地提高了消费者对其的认可程度。下面对上海市猪肉可追溯体系建设的背景、发展历程与现状进行介绍。

（一）上海市猪肉可追溯体系发展背景

上海市猪肉可追溯体系的发展离不开市场需求的拉动、相关法律法规的要求、重大事件的刺激以及相关技术的支持。

首先是市场需求的拉动。上海市作为长江三角洲的中心，不仅是我国最大的国际化大都市，还是我国最大的港口城市、商业和金融中心，聚集了大量人口。上海市 2017 年常住人口 2 418.3 万[①]，而当年（2017）我国居民人均猪肉消费量是 19.8 千克[②]，上海市猪肉消费总量无疑是一个天文数字。此外，随着我国经济发展水平的提高，当今中国社会的主要矛盾转化为人民日益增长的美好生活需要和不平衡不充分发展之间的矛盾。在人们对猪肉质量安全提出更高要求的同时，政府和企业也在为如何满足人们（消费者）的需要而殚精竭虑，上海市猪肉可追溯体系应运而生。2013 年黄浦江死猪事件一经曝光，便引起社会广泛关注，给相关部门敲响了警钟。为了切实保障上海市猪肉质量安全，让消费者“买得安心，吃得放心”，上海市加快了猪肉可追溯体系的建设。

其次是相关法律法规的要求。除了《中华人民共和国农产品质量安全法》《食品召回管理规定》《中华人民共和国食品安全法》等相关法律法规对食品可追溯性做出要求，上海市政府第 76 次常务会议通过的《上海市食品安全信息追溯管理办法》中明确规定“利用信息化技术手段，履行相应的信息追溯义务，接受社会监督，承担社会责任”。该办法规范了上海市食品安全信息追溯管理，并于 2015 年 10 月 1 日起实施，加快了包括猪肉可追溯体系建设在内的上海市食品可追溯体系建设。

再次是重大事件的刺激。上海世博会作为一个重要契机，极大地推动了上海市食品可追溯体系的发展。为确保世博会食品安全，上海市启动了世博食品安全信息追溯系统建设，以实现对世博食品从生产到消费整个食

① 资料来源：《上海市统计年鉴》（2018）。

② 资料来源：《中国统计年鉴》（2018）。

品链的全程跟踪与追溯。

最后是相关技术的支持。上海市猪肉可追溯体系的发展同样离不开网络信息技术的支持，比如无线射频识别技术、激光灼刻技术、溯源电子秤、手持交易终端等互联网感知技术。

（二）政府主导模式猪肉可追溯体系发展历程与现状

上海市政府主导模式食品可追溯体系发展历程大致可分为以下两个阶段。

第一阶段是2010年上海世博会以前的一段时期。该阶段主要以上海世博会为契机，大力推进猪肉可追溯体系建设。该阶段虽说主要是一个探索的过程，但为以后猪肉可追溯体系的建设提供了较好的基础条件。

长期以来，由于追溯信息体系的缺失，上海市的猪肉生产、加工、贮藏、运输、销售等流通环节信息断裂，猪肉食品安全监管难以到位，猪肉食品安全难以保障，远未达到上海作为国际化大都市应有的标准。为了改变这一情况，上海市政府于2008年将“上海猪肉流通安全信息追溯系统”列入了上海市政府实事项目。

这套追溯系统建设的主要内容是围绕猪肉流通中的肉品及肉品经营者，利用IC卡、电子标签等信息手段，以猪肉及其产品的生产经营企业信息采集系统为基础，整合企业现有信息资源，通过对基础数据的采集、整合、处理、存储，建立“上海猪肉流通安全信息追溯系统”，形成上海市猪肉流通从生猪屠宰、肉品批发到零售终端全过程、全方位、全覆盖的食品安全监管追溯信息网络，实现整个生猪产业链“一卡相通、一码追溯”，实现在上海市建立信息追溯系统的零售终端（大卖场和标准化菜市场）内购买的猪肉能追溯到生猪产地源头。

同时，上海猪肉流通安全信息追溯系统也是“迎世博”上海加强食品安全监管的一项重点工程，因为是全国首创，还受到青岛、北京、秦皇岛等外省市的关注，有望得到推广。2008年底，上海市猪肉流通安全信息追溯系统已经初步建成，建设目标是在上海市600家标准化菜市场、11家肉类批发市场、15家生猪屠宰企业、133家大卖场和外省市20家肉类加工厂建立上海猪肉流通信息数据库，从而形成上海市猪肉流通主渠道从生猪屠宰、肉品批发到零售终端全过程、全方位、全覆盖的食品安全监管信息网络。截至2008年，该系统已在5家市生猪定点屠宰场、1家外省市肉类加工厂、4家肉类批发市场、170家标准化菜市场运行。信息采集点覆盖了全市14家生猪定点屠宰场、11家肉类、活鸡批发市场、622家标准化菜场、163家大卖场以及30家供沪的外省市肉类加工场（屠宰场），一旦出现猪肉质量安全问题马上可以环环追溯，直到查到责任人和相关原因①。同时还生成一个大容量的猪肉流通信息数据库，从中可以了解生猪的产销数量、价格。全市14个生猪屠宰场全部安装了远程实时视频监控系统"电子眼"，实现生猪屠宰过程中检验、检疫、无害化处理等各环节的实时视频监控，确保屠宰加工环节的肉品安全。

该阶段将猪肉可追溯体系的建设重点放在养殖和屠宰加工环节，这有助于从源头上控制猪肉质量安全，对于世博会等重大活动的猪肉质量安全保障具有积极作用，但猪肉可追溯体系建设还未覆盖全市猪肉产业链，无法满足整个上海市的大众需求。

第二阶段是2010年至今，该阶段上海市成为商务部第一批肉类蔬菜流通追溯体系试点城市，将猪肉可追溯体系建设作为重要建设内容。

2010年，为了为贯彻落实《食品安全法》《农产品质量安全法》《生猪屠宰管理条例》等法律法规，解决肉类蔬菜流通来源溯源难、去向查证难等问题，提高肉类蔬菜流通的组织化、信息化水平，增强质量安全保障能力，中央财政支持有条件的城市进行肉类蔬菜流通追溯体系建设试点。商务部根据实际情况确定大连、上海、南京、杭州等10个城市作为第一批肉类蔬菜流通追溯体系试点城市，其中猪肉可追溯体系作为重点建设内容。

2015年公布的《上海市食品安全信息追溯管理办法》（沪府令33号）规定，要针对粮食及其制品、畜产品及其制品、禽及其产品、蔬菜、水果、水产品、豆制品、乳品、食用油以及市政府批准的其他类别等总共十大类食品，在本市行政区域内生产（含种植、养殖、加工）、流通（含销

① 资料来源：吴卫群．本市推进猪肉质量追溯系统［N］．解放日报，2008-05-22（009）。

售、贮存、运输）以及餐饮服务环节实施信息追溯管理[①]，未来目标是建立全市统一的食品安全信息追溯平台。

2015年10月，在《上海市食品安全信息追溯管理办法》正式执行后，上海市食品药品监督管理部门依据条例，在整合有关食品和食用农产品信息追溯系统的基础上，负责建设和运行维护上海市食品安全信息追溯平台。平台通过“1＋X”的建设运行管理模式，集成了市食品药品监督管理局、市农委、市商务局、市教委、上海海关、市粮食局等相关政府部门追溯系统及数据（其中包括由市商务委监管的肉菜流通追溯系统），同时接收来自食品生产经营企业及第三方机构的追溯数据，打通信息孤岛，形成食品安全追溯信息数据链、数据网，以平台为核心载体打造食品安全信息追溯体系，为实现食品安全共建、共治、共享，建设市民满意的食品安全城市提供重要支撑。

2019年，上海市经信委和上海市市场监督管理局共同印发《上海市食品工业发展三年行动计划（2019—2021年）》，提出以推进供给侧结构性改革为主线，建设智能化、绿色化、品牌化、集约化、连锁化食品工业发展高地。同时不断完善食品诚信、追溯体系建设。目前上海有38家食品企业获得了国家诚信管理体系认证证书（2018年底为24家）；国家工信部将通过三年时间（到2020年），将全国婴幼儿配方乳粉企业纳入国家食品工业企业质量安全追溯平台。上海花冠营养乳品有限公司作为首批国家试点企业，率先在行业内建立和完善婴幼儿配方乳粉生产企业全程透明追溯体系。使用物联网、QR二维码技术，实现婴幼儿配方乳粉生产全过程信息可记录、可追溯、可管控、可召回、可查询，全面落实婴幼儿配方乳粉生产企业主体责任，保障质量安全。

四、本章小结

本章利用网络搜集资料和实地调研资料，对中国猪肉可追溯体系发展

① 资料来源：国家重要产品追溯体系 http：//zycpzs.mofcom.gov.cn/html/falvfagui/2017/8/1502248902541.html。

历程与现状进行了分析，主要得出以下结论。

中国猪肉可追溯体系存在政府主导的猪肉可追溯体系和企业主导的猪肉可追溯体系两种运行模式，相比企业主导模式，政府主导模式的猪肉可追溯体系更能满足大众需求。政府主导模式的猪肉可追溯体系主要包括由农业部推动的农垦农产品质量追溯系统建设和由商务部推动的肉类蔬菜流通追溯体系建设，二者在建设目标和最终目的上是一致的，都是为了实现溯源和保障猪肉质量安全，商务部的猪肉可追溯体系发展势头更为迅猛。企业主导模式的猪肉可追溯体系发展较慢，只有吉林精气神有机农业股份有限公司和山东徒河黑猪食品有限公司等几家企业开发出自己的猪肉可追溯系统。

北京市猪肉可追溯体系建设以政府主导模式为主，大致经历了 2008 年北京奥运会以前的探索阶段和 2009 年至今的快速发展阶段。作为商务部“放心肉”服务体系试点地区和商务部第三批肉类蔬菜流通追溯体系试点建设城市，北京市猪肉可追溯体系建设取得了较大成果。上海市猪肉可追溯体系建设同样以政府主导模式为主，大致经历了 2010 年世博会以前的探索阶段和 2010 年至今的快速发展阶段。作为商务部第一批肉类蔬菜流通追溯体系试点建设城市，上海市猪肉可追溯体系建设处于全国先进水平，取得了显著成效，为全国其他地区猪肉可追溯体系建设积累诸多经验。

第四章　溯源追责框架下猪肉质量安全问题及原因剖析

要有效解决我国猪肉质量安全问题，首先要摸清猪肉质量安全问题频发背后的原因，找准症结，对症下药，才能提出切实可行的改革建议。本章主要分为两个部分，第一部分基于产业链视角，介绍了生猪养殖与流通环节、生猪屠宰加工环节和猪肉销售环节的猪肉质量安全现状；第二部分基于社会共治理念，分析了生猪养殖与流通环节、生猪屠宰加工环节和猪肉销售环节猪肉质量安全问题产生的逻辑机理。

一、研究依据与文献综述

近些年瘦肉精、病死猪肉、注水肉等猪肉安全事件屡见报端，危害人们身体健康，更易引起公众恐慌，进而打击整个生猪产业。我国猪肉质量安全问题一直未得到有效解决，猪肉供应链各环节都存在质量安全隐患（孙世民，2004），传统认识中猪肉质量安全风险多存在于生猪养殖环节，但有学者认为生猪屠宰加工、猪肉批发和零售环节的安全风险甚至高于生猪养殖和贩运环节（林朝朋，2009）。猪肉质量安全问题产生的本质是信息不对称导致市场失灵（周洁红等，2012；王秀清等，2002；Caswell，1998），主要原因则在于：猪肉生产链条长，从生猪饲养到猪肉上市，涉及饲料兽药等投入品供应、生猪养殖和流通、生猪屠宰加工、猪肉销售等多个环节，且猪肉供应链各环节之间组织化程度低，利益主体之间关系错综复杂，彼此之间缺乏有机协调与合作机制（夏兆敏等，2013），以及产业链全程中猪肉质量链的断裂、失控和不稳定（沙鸣等，2011）。影响猪肉质量安全的因素错综复杂，单一环节质量安全问题的产生并不能单纯归因于该环节利益主体的行为选择，还受到其他环节利益主体行为的影响

（孙世民等，2012）。因此，寻求猪肉质量安全问题的解决办法，必须从整个生猪产业链视角去发现质量安全风险、探求其原因（孙世民等，2011；Fugate，2006；陈超等，2003；卢凤君等，2003），才能提出行之有效的措施。

猪肉质量安全与养猪场户、生猪购销商、生猪屠宰加工企业、猪肉销售商等利益主体的质量安全行为密切相关。企业以利润最大化为目标，利益的驱动使部分企业愿冒风险生产不安全食品，特别是在信息不对称背景下，企业的这种动机更强烈（赵荣，2011）。传统研究视角将食品安全生产行为归因于食品安全保证主体，即取决于企业质量安全内部控制以及政府监管。然而，鉴于我国食品产业链庞大、食品企业信用缺失、政府监管力不从心的现状，许多社会力量也逐渐加入食品安全监管的队伍中来，并发挥了重要作用。生产者和消费者之间的食品安全信息不对称导致“市场失灵”（Antle，1996），需要政府监管介入，但由于食品安全问题具有复杂性、多样性、技术性和社会性，单纯依靠政府部门无法完全应对食品安全风险治理。所以，食品安全风险治理必须引进消费者、非政府组织等社会力量的参与，引导全社会共同治理（Mutshewa，2010；Cohen 等，1992）。近些年无论是学界还是政界，都在寻求从不同角度运用社会共治理念来解决我国食品安全问题，形成了不少可供借鉴的成果（张文胜等，2017；谢康等，2017）。

综合国际学界对社会共治、食品安全风险社会共治的定义以及发达国家的具体实践（Rouvière 等，2012；Sinclair，1997；Marian 等，2007；Fearne 等，2005），食品安全风险社会共治是指在平衡政府、企业和社会（社会组织、个人等）等各方主体利益与责任的前提下，各方主体在法律的框架下平等地参与标准制定、进程实现、标准执行、实时监测等阶段的食品安全风险的协调管理，运用政府监管、市场激励、社会监督等手段，以较低的治理成本和公开、透明、灵活的方式来保障最优的食品安全水平，实现社会利益的最大化（张明华等，2017）。市场经济条件下，猪肉质量安全问题的产生归根到底是对行为主体激励不够，溯源追责对严惩和遏制猪肉生产经营者的违法违规行为具有事前预防和事后惩治作用（刘增金等，2016；陈思等，2010）。溯源追责的实现对猪肉质量安全风险社会共治具有基础性作用。实现有效溯源追责，有助于切实加强政府监管，有助于市场声誉激励作用发挥，有助于消费者、网络媒体、社会组织等发挥监督作用。已有研究也表明，猪肉生产经营者对溯源追责能力的信任有助于规范其质量安全行为（刘增金等，2016），消费者对溯源追责的信任也有助于增加其购买猪肉的可能性（刘增金等，2016）。当前我国大力推进猪肉可追溯体系建设，这对于溯源追责的实现具有非常积极的促进作用，对生产经营者的违法违规行为也有很大震慑作用。

我国法律明确规定不得生产经营存在质量安全问题的食品，《中华人民共和国食品安全法》中明确规定：禁止采购、使用不符合食品安全标准的食品原料、食品添加剂、食品相关产品；食品经营者发现其经营的食品不符合食品安全标准，应当立即停止经营。北京市作为首都，是商务部“放心肉”工程和肉类蔬菜流通追溯体系试点建设城市，这极大地推动了北京市猪肉溯源追责的实现，猪肉质量安全受到更严格监管，但同样存在生产链条长、利益关系错综复杂等问题，并且调研中也确实发现存在质量安全隐患。如何从整个产业链视角，发现猪肉质量安全风险并探求其原因，这成为解决北京猪肉质量安全问题的重要手段。因此，本研究在溯源追责的大框架下，基于产业链视角，借鉴社会共治理念，利用对北京市生猪产业链各环节利益主体的系统调研，全面深入分析猪肉质量安全问题现状、问题产生的逻辑机理与治理路径，以期为猪肉质量安全问题的解决提供针对性的对策建议，也希望能为全国其他省市猪肉质量安全问题的解决提供经验借鉴。

二、数据资料来源说明

现实中猪肉质量安全隐患主要存在于生猪养殖与流通、生猪屠宰加工和猪肉销售等环节，因此本研究调查分析主要基于这几个环节，根据研究需要还调查了作为监管方的政府以及作为需求方的消费者。本研究数据资料主要源于对北京市生猪产业链各环节利益主体做的实地调查，包括对养猪场户、生猪屠宰加工企业、猪肉销售商、猪肉消费者以及北京市农业局等相关政府部门的问卷调查或座谈，其中问卷调查主要在 2014 年完成，相关问题及其原因的调查一直延续至今。

北京市生猪主产区包括顺义、通州、大兴、房山和平谷，5 区的生猪出栏量大约占全市出栏量的 80%。出栏的生猪主要在本市屠宰加工，因生猪出栏量无法满足本市猪肉需求，北京市屠宰的生猪还来自天津、河北、辽宁、河南、山西、吉林、黑龙江等省市。外来猪源既有与大型屠宰加工企业签订购销协议的合同养殖场户和企业自有养殖基地，也有小规模散养户。养殖环节数据资料源于对北京 6 个区养猪场户进行的调研，主要通过问卷调查的方式，共获得有效问卷 183 份，其中平谷 54 份、顺义 46 份、房山 40 份、大兴 26 份、昌平 15 份、通州 2 份。表 4-1 是样本基本特征，主要包括受访者的个体特征、家庭特征、养殖情况。

表 4-1　养殖场户样本基本特征

项目	选项	样本数	比例（%）	项目	选项	样本数	比例（%）
性别	男	126	68.85	养猪收入比重	是	94	51.37
	女	57	31.15		否	89	48.63
年龄	20～39 岁	19	10.38	家庭成员情况	是	47	25.68
	40～59 岁	140	76.50		否	136	74.32
	60 岁及以上	24	13.11	养殖年限	10 年以下	53	28.96
文化程度	小学及以下	11	6.01		10～19 年	105	57.38
	初中	81	44.26		20 年及以上	25	13.66
	高中	58	31.69	养殖规模	10 头及以下	15	8.20
	中专	8	4.37		11～49 头	72	39.34
	大专	17	9.29		50～99 头	30	16.39
	本科及以上	8	4.37		100～499 头	58	31.69
风险态度	风险偏好	20	10.93		500 头及以上	8	4.37
	风险中立	25	13.66	养殖方式	是	89	48.63
	风险厌恶	138	75.41		否	94	51.37

注：养猪收入比重用养猪收入是否为家庭全部收入来源衡量；家庭成员情况指家庭成员是否有党员、村干部或在政府部门任职；养殖方式用是否采用全进全出养殖方式衡量；养殖规模用能繁母猪数量来衡量。

北京市现有 12 家生猪定点屠宰加工企业，提供了全市 80%市场份额的猪肉。屠宰企业购入生猪后，按照国家规定的操作规程和技术要求屠宰，大部分生猪被加工成白条，少部分被加工成分割肉。屠宰企业生产的产品中，白条根据不同等级被销往批发市场、超市、直营店、农贸市场、机关或事业单位、餐饮集团和外埠市场等，其中以批发市场和超市为主，销往超市的白条质量等级普遍较高，销往批发市场的白条各质量等级都有。生猪屠宰加工环节数据资料源于对顺鑫鹏程、资源、燕都立民、郎中等 4 家生猪屠宰加工企业进行的调研，主要通过座谈和问卷调查的方式获得相关资料。

北京顺鑫农业股份有限公司鹏程食品分公司（简称鹏程）于 1998 年股份制改造后更名，是一家集种猪繁育、生猪养殖、屠宰加工、肉制品深加工及物流配送于一体的国家农业产业化龙头企业，属于国有企业。北京资源亚太食品有限公司（简称资源）创建于 2002 年，是一家集饲料、添加剂、生物制药、种猪繁育、商品猪养殖、生猪屠宰、肉制品加工、冷鲜猪肉连锁专卖、高端花猪礼品卡销售及畜牧软件开发于一体，专注进行猪业全产业链经营的农业高科技企业，属于私营企业。北京燕都立民屠宰有限公司（简称燕都立民）始建于 1992 年，是一家专门从事生猪屠宰、预冷排酸肉直销上市的私营企业。北京市郎中屠宰厂（简称郎中）成立于 1993 年，是北郎中农工贸集团下属分公司，是一家集生猪养殖、屠宰加工和销售服务为一体的集体企业。

北京市大型农产品批发市场几乎都有生鲜猪肉销售大厅，生猪屠宰加工企业每天深夜或凌晨将猪肉配送至各批发市场的批发大厅，零售大厅的销售商从批发大厅进货，然后销售给超市、农贸市场、饭店、机关或企事业单位、工地和普通消费者。另外，超市、农贸市场、直营店主要从事猪肉零售业务，直接面向饭店、企事业单位和个体消费者等。北京零售市场上的猪肉主要来自本地屠宰的生猪，从量上来说，本地屠宰的生猪主要销往批发市场，直接销往超市、农贸市场和直营店的比例相对较少。猪肉销售环节数据资料源于对大洋路、城北回龙观、新发地、锦绣大地、西郊鑫源 5 家批发市场以及回龙观鑫地、健翔桥平安、明光寺、天地自立、亚运村华洋、安慧里 6 家农贸市场的办公室及猪肉销售摊主进行的调研，办公室通过座谈方式，摊主主要通过问卷调查方式，共获得有效问卷 197 份，其中批发市场 172 份、农贸市场 25 份。表 4－2 是样本基本特征，主要包括受访者个体特征和经营情况。

表 4-2　猪肉销售商样本基本特征

项目	选项	样本数	比例（%）	项目	选项	样本数	比例（%）
性别	男	62	31.47	经营年限	1～4 年	52	26.40
	女	135	68.53		5～9 年	72	36.55
年龄	18～39 岁	118	59.90		10～14 年	51	25.89
	40～59 岁	79	40.10		15～19 年	17	8.63
	60 岁及以上	0	0.00		20 年及以上	5	2.54
学历	小学及以下	34	17.26	销售数量	100 千克以下	14	7.11
	初中	118	59.90		100～299 千克	21	10.66
	高中/中专	40	20.30		300～499 千克	57	28.93
	大专	4	2.03		500～699 千克	58	29.44
	本科及以上	1	0.51		700 千克及以上	47	23.86

另外，猪肉消费环节数据资料源于对北京 6 个区的消费者进行调研，调查对象为购买过生鲜猪肉的消费者，调查地点选在超市、农贸市场、社区附近，共获得有效问卷 495 份，其中海淀 128 份、朝阳 124 份、东城 67 份、西城 64 份、丰台 56 份、石景山 56 份。表 4-3 是样本基本特征情况，主要受访者个人基本特征、家庭基本特征、猪肉购买成员、猪肉重要性。政府部门数据资料源于与北京市农业局动物防疫应急工作处进行座谈获得的资料。

表 4-3　猪肉消费者样本基本特征

项目	选项	样本数	比例（%）	项目	选项	样本数	比例（%）
性别	男	126	25.45	户籍	北京	260	52.53
	女	369	74.55		外地	235	47.47
年龄	20～29 岁	97	19.60	家庭人口总数	1 人	37	7.47
	30～39 岁	131	26.46		2 人	88	17.78
	40～49 岁	96	19.39		3 人	204	41.21
	50～59 岁	82	16.57		4 人	78	15.76
	60 岁及以上	89	17.98		5 人及以上	65	13.13

（续）

项目	选项	样本数	比例（%）	项目	选项	样本数	比例（%）
学历	小学及以下	36	7.27	小孩情况	是	208	42.02
	初中	87	17.58		否	287	57.98
	高中/中专	147	29.70	老人情况	是	109	22.02
	大专	82	16.57		否	386	77.98
	本科及以上	143	28.89	家庭月均收入	5 000元以下	83	16.77
职业	企业员工	160	32.32		5 000～9 999元	177	35.76
	公务员	18	3.64		10 000～14 999元	127	25.66
	事业单位员工	52	10.51		15 000～19 999元	34	6.87
	个体私营者	48	9.70		20 000元及以上	74	14.95
	农村务工人员	32	6.46	猪肉购买成员	是	398	80.40
	无业、半失业人员	28	5.66		否	97	19.60
	退休	125	25.25	猪肉重要性	是	436	88.08
	其他	32	6.46		否	59	11.92

注：家庭人口总数是指常住在一起的家庭人口数量；小孩情况是指家庭中是否有15周岁以下小孩；老人情况是指家庭中是否有60周岁及以上的长辈；猪肉购买成员是指受访者是否为家庭中猪肉主要购买成员；猪肉重要性是指猪肉是否为家庭中的生活必需品。

三、基于产业链视角的猪肉质量安全问题的现状分析

通过归纳总结发现，北京市生猪产业链呈现“两头大、中间小”特征。北京市主要存在“养猪场户—生猪经纪人—生猪购销商—生猪屠宰加工企业”“养猪场户—生猪购销商—生猪屠宰加工企业”“养猪场户—生猪屠宰加工企业”“养殖基地—生猪屠宰加工企业”等几种生猪购销模式，以前两种更为普遍。屠宰企业设有生猪采购部，专门负责生猪收购。为了降低生猪采购成本，屠宰企业一般不直接从养猪场户处收购生猪，而是由采购部工作人员每天与不同猪源地的生猪购销商进行联系，沟通京内和京外各猪源地生猪的数量、价格、质量等信息。屠宰企业根据当日猪肉市场销售情况制定次日的生猪采购计划，并与生猪购销商达成购猪协议。对生猪购销商而言，生猪价格频繁且剧烈的波动以及养猪场户不断地进入和退

出生猪行业，使得寻找猪源变成一件成本很高的工作，由此出现了生猪经纪人这一角色，经纪人专门从事寻找猪源的工作，成为连接养猪场户和生猪购销商之间的桥梁。另外，屠宰企业从自有养殖基地以内部交易方式收购生猪也是一种重要方式。北京市生鲜猪肉的销售业态主要包括批发市场、超市、直营店、农贸市场等，其中批发市场分为一级批发市场（批发大厅）和二级批发市场（零售大厅）。

当前北京市消费者对自己所购买猪肉的质量安全放心程度比较高，分别有9.49%和54.95%的受访者表示对所购买猪肉的质量安全“非常放心”和“比较放心”，但也有16.57%和2.02%的人表示“不太放心”和“很不放心”。50.30%的受访者认为猪肉质量安全隐患最容易产生于生猪养殖环节，15.96%的人选择生猪流通环节，28.08%的人选择生猪屠宰加工环节，8.69%和10.71%的人选择猪肉批发环节和零售环节。调查发现，北京市猪肉质量安全状况整体较好，但也存在一些隐患，且存在于产业链各环节。接下来主要就各环节存在的质量安全隐患展开分析。

（一）生猪养殖与流通环节质量安全现状

一般认为，猪肉质量安全隐患多产生于生猪养殖与流通环节①，该环节的主要利益相关者是养猪场户和生猪购销商。该环节可能产生的猪肉质量安全问题主要是病死猪销售、禁用药使用和药物残留超标、生猪注水等。

1. 生猪养殖环节未发现病死猪销售情况，但存在将病死猪扔掉的现象

生猪养殖过程中难免出现生猪病死，因疫病引起的死亡率一般高达8%～12%，当生猪重大疫病发生时死亡率还会上升。病死猪的产生不仅带来巨大的环境压力，还可能导致病死猪肉流向市场等严重问题。解决病死猪问题的基本思路是降低生猪病死率和病死猪无害化处理，降低生猪病死率非一日之功，病死猪无害化处理是当务之急（乔娟等，2015）。调查发现，北京市病死猪无害化处理情况整体较好，病死猪无害化处理主要采

① 需要区分“产生”和“存在”两个概念，某一环节产生质量安全问题肯定可以说存在质量安全问题，但某一环节存在质量安全问题却不见得在该环节产生。上述差异在生猪养殖环节体现不明显，但在生猪流通、生猪屠宰加工和猪肉流通环节却显得尤为重要，因为涉及责任界定问题，需要加以区分。

取深埋和焚烧 2 种方式，也有部分病死猪是交由动监人员进行无害化处理，未发现病死猪销售的情况，但存在将病死猪扔掉的现象（图 4－1）。

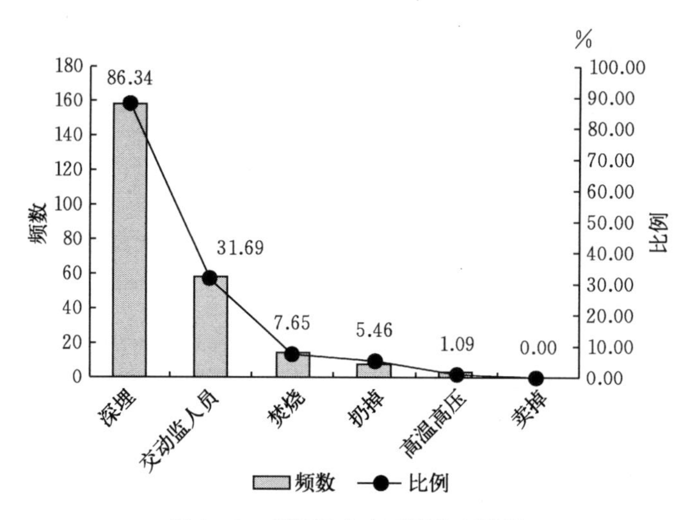

图 4－1　养猪场户病死猪处理情况

注：每个选项的频数和比例加总超过 183 和 100%，因为个别受访者多选。

2. 生猪养殖环节存在禁用药使用、未严格执行休药期及增加兽药使用剂量等情况

几乎所有养猪场户都会面临兽药使用，主要问题在于使用是否规范。兽药主要有三大用途：一是预防疫病；二是治疗疾病；三是饲料添加剂。兽药不规范使用行为主要包括 3 类：第一，使用禁用药；第二，没有执行药物休药期；第三，加大药物使用剂量（刘增金等，2016）。禁用药国家明令禁止使用，后 2 种行为则会导致药物残留超标，都属于不规范使用行为。调查发现，33.88%的受访养殖场户在过去一年中使用过禁用药①，其

① 问卷设计时并非直接问养殖场户是否使用禁用药，而是依据《中华人民共和国农业部公告》（第 176 号和第 193 号）中的规定和禁用药清单设计选项，并添加部分营养类饲料添加剂和允许使用的兽药作为选项，让受访者从中做出选择。问卷中该问题设计为“去年至今猪场使用过下列哪一种或哪几种饲料添加剂和兽药？（可多选）”，选项具体包括“①微生态制剂②盐酸克仑特罗③莱克多巴胺④维生素⑤沙丁胺醇⑥土霉素⑦氯霉素⑧安定⑨磺胺嘧啶⑩氯丙嗪（冬眠灵、可乐静）⑪甲基睾丸酮⑫碘化酪蛋白⑬诺氟沙星⑭苯甲酸雌二醇⑮玉米赤霉醇（畜大壮）⑯青链霉素⑰头孢氨苄⑱抗生素滤渣⑲己烯雌酚⑳呋喃唑酮（痢特灵）㉑呋喃丹（克百威）㉒林丹（六六六）㉓苯丙酸诺龙㉔甲硝唑㉕地美硝唑㉖硝基酚钠㉗都没用过（用的其他药物________）”。

中5位表示使用过瘦肉精（盐酸克仑特罗、莱克多巴胺、沙丁胺醇）；3.83%的受访养殖场户未严格执行药物休药期[①]；9.29%的受访养殖场户平常使用兽药时不按说明书的用药量而是增加剂量。合计有40.44%的养殖场户的兽药使用行为不规范。

3. 生猪流通环节存在生猪购销商对生猪注水的风险

生猪流通环节也会产生质量安全隐患，主要是生猪注水问题。调查发现，部分购销商购买生猪后，给生猪注射某种药物，注射之后生猪大量饮水且不易排出。屠宰企业依据目前的待宰时间规定和检验监测标准等，收购生猪后待宰12小时，没有发现异常现象和可疑药物，也没有发现猪肉水分超标（国家规定的猪肉含水量标准是≤77%，屠宰企业抽查结果多数在74%～76%）。屠宰企业和养猪场户的负责人在探讨生猪价格问题时发现，生猪购销商从养猪场户收购生猪与向屠宰企业销售生猪的价差过小。2014年5月通州区某养猪场户出售生猪价格平均为11.0元/千克，而鹏程食品分公司收购生猪价格平均为11.2元/千克。从通州的养猪场户到鹏程食品分公司的运输大约需要2小时，加上生猪运输费用（一般1 000千米以内生猪运输费用需要0.7～0.8元/千克）和运输中的排泄损耗（每头生猪排泄损失重量1.5～2千克），生猪购销商将无利可图，显然生猪购销商不会做无利可图的事情。

（二）生猪屠宰加工环节质量安全现状

生猪屠宰加工环节的主要利益相关者是生猪屠宰加工企业。调研发现，该环节基本不会产生新的质量安全问题，但屠宰企业的质量安全控制行为会影响整个市场的猪肉质量安全状况，而这主要与屠宰企业的质量安全检测力度密切相关。

---

① 休药期是指畜禽最后一次用药到该畜禽许可屠宰或其产品（乳、蛋）许可上市的间隔时间。根据《中华人民共和国农业部公告》（第278号）中关于兽药休药期的规定以及调研了解到的情况，生猪用药休药期有两个重要时间节点，分别是屠宰前7天和28天，不同兽药的休药期不同，但绝大多数兽药的休药期在7～28天，现实中地方政府往往规定出栏之前28天不允许再用药。基于此，将一般在出栏前7天以内停止用药界定为未严格执行休药期。

1. 生猪屠宰加工企业的质量安全检测存在隐患，可能导致问题猪肉流入市场

使用禁用药和药残超标及注水肉问题主要产生于生猪养殖与流通环节，而生猪屠宰加工环节的质量安全检测则直接决定了问题猪肉能否流向市场。屠宰过程分为宰前、宰中、宰后3个阶段。宰前阶段，主要是入厂检查和待宰。宰中阶段，主要是对生猪进行屠宰和质量安全检测。宰后阶段，主要是定级和排酸。当前生猪屠宰加工环节的质量安全隐患主要存在于宰中阶段的质量安全检测上，表现在以下方面：一是检测药物种类偏少，检测药物种类并未全部囊括农业部禁止在食品或农产品中检出的全部药物，这也导致现实中很少有养猪场户使用瘦肉精，却存在不少使用其他禁用药的情况；二是检测标准不合理，现实中生猪购销商通过注射药物致使猪肉多水的情况，77%的水分标准无法检出。另外，企业通常按批次抽检，但每一批次的生猪可能归属好几家养猪场户，不同养猪场户的质量安全行为很可能不同，显然以批次为单位的质量安全检测可以区分不同生猪购销商的质量安全行为差异，却无法区分同一批次不同养猪场户的质量安全行为差异。

2. 生猪屠宰加工企业对病死猪或病害猪进行无害化处理，但存在无害化处理方式能否可持续的压力

生猪运输和待宰过程中会发生生猪病死，尤其是长途运输，屠宰过程中也会扔掉部分内脏以及切割下一些病变部位甚至是整头病害猪，因此屠宰企业面临较大的病死猪处理问题。北京市屠宰企业对病死猪（病害猪）主要是高温高压化制处理，既可减少占地面积、防止污染周边环境，还可产出肉骨粉和工业用油。但该处理设备的投资和运营费用较高，部分设备长期闲置，在没有相关补贴情况下，无害化处理处于亏损状态。政府出台了专门针对屠宰环节的病死猪无害化处理补贴政策，补贴对象为提供病害猪的货主和自宰经营的企业。原则上经销商收购的生猪若发生病死等情况，可自行无害化处理并获得补贴，但现实中购销商一般将病死猪交由屠宰企业进行无害化处理，屠宰企业会将补贴转给购销商并免费获得肉骨粉和工业用油等处理物。生猪购销商由于获得了一定补贴并可减少运输成本，因此不愿将病死猪拉走甚至冒险销售，然而这也在一定程度上加大了屠宰企业病死猪无害化处理的压力，并且随着肉骨粉和工业用油产量的不断增加，其价格自然会下降，效益也会受到影响。

（三）猪肉销售环节质量安全现状

猪肉销售环节是直接面向消费者的环节。调查发现，该环节产生的质量安全问题主要是猪肉不新鲜，甚至变质，同时生猪养殖、流通、屠宰加工环节产生的问题猪肉也存在流入市场销售给消费者的可能性。但上述隐患在不同销售业态中存在较大的差异。

1. 批发市场通过“场厂挂钩”基本可以保证猪肉来源可查、质量可控，但也存在注水肉销售、不新鲜猪肉销售等问题

北京市零售环节的猪肉大多来自批发市场，批发市场通过“场厂挂钩”制度可以保障猪肉来自定点屠宰企业。另外，每一个白条在出厂之前检疫合格后都会由屠宰企业所在区县的动监部门颁发一张猪肉检疫合格证，外埠进京猪肉则以批次或车次为单位由屠宰企业所在地的动监部门颁发猪肉检疫合格证（需加盖进京路口检疫章）。批发市场办公室工作人员每天会对批发大厅和零售大厅的猪肉进行抽检，检验瘦肉精和水分含量，并要求零售大厅的摊主做好购销台账，记录每天的进货日期、品种、厂家、数量、猪肉检疫合格证编号并附上原始凭证，工商等部门也会不定期对零售大厅的猪肉进行抽检。上述措施可有效保障猪肉质量安全，但仍存在质量安全隐患。

第一，注水肉销售问题较为严重。调查发现，40.12%的零售大厅猪肉销售商表示自己经营的摊位遇到过注水肉问题①。调查了解注水肉大多被销售出去。第二，存货现象较为普遍②，导致不新鲜猪肉销售问题。猪肉存货问题虽不像瘦肉精、注水肉问题给消费者身体带来巨大损害，但却是一个较为普遍、能给消费者身体带来潜在危害的问题。生鲜猪肉保鲜时间短，尤其在夏天，存货处理不当会造成口感变差、细菌滋生、甚至变

---

① 销售商所说的注水肉是真实存在的，虽不排除部分没经验的摊主将排酸过度反水的猪肉当成注水肉，但这种情况极少，有经验的摊主很容易区分排酸过度反水猪肉和注水肉，而受访者中92.44%经营猪肉销售的时间不低于3年。另外，也不排除多数摊主主观意愿上不愿意买到注水肉，但由于二分胴体（或白条）比分割肉更难分辨含水量大小，加之进货时间紧，还是可能买到注水肉。

② 批发市场猪肉销售商每天都进货，本研究将当天零售大厅关闭之后卖不完的猪肉视为存货。

质。一个摊位的猪肉需求每天都会发生变化，虽然84.88％的猪肉销售商表示有固定销货关系，但这种固定销货关系并不能反映需求量上的固定，60.47％的猪肉销售商都会产生存货。关于存货的处理，调查发现，绝大多数销售商将其卖掉，29.65％的销售商将存货与新猪肉混一起销售，27.33％将存货搞特价销售，2.33％将存货做其他处理（比如有客户会要求销售商将猪肉进行冷冻处理），只有1.16％的销售商将其扔掉（图4－2）。

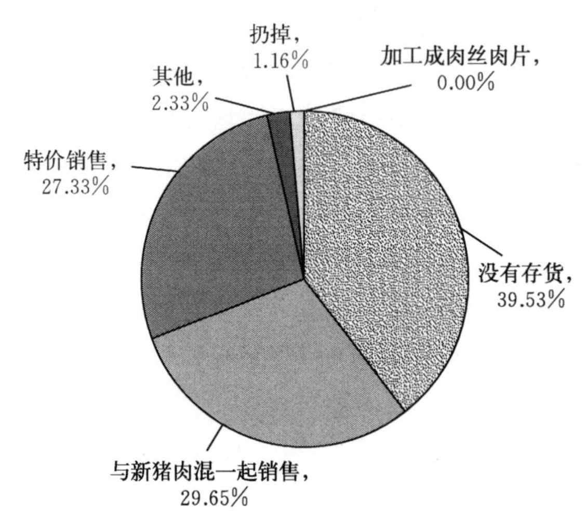

图4－2　批发市场销售商存货处理情况

2. 超市和直营店的猪肉质量安全相对可控，农贸市场存在注水肉销售、不新鲜猪肉销售等问题

从猪肉销量看，超市、农贸市场、直营店是主要零售业态，但这3种业态的猪肉质量安全控制措施及方式差异较大。超市从猪肉来源、检验检测、经营环境、质量安全承诺等方面均有严格规定，猪肉质量安全水平较高。直营店以品牌和生猪品种为竞争优势，通过供应链各环节的紧密合作加强质量安全控制。农贸市场猪肉来源渠道较多、经营环境相对简陋、市场管理松散、政府监管能力有限，质量安全隐患多，是猪肉质量安全控制的薄弱环节，存在较大的猪肉质量安全隐患。北京市大中型农贸市场受市政规划、超市抢占市场份额等影响逐步失去市场生存空间，小型农贸市场出于便民等原因，得以继续发展，但规模小、分布散、猪肉来源渠道多，给政府相关部门、市场监管方、部分加盟专卖店的上游企业都造成很大监管困难。因此本研究重点关注猪肉零售环节中农贸市场的猪肉质量安全情况。调查发现，批发市场存在的3个猪肉质量安全隐患在农贸市场同样存在。

首先是注水肉销售问题。调查发现，28.00%的受访者表示自己的摊位遇到过注水肉问题，比批发市场零售大厅发生该问题的比例低12.12%。农贸市场的猪肉采购来源主要是批发市场，而据调查了解，批发市场的注水肉主要销往饭店、工地等单位或群体，销售给超市、农贸市场、个体消费者的比例较低。该调查结果是合理的，从主观意愿上讲，农贸市场猪肉销售商采购注水肉的动力并不强，主要基于以下原因：个体消费者在选购猪肉时最看重的质量安全问题是是否注水、是否新鲜，并且随着消费者对猪肉质量安全要求的提高，其辨别猪肉是否注水、是否新鲜的能力也在提高，在超市不断抢占农贸市场消费人群的背景下，“回头客”成为农贸市场摊主获利的主要手段，因此农贸市场摊主采购注水肉的动力下降。其次是存货处理问题。调查发现，40.00%的农贸市场摊主表示没有存货；关于存货的处理，没有将存货扔掉的情况，28.00%的人表示将存货与新猪肉混一起销售，32.00%的人将存货搞特价销售，12.00%的人直接将存货加工成肉丝、肉片销售（图4－3）。

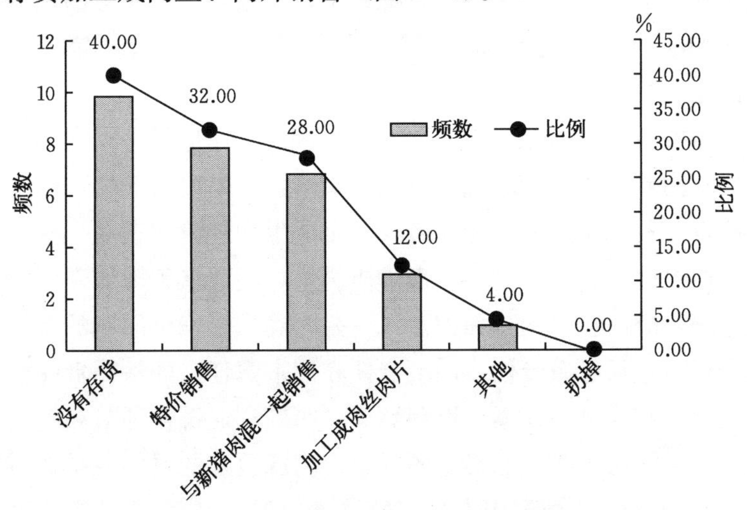

图4－3　农贸市场销售商存货处理情况

注：每个选项的频数和比例加总超过25和100%，因为个别受访者多选，这个问题在批发市场调查中不存在。

四、基于社会共治理念的猪肉质量安全问题产生的逻辑机理分析

当出现猪肉质量安全问题时，生猪产业链各环节利益主体都要承担相应法律责任。法律责任包括行政责任、民事责任和刑事责任。法律责任具有法律上的强制性，因此需要在法律上做出明确具体的规定，以保证法律授权机关依法对违法行为人追究法律责任，实施法律制裁，以达到维护正常的社会、经济秩序的目的。保障猪肉质量安全需要政府、生猪产业链各环节利益主体、消费者以及网络媒体、社团等社会组织的共同参与和维护，任何一方的不作为或消极对待都会导致或加剧猪肉质量安全问题。实践证明，在发达国家食品安全风险的社会共治对食品安全风险治理产生了显著的影响。与有限的政府治理资源相比，食品安全风险社会共治能够吸纳企业、社会组织和个人等非政府力量的加入，充分发挥其各自的优势。这极大地扩展了治理的主体，丰富了治理的力量。多主体的加入有助于制定出符合企业或行业实际情况的决策，因而使得治理决策更具可操作性，并减轻了各方的负担。在溯源追责框架下，生猪产业链主体的利益关系网络如图 4-4 所示。在此基础上，深入分析产业链各环节生猪质量安全问题产生的逻辑机理。

首先需要厘清何为溯源追责，其基本内涵、作用机理、实现形式是什么。解决猪肉质量安全问题主要有两大策略：一是监管策略，政府加强监管，明确责任；二是产品差异化策略，企业生产经营“三品一标”等差异化产品，通过信号甄别机制，实现优质优价。溯源追责即体现了前一种解决问题思路，应该包括两方面内涵：一是明确质量安全问题的责任人和相应法律责任，包括行政责任、民事责任和刑事责任，即法律责任在质上的界定；二是以产业链为线索，追踪溯源，明确产业链各环节利益主体的相应法律责任，即法律责任在量上的界定。溯源追踪的目的就是让质量安全问题的所有责任人都受到应有的、恰当的惩治，从而起到警示和震慑作用。目前我国大力推进的猪肉可追溯体系建设就是实现溯源追责的重要途径，可以对严惩和遏制猪肉生产经营者的违法违规行为具有事前预防和事

后惩治作用。溯源追责的实现对猪肉质量安全风险社会共治具有基础性作用，这不仅需要政府和企业加大猪肉可追溯体系建设力度，提高猪肉溯源追责能力，还需要消费者具有溯源追责的意识和习惯，这样才能真正发挥溯源追责的质量安全保障作用。

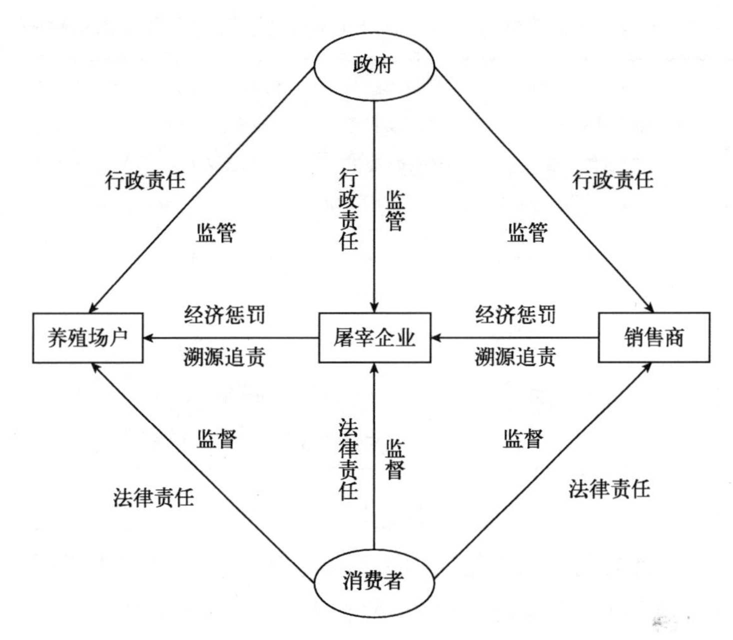

图 4-4　溯源追责框架下猪肉供应链主体的利益关系网络

（一）生猪养殖与流通环节生猪质量安全问题产生的逻辑机理

1. 监管力度和惩治力度弱以及溯源追责能力差是养猪场户质量安全行为不规范的主要原因

政府和生猪购销商的监管和惩治对养猪场户的质量安全行为具有很大影响。其中，养猪场户与生猪购销商实行现场定级结算，二者之间具有直接利益关系，生猪购销商的监控和惩治力度会对生猪质量安全具有重要作用。然而调查发现（表 4-4），养猪场户认为生猪购销商对生猪质量安全的监控和惩治力度较弱，只有 27.87%的养猪场户认为购销商的监控力度“非常强”，34.97%的养殖场户认为“比较强”；只有 20.77%的养猪场户认为购销商的惩治力度“非常强”，25.68%的养猪场户认为“比较强”。

多数养猪场户认为政府对生猪养殖质量安全的监控和惩治力度比较强，42.62%的养猪场户认为政府的监控力度“非常强”，27.87%的养殖场户认为“比较强”；40.44%的养猪场户认为政府的惩治力度“非常强”，28.42%的养猪场户认为“比较强”。

表 4-4　养猪场户对生猪购销商和政府质量安全监控和惩治力度的评价情况

选项	生猪购销商对生猪质量安全的监控力度		生猪购销商对生猪质量安全问题惩治力度		政府对生猪养殖质量安全方面的监控力度		政府对生猪养殖质量安全方面的惩治力度	
	频数	比例（%）	频数	比例（%）	频数	比例（%）	频数	比例（%）
非常强	51	27.87	38	20.77	78	42.62	74	40.44
比较强	64	34.97	47	25.68	51	27.87	52	28.42
一般	43	23.50	50	27.32	43	23.50	40	21.86
比较弱	9	4.92	16	8.74	5	2.73	8	4.37
非常弱	16	8.74	32	17.49	6	3.28	9	4.92

生猪销售时会由动监部门开具动物检疫合格证，这是生猪检疫合格的唯一证明，也是当前北京市猪肉可追溯体系实现溯源的主要依据。未获得生猪检疫合格证的行为给可追溯体系建设带来很大困难。调查发现，29.51%的受访者表示或多或少存在未获得动物检疫合格证的情况。生猪购销商的投机取巧行为是生猪检疫合格证获取工作推进不顺利的重要原因。生猪销售时未获得动物检疫合格证的情况，除了确实有部分生猪未获得动物检疫合格证就上市之外，更主要原因在于：购销商收购生猪是以车次（批次）为单位，一辆运输车一般可容纳 100～200 头生猪，而不同养猪场户每次生猪出栏量存在很大差异，根据调查，79.46%的养猪场户每次的生猪出栏量在 100 头以下，因此每一车次的生猪可能属于好几家养猪场户，购销商会在收购满一车生猪后再由动监部门开具一张动物检疫合格证，这就造成部分养猪场户表示未获得生猪检疫合格证。这种情况虽然获得了动物检疫合格证，但给猪肉溯源的实现带来较大困难，导致从动物检疫合格证上看不出生猪来自哪家养猪场户，也对养猪场户的违法违规行为起到纵容作用。

2. 相关法律法规和政策措施宣传不到位是养猪场户质量安全行为不规范的重要原因

猪肉溯源的实现可以明确责任，增强供应链各环节利益主体对猪肉溯源能力的信任，提高生产和销售问题猪肉的风险，在政府严惩生产和销售问题猪肉行为的背景下，可以起到规范猪肉供应链各环节利益主体质量安全行为的作用（刘增金等，2016）。调查发现，65.03%的受访养猪场户表示知道“猪肉可追溯体系”或“可追溯猪肉”，仍有较大比例的养猪场户不知道，这导致猪肉溯源在规范养猪场户质量安全行为方面作用的发挥受到一定限制。另外调查发现，养猪场户对相关规定的认知度低是耳标佩戴、档案建立工作开展不顺的主要原因。只有32.24%和24.04%的人表示“比较了解”和“非常了解”耳标佩戴和档案建立相关规定（表4-5）。另外，养猪场户对禁用饲料添加剂和兽药规定以及对兽药休药期规定的了解程度都不高，只有25.68%的受访者表示“非常了解”禁用饲料添加剂和兽药规定，28.96%的人表示“比较了解”；只有25.14%的人表示“非常了解”兽药休药期规定，38.80%的养猪场户表示“比较了解”。关于病死猪无害化处理补贴政策认知度，仍有42.62%的养猪场户不知道该补贴，并且由于资金拨付较慢等问题，知道该补贴的养猪场户中也有部分未拿到该补贴。

表4-5 养猪场户对相关法律法规和政策规定的了解情况

选项	对生猪耳标佩戴和档案建立规定的了解程度		对禁用饲料添加剂和兽药规定的了解程度		对兽药休药期规定的了解程度	
	频数	比例（%）	频数	比例（%）	频数	比例（%）
很不了解	8	4.37	4	2.19	4	2.19
不太了解	21	11.48	27	14.75	14	7.65
一般了解	51	27.87	52	28.42	48	26.23
比较了解	59	32.24	53	28.96	71	38.80
非常了解	44	24.04	47	25.68	46	25.14

3. 缺乏有效的监控和检测手段是生猪购销商质量安全行为不规范的主要原因

生猪屠宰加工企业为了保证货源以及降低收购成本，需要生猪购销商先行收购生猪，然后再与屠宰企业交易（理论上讲，屠宰企业直接与养猪场或养殖基地交易的紧密型模式更有利于猪肉质量安全控制，也可降低交易成本，但另外2种收购模式的存在与当前猪场养殖规模小、当地生猪出栏量无法满足屠宰企业需求有密切关系，并且生猪价格波动较大且频繁，固定合作关系也很难维系）。当生猪购销商都很难保证稳定货源时，便出现专门负责寻找货源的生猪经纪人角色，每成功收购一头猪购销商一般会给予经纪人5元的报酬。生猪经销商与养猪场户之间是现场定级结算，而生猪屠宰企业与生猪经销商之间是宰后定级结算，定级的标准包括出肉率、膘肥瘦、含水量等。因此，生猪购销商有足够动力严格控制养猪场户的质量安全行为，但生猪购销商却存在生猪注水行为的可能。生猪购销商的注水行为与养猪场户的灌水行为不同，对于大量灌水之后的生猪，经销商可以比较容易地从生猪生理特征上看出来，并且这部分水易在运输途中和待宰过程中排出，即便未排出也易被屠宰企业检测出来。目前生猪购销商多而杂，政府对其缺乏有效的管理和监控，加之缺乏有效的检测手段和合理的检测标准，这是导致生猪购销商存在质量安全不规范行为的主要原因。

（二）生猪屠宰加工环节生猪与猪肉质量安全问题产生的逻辑机理

1. 屠宰能力过剩以及检测成本高是部分屠宰企业存在质量安全风险的经济动因

北京市生猪屠宰加工企业普遍存在“吃不饱”现象，屠宰能力过剩，大大影响企业经营效益。这种生产能力过剩导致部分企业经济效益受影响，甚至无法盈利，利益驱动下会导致部分企业发生质量安全违法违规行为。例如：有社会责任感的企业不对公种猪进行屠宰加工，都做无害化处理，但不是所有企业都如此，依然有个别企业对公种猪进行加工。调查发现，屠宰企业经营中的主要困难是屠宰企业数量多、整体屠宰加工能力过剩、多数屠宰企业不能满负荷生产导致多数屠宰企业只能微利或者亏损经营，一定程度上也影响了其对病死猪（病害猪）无害化处理的积极性。

同时，生猪质量安全检测成本高也是生猪屠宰加工环节存在质量安全风险的重要原因。原则上，只要生猪屠宰加工环节能保证每头生猪都检测，那么屠宰企业就不存在质量安全风险。但现实中很难做到，主要原因在于检测成本太高和影响屠宰效率。一般来说，屠宰企业质量安全检测包括企业自检和政府抽检。企业自检包括感官检验、微生物检验和理化检验，自检项目中感官检验基本可以做到头头检验，微生物检验少有企业进行，理化检验中的水分检验和瘦肉精检验可以做到每批次10%的抽检率，而磺胺类药残检验可以做到5%～10%的抽检率。政府抽检主要是由农业部门不定期对企业屠宰的猪肉进行质量安全检测，主要进行理化检验，也是抽检。调查发现，一头生猪的检测成本需要30多元，如果要达到100%的检测率，显然将极大增加企业成本和降低企业效率。猪肉作为关系民生的必需品，政府大力控制其价格的上涨，并且在当前市场上屠宰企业偏多、甚至还存在恶性价格竞争的情况下，屠宰企业难以将额外的检测成本转嫁到猪肉价格上。

2. 政府监管力度不强以及难以真正实现溯源追责对部分屠宰企业的质量安全违法违规行为起到纵容作用

出现猪肉质量安全问题时，生猪屠宰加工企业是法律第一责任主体，因此政府将更多精力投入在屠宰企业监管上。政府主要通过驻场检疫人员的证物相符查验（生猪检疫合格证与生猪耳标号一致且没有疫病）和猪肉质量安全抽检以及屠宰企业内部关键节点视频监控来实现对屠宰企业质量安全生产行为的监管。但由于一车次（批次）的生猪往往来自好几家养猪场户，因此查验证物相符很有必要但工作量也很大，需要官方检疫人员有较强的责任心和耐心。实际操作中每车次一般都会查验，但一个车次中并不见得每一圈（车辆上会用铁围栏分成几个圈，一个圈中只可能为一家养猪场户的生猪）都会查验。另外，政府抽检主要是由农业部门不定期对企业屠宰的猪肉进行质量安全检测，主要进行理化检验，也是抽检，考虑到检测成本和生产效率，很难实现100%的检测率。

另外，北京市从2009年开始实施“放心肉”工程，将猪肉可追溯体系建设作为重点建设工程，2012年入选商务部第三批肉类蔬菜流通追溯体系试点建设城市，这对加强质量安全监控起到重要作用。生猪屠宰加工环节的生猪入厂验收、录入内部系统、生猪胴体标识等溯源关键性工作开展有序，但存在激光灼刻等主要技术和设备难以实施以及大型生猪屠宰加工企业缺乏深化可追溯体系积极性等问题。猪肉可追溯体系建设至今，取得了不少成绩，但还存在部分猪肉销售场所追溯信息不可查、不可信、不全面等问题。比如，查询到的猪肉生产厂家是A企业，但实际上是B企业，屠宰企业也认识到这个问题，并且该问题的存在也影响到企业参与猪肉可追溯体系的积极性。屠宰企业对猪肉可追溯体系建设溯源的实现具有全局性关键作用，但其参与猪肉可追溯体系的积极性受到产业链上游养猪场户和产业链下游猪肉销售商行为的影响。如果猪肉销售环节不能保证猪肉溯源的实现，那么猪肉可追溯体系建设可能给生猪屠宰加工企业带来的声誉提高等益处将成为空谈。

（三）猪肉销售环节猪肉质量安全问题产生的逻辑机理

1. 监管难度大，检测力度弱，导致部分销售商将问题猪肉出售给消费者

部分批发市场和农贸市场猪肉检疫合格证检查不严，导致出现未获得检疫合格证的猪肉流入市场的隐患。一旦猪肉进入销售环节，检疫合格证就是猪肉检疫合格的最主要证明，需要对其加强监管。现实中部分批发市场存在猪肉检疫合格证检查不严的现象，具体表现在：批发市场会要求零售大厅摊主建立购销台账，并附上每天进货的所有检疫合格证，对批发市场办公室工作人员来说，每天上百个摊位、上千张检疫合格证的检查是很大的工作量，很可能存在检疫合格证漏查的情况。调研中就发现过该情况，多余未粘贴在购销台账上的检疫合格证为不合格猪肉流入市场提供了途径[①]。这里包括两种情况：一是非“场厂挂钩”协议之外的猪肉凭借多余的检疫合格证进入批发市场，调查中有摊主反映过该情况，后来违规摊主被要求撤出市场；二是多余的检疫合格证流入农贸市场等场所，可能使未检疫合格的猪肉进入市场，虽然检疫合格的猪肉二分胴体上还有蓝色或红色检疫章，但现实中受印章覆盖面有限和易涂抹等影响，在零售环节对猪肉进行分割之后，辨识度变得很差。另外，缺乏有效的检测手段也是导

① 调查中还发现一个现象，个别购货商从一级批发商处获得所购买猪肉相应数量的检疫合格证之后还想多要几张检疫合格证，由此也可以看出猪肉检疫合格证的重要性。

致部分销售商得以将问题猪肉出售给消费者的重要原因。目前猪肉销售市场主要检测两项内容，即瘦肉精和注水，并且都是抽检。一方面，就禁用药检测而言，由于不断出现新的禁用药品种，检测手段跟不上，并且批发市场等场所往往需要快速有效的出检测结果，对于一些最新的禁用药往往在短时间内检测不出来；另一方面，就注水肉检测而言，目前国家规定的猪肉含水量标准是≤77%，按照该检测标准难以检测出注水肉。

2. 问题猪肉溯源机制与召回机制不完善，加剧了问题猪肉流入市场现象的发生

当前猪肉销售环节并未建立起完善的问题猪肉溯源机制和召回机制，具体表现在：批发市场上零售大厅的销售商如果从批发大厅采购到问题猪肉，比如注水肉，现实中很难将问题猪肉退回，屠宰企业也不会主动召回问题猪肉。虽然我国早已颁布食品召回的相关法律法规，但推行过程中，由于溯源实现难，导致问题产品召回更难。这里看似矛盾：既然问题猪肉不能退回，那零售大厅销售商为什么还要采购？主要有三方面原因：一是不排除有部分销售商故意采购注水肉或水大的肉，这种肉采购价格更低，并且也有销售渠道；二是多数零售大厅销售商不愿意购买注水肉或水大的肉，但白条在短时间内很难从表面看出是否注水或水大，一旦选择购买之后，除非是病变部位或淤血部位的肉可以退换货，否则没法退货，特别是注水肉，由于批发大厅销售的肉都是经过批发市场办公室抽检合格的，批发大厅销售商有充足理由拒绝退货；三是逻辑上讲，如果批发大厅和零售大厅销售商之间存在长期固定合作关系，那这种矛盾纠纷将大大降低，问题猪肉可以通过二者协商解决或请批发市场办公室调节，但现实中猪肉批发价格变动频繁，批发大厅往往有好几家销售商，彼此之间存在竞争关系，批发大厅和零售大厅销售商之间很难形成长期稳定的合作关系，这就加剧了问题猪肉退回的难度，加之现在并未建立起完善的溯源和召回机制，问题猪肉的退回就更难。

3. 消费者缺乏溯源追责意识和习惯，非政府组织在质量安全监督方面发挥作用也相对有限，一定程度上纵容了猪肉销售商的质量安全违法违规行为

社会力量是食品安全风险社会共治的重要组成部分，是政府治理、企业自律的有力补充，社会力量主要由公众与各类社会组织等构成。每一个社会公民都是食品安全的最佳监管者。公众可以通过各种各样的途径随时随地参与食品安全监管，如公众可以通过网络参与食品安全的治理，网络的便捷性可以让公众轻松地监管食品安全，遇到食品安全问题时，消费者需要具备溯源追责意识和习惯，依法追究生产经营者的法律责任。在产品退回和召回机制不畅的情况下，猪肉销售商需要向购买到问题猪肉的消费者支付一定的经济赔偿。然而调查发现，多数消费者还不具备强烈的溯源追责意识和习惯，这显然对猪肉销售商的违法违规行为起到纵容作用。在回答“购买的猪肉出现质量安全问题时是否会追查责任人”这一问题时，40.40％的受访者表示“一定会”追查责任人，28.89％的人表示“不一定”，30.71％的人则表示“不会，自认倒霉”。现实中，即便遇到溯源追责意识强的消费者，猪肉销售商也可将责任推到屠宰企业身上，消费者难以去追责屠宰企业，最后的结果还是消费者自认倒霉或者退换货了事。此外，食品安全科技知识相对不足限制了公众参与食品安全治理的实际水平。提高食品安全系统的透明度和可溯源性能显著增强消费者的监管能力。调查发现，消费者对食品可追溯体系的认知水平整体不高，只有38.38％的受访者表示知道“可追溯食品”“食品可追溯体系”或“食品可追溯系统”。14.55％的人表示购买过可追溯猪肉，这其中只有22.22％的人表示查询过猪肉追溯信息，查询比例过低。

另外，网络媒体、社团等非政府组织有利于产生高度合作、信任以及互惠性行为，降低治理政策的不确定性，是对“政府失灵”和“市场失灵”的积极反应和有力制衡（Putnam，1994)。消费者始终处于信息弱势地位，需要网络媒体、社团等非政府组织在解决信息不对称方面发挥作用。然而，当前非政府组织往往在重大食品安全事件发生并严重损害公众利益之后，市场主体的违法行为才会被曝光出来。非政府组织对市场的监督作用很弱，起到的只是事后监督的作用。每当食品质量安全事件（如双汇瘦肉精事件）发生以后，通过媒体的持续报道和新闻不断发酵，由于媒体缺乏与科研机构、行业协会的及时有效沟通，公众容易受到误导和产生消费恐慌。最终反映出的问题是，包括消费者和非政府组织在内的社会力量在食品安全风险治理中的作用不够强大，市场调节色彩过浓，容易产生

"脱嵌"的风险。

五、本章小结

本章首先以北京市为例，基于产业链视角对生猪产业链上各环节存在的猪肉质量安全问题进行了分析，主要得出以下结论。生猪养殖环节未发现病死猪销售情况，但存在将病死猪扔掉的情况；同时存在使用禁用药物、未严格执行休药期及增加兽药使用剂量的情况；存在生猪购销商对生猪注水的风险。生猪屠宰加工企业的质量安全监测存在隐患，可能导致问题猪肉流入市场；生猪屠宰加工企业会对病死猪或病害猪进行无害化处理，但面临无害化处理方式能否可持续的压力；猪肉批发市场通过"场厂挂钩"基本可以保证猪肉来源可查、质量可控，但也存在注水肉销售、不新鲜猪肉销售等问题；超市和直营店的猪肉质量安全相对可控，农贸市场存在注水肉销售、不新鲜猪肉销售等问题。

其次基于社会共治理念对猪肉质量安全问题产生的逻辑机理进行了分析，主要得出以下结论。在生猪养殖与流通环节中，监管力度和惩治力度弱以及溯源追责能力差是养猪场户质量安全行为不规范的主要原因；相关法律法规和政策措施宣传不到位是养猪场户质量安全行为不规范的重要原因；缺乏有效的监控和检测手段是生猪购销商质量安全行为不规范的主要原因。在生猪屠宰加工环节中，屠宰能力过剩以及检测成本高是部分屠宰企业存在质量安全风险的经济动因；政府监管力度不强以及难以真正实现溯源追责，对部分屠宰企业的质量安全违法违规行为起到纵容作用。在猪肉销售环节中，监管难度大，检测力度弱导致部分销售商将问题猪肉出售给消费者；问题猪肉溯源机制与召回机制不完善，加剧了问题猪肉流入市场现象的发生；消费者缺乏溯源追责意识和习惯，非政府组织在质量安全监管方面发挥作用也相对有限，一定程度上纵容了猪肉销售商的质量安全违法违规行为。

第五章　现实情境下可追溯体系建设对消费者购买行为的影响分析

在实证分析猪肉质量安全问题频发及其深层原因的基础上，需要进一步分析可追溯体系建设对生猪产业链各个利益主体行为选择的影响。以消费者行为理论为理论依据，分情境（现实情境和模拟情境）研究消费者对可追溯猪肉的行为选择的影响因素。本章立足实际情况（基于北京市、西安市消费者实地调查数据），探究现实情境下猪肉可追溯体系建设对消费者购买行为的影响。

一、研究依据与文献综述

食品安全始终是关系国计民生的大事。食品安全事件的频发极大损害了消费者的切身利益，也对食品行业造成巨大冲击，不利于社会经济的健康发展。根据信息不对称理论，信息不对称被认为是导致食品安全问题的根本原因，降低信息不对称程度有助于食品安全问题的解决。随着网络信息时代的到来，食品质量安全信息纷繁复杂，在降低信息不对称程度的同时，也带来信息真假难辨的问题。食品消费市场的突出矛盾由消费者对信息的渴望转变为对信息的信任。现代消费者行为学关于信息信任的研究主要围绕信息源的可信度、信息内容的可信度和媒介的可信度展开。其中，考察信息源的可信度是探讨信息信任问题的关键之一，消费者通过对信息源的信任可以降低对信息真实可靠性进行辨别的成本。根据消费者在购买商品时所掌握的信息多少以及时间先后次序，商品包括搜寻品、经验品和信任品等三种特性。信息的获取付出了成本，信息也是一种商品，可认为同时具有上述三种特性。消费者很难获得信息的经验品和信任品特性，对沟通过程中的信息内容本身可信度的考察并没有具体的操作方法，而作为信息传播渠道的媒介在整个过程中仅扮演一个载体的作用。消费者在思考某一条具体的信息是否可信时，他们的思维将首先按照信息传播的过程逆向而上，最终找到信息传播的源头，即信息源，通过对信息源各个因素的综合考察得出对信息可靠性的判断。因此，研究信息源的可信度具有更重要的理论和现实意义。

食品可追溯体系为消费者提供了一个获得更多食品质量安全信息的重要渠道，其旨在通过实现溯源为消费者提供真实可靠信息，以缓解信息不对称程度。已有研究表明，食品可追溯体系可以通过提高消费者信任达到恢复消费者信心的效果，特别是在重大食品安全事件频发背景下，溯源的实现对于重塑行业形象、恢复消费信心具有非常重要的作用。食品可追溯体系的信息源主要包括政府、食品生产加工企业、食品销售商等，在当前食品可追溯体系建设尚不完善的背景下，消费者对追溯信息发布方的信任程度如何，以及信息源信任对消费者食品购买行为产生什么影响，是非常值得关注的问题。目前关于消费信任的研究主要就消费信任的概念内涵、形成机制及影响因素等内容进行理论探讨，围绕消费者对品牌、网购等的信任程度展开实证研究。另外，关于可追溯食品消费行为，研究者们更关注消费者对可追溯食品的支付意愿，少有研究者实证分析消费者对可追溯食品的购买行为，更没有专门研究信息源信任对消费者可追溯食品购买行为影响的文献。

北京市和西安市作为商务部肉类蔬菜流通追溯体系试点建设城市，猪肉可追溯体系建设具备了一定基础，可以较好地满足本研究需要，同时鉴于猪肉产品在我国城镇居民家庭食品消费中的重要地位，本研究以可追溯猪肉为例，利用北京市、西安市实地调查的消费者问卷数据，分析信息源信任对消费者可追溯猪肉购买行为的影响，从理论上厘清信息源信任对消费者可追溯猪肉购买行为影响的作用机理，从实证上定量分析信息源信任对消费者可追溯猪肉购买行为影响的作用，以期为这两个城市乃至全国猪肉可追溯体系建设的深入推进提供决策依据，也为相关研究提供借鉴。

二、理论分析与研究假设

信息源或信源的定义主要出自网络信息技术、图书馆学、情报学、管理营销学等相关研究中。根据信息论创始人申农的一般通信系统模型和管理营销学的信息传递模型，信息传递过程包括信息内容、信息源、信道或媒介、信宿、噪声等基本信息传递要素，其中，信息源就是与思想或意见的传递直接或间接相关的人或实体，信息源包括信任度和吸引力两个主要特征。其中，信任度是指一个信息源被感知到的客观性、可靠性、专业性，吸引力是指信息源被感知到的社会价值。一般认为，信息源的两个特征中，信任度是更根本的特征。对消费者而言，信息源信任度的评价标准比信息源吸引力的评价标准更具共性，具有吸引力的信息源不一定可信，但可信的信息源却是具有一定吸引力的。在如今社会诚信缺失的背景下，高信任度本身就是一种吸引力。关于信息源的分类，已有探讨较多，主要存在两种分类方式：一是分为正式信息源（包括非营利性信息源和商业信息源）和非正式信息源（亲戚、朋友等，也叫意见传播者）；二是分为记忆来源（个人经验及低介入学习形成）、个人来源（朋友、家庭和其他一些人）、独立来源（杂志、消费者组织、政府机构等）、营销来源（销售人员、广告等）、经验来源（检查或使用产品）。

已有研究很重视信息源信任问题，特别是信息源信任的形成机制，然而已有研究将更多的关注点放在信息源信任的前置影响因素，比如感知声誉、感知能力等，较少关注信息源信任与消费者行为之间的关系。有研究表明，食品可追溯体系可以通过提高消费者信任达到恢复消费信心的效果，而消费信心的树立有助于提高消费者的消费意愿，进而提高消费者购买可追溯食品的可能性。依据信息源信任相关理论和已有研究成果，构建本研究的理论模型（图 5－1）。

中国大力推进食品可追溯体系建设，逐步将其上升为国家意志，目前存在政府主导和企业主导两种运行模式。就猪肉而言，政府主导模式是由政府针对普通猪肉建立可追溯系统平台，鼓励支持生猪屠宰加工企业加入，并可实现猪肉相关信息消费终端追溯查询的模式。企业主导模式是由

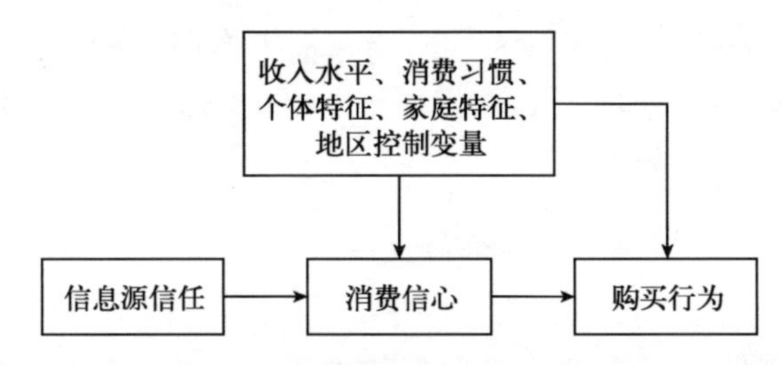

图5-1　消费者可追溯猪肉购买行为影响因素的理论模型

顺应市场需求和响应政府激励的中高档猪肉一体化生产经营企业研发和建立自己的可追溯系统，并可实现猪肉相关信息消费终端追溯查询的模式。不同运行模式下猪肉可追溯体系的信息源呈现多样化，主要包括政府、生猪养殖或屠宰加工企业、猪肉销售商等，并且由于猪肉可追溯体系建设的不完善以及宣传的不到位，导致消费者对追溯信息发布方的信任度也存在差异。消费者通过对信息源的信任可以降低对信息真实可靠性进行辨别的成本，从而达到恢复或增强消费者信心的效果。在当前市场上食品质量安全信息错综复杂、难辨真伪的背景下，消费信心的树立对于增强消费者购买意愿、增加消费者购买行为具有非常重要的作用。在可追溯猪肉市场份额比较小的情况下，消费者对可追溯猪肉质量安全状况的信心如何，直接决定了消费者对可追溯猪肉的购买行为。

基于上述理论分析，本研究认为，信息源信任正向影响消费者对可追溯猪肉的消费信心；消费信心正向影响消费者对可追溯猪肉的购买行为；信息源信任不直接影响消费者对可追溯猪肉的购买行为，但通过直接影响消费者对可追溯猪肉的消费信心起到间接正向影响消费者可追溯猪肉购买行为的效果。因此，本研究将信息源信任、消费信心纳入模型，分析对消费者可追溯猪肉购买行为的影响。另外，为了全面研究消费者可追溯猪肉购买行为的影响因素，本研究将收入水平、消费习惯、个体特征、家庭特征等因素纳入模型分析，并加入地区控制变量。

三、研究方法

（一）模型构建

为了考察信息源信任对消费者可追溯猪肉消费信心的影响以及消费信

心对消费者可追溯猪肉购买行为的影响，根据本研究构建的理论模型，假定模型残差项服从标准正态分布，设立如下两个二元 Probit 模型，二者构成双变量 Probit 模型：

$$Y=f_1\ (C,\ I,\ H,\ G,\ F,\ \mu_1) \qquad (5-1)$$

$$C=f_2\ (T,\ I,\ H,\ G,\ F,\ \mu_2) \qquad (5-2)$$

式中：被解释变量 Y 是消费者可追溯猪肉购买行为，1 表示购买过可追溯猪肉，0 表示未购买过可追溯猪肉。C 是消费者对可追溯猪肉的消费信心，“非常信任”“比较信任”用 1 表示，其他用 0 表示。其他解释变量中，I 是收入水平变量，用税后家庭人均月收入来衡量；H 是消费习惯因素，包括消费比重、购买成员、购买场所 3 个变量；G 是消费者个体特征变量，包括性别、年龄、户籍、学历、职业；F 是家庭特征变量，包括家庭人口数、小孩情况、老人情况 3 个变量；T 是信息源信任变量；μ_1、μ_2 是残差项。

同时，为了考察消费信心和信息源信任变量对消费者可追溯猪肉购买行为的直接影响，根据本研究的理论分析，假定模型残差项服从标准正态分布，设立如下二元 Probit 模型：

$$Y=f_3\ (C,\ T,\ I,\ H,\ G,\ F,\ \mu_3) \qquad (5-3)$$

式中：μ_3 是残差项。

（二）变量选择

依据理论分析，本研究将信息源信任、消费信心、收入水平、消费习惯、个体特征、家庭特征等因素以及地区控制变量纳入模型，分析其对消费者可追溯猪肉购买行为的影响。模型自变量的定义见表 5-1。

表 5-1　自变量定义

变量名称	含义与赋值	均值	标准差
消费信心	非常相信、比较相信=1，一般相信、不太相信、很不相信=0	0.64	0.48
信息源信任	市场上食品追溯信息的发布方是否最真实可靠：是=1，否=0	0.48	0.50
收入水平	实际数值（元）	2 979.64	2 361.68
消费比重	猪肉占家庭肉类消费比重是否达到 50%：是=1，否=0	0.60	0.49

（续）

变量名称	含义与赋值	均值	标准差
购买成员	是否家庭购买猪肉的主要成员：是=1，否=0	0.76	0.43
购买场所	是否主要在超市购买猪肉：是=1，否=0	0.83	0.37
性别	男=1，女=0	0.31	0.46
年龄	实际数值（周岁）	43.58	14.24
户籍	北京=1，外地=0	0.69	0.46
学历	本科/大专及以上=1，高中/中专及以下=0	0.61	0.49
职业	是否公务员或事业单位人员：是=1，否=0	0.20	0.40
家庭人口数	实际数值（人）	3.43	1.19
小孩情况	家庭中是否有15周岁以下小孩：是=1，否=0	0.44	0.50
老人情况	家庭中是否有60周岁及以上老人：是=1，否=0	0.36	0.48
地区	北京=1，西安=0	0.63	0.48

（三）数据来源与样本说明

本研究数据来源于2013年8—10月对西安市新城、碑林、莲湖、雁塔、未央、灞桥、阎良、临潼、长安9个城区的消费者，以及2014年6—7月对北京市海淀、朝阳、东城、西城、丰台、石景山6个城区的消费者所做的问卷调查。经过严格筛选，最终获得913份有效问卷，其中西安市418份，北京市495份。为保证问卷质量，问卷调查采取面对面的访问方式。对于出现前后问题回答存在明显逻辑错误或者个别题目漏答情况的问卷予以剔除。调查对象为西安市、北京市常住居民且购买过生鲜猪肉的消费者，因此在正式开始调查之前首先询问受访者是否在北京市居住满一年且在过去一年中是否购买过生鲜猪肉，只有全部回答是，才继续调查。调查地点主要选择在超市、农贸市场及附近。为使样本更具代表性，在调研之前根据西安市和北京市各城区常住人口比重设计了计划调查样本量，并在实际调查过程中严格控制。

从性别看，女性受访者明显居多，占总样本数的70.43%（表5-2），虽然样本男女比例差距过大，但这是可以接受的，调查中发现家庭中主要是由女性购买猪肉等日常食品。从年龄看，各年龄段的受访者比例较为均匀，以40～49岁年龄段的人群居多，占总样本数的23.44%。从户籍分布看，所有受访者都是北京或西安常住居民，其中69.44%的人有本地户籍。从学历看，受访者中以高中/中专学历和大专学历的人群最多，分别占总样本数的29.68%和23.99%，研究生学历的人数最少，只占总样本数的4.16%。从职业看，16.21%的人是公务员或事业单位人员。从家庭人口数看，3口之家居多，占总样本数的45.24%。从小孩情况看，43.04%的受访者家庭中有15周岁以下的小孩。从老人情况看，29.24%的受访者家庭中有60周岁及以上的老人（指受访者的长辈）。从家庭人均月收入（税后）看，大概三分之一的受访者家庭人均月收入在3 000元及以上，29.13%和28.81%的受访者家庭人均月收入分别在2 000～2 999元和1 000～1 999元区间，只有7.01%的人家庭人均月收入在1 000元以下。

表5-2　样本基本特征

项目	选项	样本数	比例（%）
性别	女	643	70.43
	男	270	29.57
年龄（岁）	20～29	134	14.68
	30～39	191	20.92
	40～49	214	23.44
	50～59	172	18.84
	≥60	202	22.12
户籍	外地	279	30.56
	本地	634	69.44
学历	初中及以下	189	20.70
	高中/中专	271	29.68
	大专	219	23.99
	本科	196	21.47
	研究生	38	4.16
职业	非公务员或事业单位人员	765	83.79
	公务员或事业单位人员	148	16.21

（续）

项目	选项	样本数	比例（%）
家庭人口数（人）	1	46	5.04
	2	165	18.07
	3	413	45.24
	4	127	13.91
	≥5	162	17.74
小孩情况	没有15周岁以下小孩	520	56.96
	有15周岁以下小孩	393	43.04
老人情况	没有60周岁及以上老人	646	70.76
	有60周岁及以上老人	267	29.24
家庭人均月收入（元）	<1 000	64	7.01
	1 000～1 999	263	28.81
	2 000～2 999	266	29.13
	3 000～3 999	158	17.31
	≥4 000	162	17.74

四、结果与分析

（一）描述性统计分析

调查发现，在受访的918位消费者中，300人表示知道可追溯食品或食品可追溯体系，占总样本数的32.68%。其中，有115人表示购买过带有追溯标签的猪肉，占总样本数的12.53%，占知道可追溯食品人群的38.33%。由此可知，消费者对可追溯食品的认知度整体不高，购买过可追溯猪肉的比例也不高。关于消费者了解可追溯食品相关信息的渠道，调查发现按照选择人次排在前三位的渠道分别是电视、网络、食品标签，占知道可追溯食品人群的比例分别为53.67%、26.33%和25.33%。可知，电视（如以广告、新闻等形式的宣传）是消费者了解可追溯食品的最主要渠道。

通过样本基本特征与消费者可追溯食品认知水平的交叉分析可知（表5-3），从性别看，男性、女性消费者之间的可追溯食品认知水平差异不明显，女性消费者知道可追溯食品的比例只比男性消费者高 2 个百分点；从年龄看，随着受访者年龄的增加，其知道可追溯食品的比例呈现下降趋势，可见相对年轻的消费者对可追溯食品的认知水平较高；从户籍看，本地户籍和外地户籍消费者知道可追溯食品的比例几乎无差异；从学历看，随着受访者学历水平的提高，其知道可追食品的比例明显逐级递增，可见受教育程度对消费者可追溯食品认知水平影响显著；从职业看，公务员或事业单位人员知道可追溯食品的比例比其他职业消费者高出 10 个百分点；从家庭人口数看，随着受访者家庭人口数的增加，其知道可追溯食品的比例呈现上升趋势，另外，家庭中有 15 周岁以下小孩与没有 15 周岁以下小孩的消费者知道可追溯食品的比例无差异，而家庭中有 60 周岁及以上老人的消费者知道可追溯食品的比例要明显高于家庭中没有 60 周岁及以上老人的消费者；从收入水平看，随着受访者税后家庭人均月收入的增加，其知道可追溯食品的比例呈现 W 形变化特征，税后家庭人均月收入在 1 000 元以下和 4 000 元及以上的消费者对可追溯食品的认知水平相对较高；从地区看，北京市消费者知道可追溯食品的比例要明显高于西安市消费者，这与北京市在国内较早开展食品可追溯体系建设有密切关系。总体来说，年龄、学历、职业、家庭人口数、老人情况、收入水平、地区等因素是导致消费者可追溯食品认知水平呈现差异的重要原因。

表 5－3　消费者可追溯食品认知水平的交叉分析

项目	选项	可追溯食品认知	
		不知道（%）	知道（%）
性别	女	68	32
	男	66	34
年龄（岁）	20～29	58	42
	30～39	59	41
	40～49	66	34
	50～59	78	22
	≥60	73	27
户籍	外地	66	34
	本地	67	33

（续）

项目	选项	可追溯食品认知	
		不知道（%）	知道（%）
学历	初中及以下	80	20
	高中/中专	71	29
	大专	64	36
	本科	57	43
	研究生	47	53
职业	非公务员或事业单位人员	69	31
	公务员或事业单位人员	59	41
家庭人口数（人）	1	83	17
	2	71	29
	3	68	32
	4	60	40
	≥5	63	37
小孩情况	没有15周岁以下小孩	67	33
	有15周岁以下小孩	67	33
老人情况	没有60周岁及以上老人	70	30
	有60周岁及以上老人	60	40
家庭人均月收入（元）	<1 000	58	42
	1 000～1 999	75	25
	2 000～2 999	66	34
	3 000～3 999	70	30
	≥4 000	56	44
地区	西安	74	26
	北京	62	38

本研究调查了300位表示知道可追溯食品或食品可追溯体系的消费者对可追溯猪肉的信息源信任与消费信心。用受访者对“您认为当前市场上猪肉追溯信息的发布方是否是最真实可靠的?”这一问题的回答来反映。调查发现，只有47.67%的受访者对该问题给予肯定回答，这说明消费者对猪肉追溯信息发布方的整体信任度并不高。进一步调查得知，24.33%的人认为市场上查询到的猪肉追溯信息是由销售商发布的，26.00%的人

认为是由生产商发布的，44.00%的人认为是由政府发布的，18.33%的人认为是由其他主体发布的，如第三方认证机构等。另外，在大多数消费者看来，由政府发布的猪肉追溯信息是最真实可靠的，占知道可追溯食品人数的61.33%，而消费者对销售商和生产商发布的猪肉追溯信息的信任度并不高，分别只有5.00%、12.67%的人认为由销售商或生产商发布的猪肉追溯信息是最真实可靠的（表5-4）。

表5-4　消费者对可追溯猪肉信息源的认知与信任

项目	认为市场上查询到的猪肉追溯信息由谁发布		认为由谁发布猪肉追溯信息最真实可靠	
	样本数	比例（%）	样本数	比例（%）
销售商	73	24.33	15	5.00
生产商	78	26.00	38	12.67
政府	132	44.00	184	61.33
其他	55	18.33	73	24.33
合计	338	112.66	310	103.33

注：由于两个题目均为多选，所以样本数和比例合计都超过300和100%。

本研究将消费者对可追溯猪肉的消费信心用对“您是否相信‘购买带有追溯标签猪肉比不带追溯标签猪肉的质量安全更有保障’?”这一问题的回答来反映。关于该问题，调查发现，16.33%的受访者表示“非常相信”，48.00%的人表示“比较相信”，26.67%的人表示“一般相信”，另有7.33%和1.67%的人分别表示“不太相信”和“很不相信”。可见，相比不可追溯猪肉，消费者对可追溯猪肉的消费信心整体是比较高的。

（二）消费者对可追溯猪肉购买行为影响因素分析

本研究选用Stata12.0软件，运用有限信息极大似然值法对上述双变量Probit模型进行估计，运用极大似然值法对上述二元Probit模型进行估计，结果见表5-5。需要说明的是，考虑到只有消费者知道可追溯食品或食品可追溯体系，分析信息源信任对消费者可追溯猪肉购买行为的影响才有实际意义，显然只有消费者知道可追溯食品，才能就消费者对可追溯猪肉信息源的认知与信任等相关问题做出有效回答，因此模型一和模型二的样本量都为300。

表 5-5 模型估计结果

变量名称	模型一				模型二	
	购买行为		消费信心		购买行为	
	系数	Z值	系数	Z值	系数	Z值
消费信心	1.798 6***	15.05			0.548 4***	3.09
信息源信任			0.311 1***	2.62	0.105 5	0.67
收入水平	0.000 1**	2.36	−0.000 1	−1.47	0.000 1**	2.07
消费比重	−0.145 8	−1.00	0.355 7**	2.15	0.104 9	0.63
购买成员	0.315 2*	1.81	−0.134 6	−0.67	0.266 5	1.36
购买场所	0.325 1*	1.68	−0.040 1	−0.19	0.531 5**	2.26
性别	−0.231 2	−1.52	0.173 9	1.01	−0.296 2*	−1.69
年龄	−0.006 0	−1.08	0.009 2	1.46	−0.002 5	−0.41
户籍	−0.098 7	−0.57	−0.164 7	−0.80	−0.199 0	−1.03
学历	0.108 7	0.66	0.390 8**	2.06	0.295 5	1.59
职业	−0.329 9*	−1.84	0.224 5	1.12	−0.318 9	−1.53
家庭人口数	0.089 8	1.30	−0.142 9*	−1.80	0.037 0	0.47
小孩情况	−0.071 6	−0.46	−0.088 1	−0.49	−0.208 8	−1.17
老人情况	0.010 7	0.07	−0.051 1	−0.29	0.015 1	0.08
地区	−0.815 6***	−4.33	1.001 7***	4.62	−0.438 7*	−1.99
常数项	−1.414 2***	−3.24	−0.299 2	−0.61	−1.207 6**	−2.40
rho/Pseudo R^2	0.014 8				0.075 9	
Wald chi^2/LR chi^2	254.58				30.33	
Prob>chi^2	0.000				0.011	
Number of obs	300				300	

注：*、**、***分别表示10%、5%、1%的显著性水平。

模型一中 Hausman 检验 rho=0 的似然比检验的卡方值为 0.014 8，达到5%的显著性水平，说明式（5-1）和式（5-2）的残差项具有相关性，因此进行联立估计是必要的（陈强，2010）。Wald 似然值相应的 P 值为 0.000，说明模型整体显著性很好。模型二中伪 R^2 值为 0.075 9，LR 似然值相应的 P 值为 0.011，说明模型拟合优度和整体显著性都比较好。模型估计结果足以支撑进一步的分析。

通过模型一估计结果可知，信息源信任变量正向显著影响消费者对可追溯猪肉的消费信心，消费信心变量正向显著影响消费者对可追溯猪肉的购买行为，即承认当前市场上猪肉追溯信息发布方是真实可靠的消费者，更倾向于相信“购买带有追溯标签猪肉比不带追溯标签猪肉的质量安全更有保障”，也更倾向于选择购买可追溯猪肉。

通过模型二估计结果可知，消费信心变量显著影响消费者对可追溯猪肉的购买行为，而信息源信任变量并不显著影响消费者对可追溯猪肉的购买行为，说明信息源信任通过直接影响消费者对可追溯猪肉的消费信心起到间接影响消费者可追溯猪肉购买行为的效果。这很好地验证了本研究假设。另外，除了信息源信任变量，消费比重、学历、家庭人口数、地区变量也显著影响消费者对可追溯猪肉的消费信心。具体而言，猪肉占家庭肉类消费比重达到50%、本科/大专及以上、家庭人口数少、地处北京市的消费者相信“购买带有追溯标签猪肉比不带追溯标签猪肉的质量安全更有保障”的可能性更大。

为了检验不考虑式（5-1）和式（5-2）残差项之间相关性给估计结果带来的偏误，本研究将两类估计结果进行了比较。模型一中，在其他条件不变的情况下，相比认为当前市场上猪肉追溯信息发布方不是最真实可靠的消费者，认为当前市场上猪肉追溯信息发布方是最真实可靠的消费者，选择购买可追溯猪肉的概率平均高0.109 8，远高于模型二中的概率0.039 8（表5-6）。同样，模型一中，在其他条件不变的情况下，相信“购买带有追溯标签猪肉比不带追溯标签猪肉的质量安全更有保障”的消费者选择购买可追溯猪肉的概率平均高0.338 9，远高于模型二中的概率0.198 9。总体来说，不考虑残差项之间相关性给估计结果带来的偏误，会低估信息源信任和消费信心变量对消费者可追溯猪肉购买行为的影响，但不会改变这两个变量的作用方向。

表5-6　信息源信任变量对消费者购买行为影响的边际概率

变量名称	模型一	模型二
信息源信任	0.109 8	0.039 8
消费信心	0.338 9	0.198 9

鉴于模型一充分考虑了残差项之间相关性给估计结果带来的偏误，因

此本研究利用模型一的估计结果来分析收入水平、消费习惯、个体特征、家庭特征等因素以及地区控制变量对消费者可追溯猪肉购买行为的影响。

第一，收入水平变量正向显著影响消费者对可追溯猪肉的购买行为，即随着消费者家庭人均月收入的不断提高，其选择购买可追溯猪肉的可能性也越高。已有研究和实践表明，猪肉可追溯体系建设投入了更多成本，额外成本会反映在产品价格上，在其他条件不变的情况下，收入水平较高的消费者对可追溯猪肉会有更强的购买能力，购买可追溯猪肉的可能性也就更大。

第二，购买成员变量正向显著影响消费者对可追溯猪肉的购买行为，即作为家庭购买猪肉主要成员的消费者选择购买可追溯猪肉的可能性更大。家庭主要购买成员往往肩负了更多为家人健康考虑的责任，特别是在购买日常食品问题上更是如此，在其他条件不变的情况下，作为家庭主要购买成员的消费者通常会对质量安全相对更有保障的可追溯猪肉表现出更高的购买欲望，购买可追溯猪肉的可能性也就更大。

第三，购买场所变量正向显著影响消费者对可追溯猪肉的购买行为，即主要在超市购买猪肉的消费者购买可追溯猪肉的可能性更大。这与现实情况是一致的，目前北京和西安市场上的可追溯猪肉主要在超市里出售，在批发市场、农贸市场等场所很少见，因此主要在超市购买猪肉的消费者购买过可追溯猪肉的可能性，显然比主要在其他场所购买猪肉的消费者更高。

第四，职业变量反向显著影响消费者对可追溯猪肉的购买行为，即职业为公务员或事业单位人员的消费者选择购买可追溯猪肉的可能性更小，这与预期作用方向不一致。可能的原因在于，当前北京市、西安市的猪肉可追溯体系建设正处于发展初期，还存在消费终端追溯信息查询难以实现以及查询到的信息可信度不高等问题，虽然不能据此说明可追溯猪肉的质量安全状况更差，但职业为公务员或事业单位人员的消费者在这些问题的认识上更加到位，在选择是否购买价格更高的可追溯猪肉问题上会更加理性，因此最终的结果就是这部分消费者反而更不倾向于购买可追溯猪肉。

最后，地区控制变量反向显著影响消费者对可追溯猪肉的购买行为，即在其他条件不变情况下，相比较西安市消费者，北京市消费者选择购买可追溯猪肉的可能性更小。可能的原因在于，北京市消费者对可追溯食品或食品可追溯体系的整体认知水平更高，对可追溯猪肉的认识和购买选择也更加理性，相对而言更容易避免出现跟风购买等情况，因此北京市消费者更倾向于不购买可追溯猪肉。

五、本章小结

本章以可追溯猪肉为例，利用北京市、西安市实地调查的消费者问卷数据，分析信息源信任对消费者可追溯猪肉购买行为的影响，主要得出以下结论。

首先，消费者对可追溯食品的认知度整体不高，只有32.68%的消费者知道可追溯食品或食品可追溯体系，购买可追溯猪肉的更少，只有12.53%的消费者购买过可追溯猪肉，电视、网络、食品标签是消费者了解可追溯食品相关信息的3种主要渠道，年龄、学历、职业、家庭人口数、老人情况、收入水平、地区等因素是导致消费者可追溯食品认知水平呈现差异的重要原因。消费者对猪肉追溯信息发布方的整体信任度不高，只有47.67%的消费者认为当前市场上猪肉追溯信息的发布方是最真实可靠的，消费者对可追溯猪肉的消费信心整体较高，64.33%的消费者相信购买带有追溯标签猪肉比不带追溯标签猪肉的质量安全更有保障。

其次，信息源信任变量正向显著影响消费者对可追溯猪肉的消费信心，消费信心变量正向显著影响消费者对可追溯猪肉的购买行为，信息源信任通过直接影响消费者对可追溯猪肉的消费信心起到间接影响消费者可追溯猪肉购买行为的效果。另外忽略两个方程残差项之间的相关性，会低估信息源信任和消费信心变量对消费者可追溯猪肉购买行为的影响，但不会改变这两个变量的作用方向。收入水平、购买成员、购买场所、职业、地区等变量显著影响消费者对可追溯猪肉的购买行为。具体而言，高收入、作为家庭购买猪肉主要成员、主要在超市购买猪肉、非公务员和事业单位人员、地处西安市的消费者选择购买可追溯猪肉的可能性更大。

第六章　模拟情境下可追溯体系建设对消费者购买意愿的影响分析

剖析完猪肉质量安全问题频发背后的原因后，本章进一步分析可追溯体系建设对生猪产业链上各个利益主体行为选择的影响。以消费者行为理论为理论依据，分情况（现实情境下和模拟情境下）研究消费者对可追溯猪肉的行为选择的影响因素。本章旨在探究模拟情境下猪肉可追溯体系建设对消费者购买意愿的影响[①]。

一、研究依据与文献综述

食品安全是全球公共健康问题之一，也是我国急需解决的社会问题之一，频发的食品安全事件使公众对食品安全的满意度始终处于低谷。大量研究表明食品安全事件频发的一个重要原因在于食品供应链体系中各个环节信息不对称，而食品所具有的经验品和信任品属性加剧了信息的不对称程度。食品可追溯体系被认为是降低信息不对称的有效工具之一，是获得食品安全信息的重要途径。消费者作为食品可追溯体系的使用主体，其对食品安全信息的需求是推动可追溯体系实施的主要力量。已有的研究表明消费者对食品安全信息的需求是很迫切的，而没有将需求转化为购买的一个重要原因，是当前大多数可追溯食品的信息不能实现有效溯源，存在不可查、不全面、不可信等诸多问题，使消费者对企业行为和监管部门监督的正向预期不断下降，从对食品可追溯信息的需求转变为对信息来源的信任，因此，关于信息源信任的研究变得尤为重要。

猪肉可追溯体系涉及产业链长、主体多，其中消费者作为可追溯猪肉

① 本章内容主要是在本书作者指导的研究生孟晓芳毕业论文部分章节的基础上修改完善而成。

食品的使用主体，是推动猪肉可追溯体系实施的主要力量。大量研究表明，消费者对可追溯猪肉食品的需求是很迫切的（周应恒等，2008；吴林海等，2010），但是没有将需求转化为实际购买的原因：其一，消费者对猪肉食品的可追溯信息的需求是有差异的，而当前我国食品可追溯体系的安全信息较为单一，不能满足消费者多层次、多样化的需求；其二，当前我国猪肉可追溯体系存在政府主导和企业主导两种运行模式，其可追溯信息的建设标准不统一，且大多不能实现有效溯源，导致食品可追溯信息不可查、不全面、不可信等问题（刘增金等，2016），导致消费者对不同发布方发布的猪肉可追溯信息的信任程度不同。因此，基于不同追溯信息内容、发布方和发布渠道的情况下，研究消费者对可追溯猪肉的支付意愿具有很大的价值，尤其是不同层次可追溯信息信任对支付意愿的影响。

有研究指出，可追溯体系能够提高消费者的信任进而恢复消费信心，而消费信心的恢复会增强消费者的购买意愿。以食品行业为例，当发生了重大食品安全事件时，实现溯源对于企业形象与消费信心的恢复都有较大的作用。政府与食品生产、加工、销售企业是我国食品可追溯体系信息的主要来源，由于食品可追溯体系建设处于初级阶段，可追溯信息来源渠道多且查询到的信息不完整，使得消费者对信息信任产生差异，因此，研究消费者对可追溯信息来源的信任以及信息来源信任如何影响消费者购买可追溯食品的意愿是很有必要的。上海与济南是中国较早实施食品可追溯体系试点城市，多年的食品可追溯体系建设可以满足本研究的需求，同时猪肉是我国城镇居民日常饮食必不可少的食物，因此本章以猪肉产品为例，通过上海与济南消费者问卷数据，研究信息源信任与消费者可追溯猪肉购买意愿之间的作用关系，以期为我国食品可追溯体系推进建设提供参考建议。

此外，梳理相关文献发现，消费者倾向于购买具有质量安全保障的食品，健康信息对消费者支付意愿的影响较明显（高原等，2014；Martinez等，2011）。消费者支付意愿的研究大多集中于消费者对可追溯猪肉食品的认知、平均支付意愿及影响因素的研究上，其中学历、收入、年龄等因素对可追溯猪肉的认知存在显著影响（吴天真，2015）。此外，认知不同的消费者平均支付意愿也会有差异（吴林海等，2013），消费者对可追溯食品的认知越高，其为可追溯食品支付额外价格的可能性越大（刘增金等，2016），不同地区、不同收入水平的消费者的平均支付意愿不同，收入水平越高，越愿意为可追溯食品支付额外价格（Schiffman，2003）。猪肉供应链上容易出现质量安全问题有以下环节：一是饲养环节，滥用抗生素和非法添加剂；二是屠宰环节，操作环境不卫生、不检疫让病死猪流入市场；三是销售环节，保存不当、保鲜不到位等都有可能导致质量安全事件。基于此，也有部分学者针对不同安全信息的对消费者可追溯猪肉支付意愿的影响进行研究（朱冬静等，2017；井淼等，2013），但结论的可靠性与普适性有待于进一步检验（刘增金等，2017）。有学者指出当前食品可追溯体系未取得实质性进展，一个很重要的原因是消费者对可追溯信息的不信任（纪诗奇，2013；张蓓，2014），究其根本就是消费者对不同发布方的信任不同。相比于其他发布方，消费者还是比较信赖政府机构（史燕伟等，2015）。因此，本章以可追溯猪肉产品为例，将不同追溯信息层次、不同发布方和不同发布渠道相结合，设置8个模拟情境，研究在不同情景下消费者对可追溯猪肉的支付意愿及影响因素，重点考察追溯信息信任对消费者可追溯猪肉支付意愿的影响差异，最终提出相关对策建议。

二、信息源信任对消费者原产地可追溯猪肉购买意愿的影响

（一）数据来源与样本说明

本研究数据主要源于2017年6—7月对上海市浦东、闵行、宝山、松江、普陀、嘉定、杨浦、静安、徐汇、奉贤、黄浦、虹口、长宁等13个城区，以及济南市天桥、历城、历下、市中、槐荫等5个区进行的调研，经过筛选最终获得1 009份有效问卷，其中上海市586份，济南市423份。调查对象的选取采用随机抽样，按照面对面访问的形式进行调查。为保证问卷质量，对填答不完整、回答前后矛盾的问卷予以剔除。

调查样本基本特征如表6-1所示。从性别来看女性受访者要高于男性，占总样本数的65.31%，这与女性作为家庭主要购买者有关；从年龄看，30岁以下年龄段的受访者最多，比例为29.44%，其次为31～40岁，比例为25.77%，41～50岁、51～60岁、61～70岁及71岁以上这4个年

龄段的受访者比例分别为16.45%、15.06%、10.70%及2.58%；从户籍分布看，受访者中所有人都为常住人口，拥有上海与济南户籍的受访者占57.88%；从学历分布来看，大多集中在中专/高中与本科，分别占24.98%与23.49%，研究生学历的人数较少，仅占3.47%；从职业看，最多的为企业员工，其次是退休人员分别占29.14%与16.96%；从收入水平看，27.45%的受访者个人月平均收入（税后）在0～2 999元，34.49%的受访者个人月平均收入在3 000～4 999元，27.75%的受访者个人月平均收入在5 000～9 999元，收入水平在10 000～19 999元和20 000元及以上的受访者比例分别为6.54%和3.77%；从家庭人口数看，73.34%为3～5口之家；从小孩情况看，有15周岁以下小孩的家庭占47.77%，这其中多数家庭只有1个小孩，占总样本数的40.83%；从老人情况看，有60周岁及以上老人的家庭占29.93%，这其中多数家庭有2位老人，占总样本数的15.06%。

表6-1 样本基本特征

项目	类别	频数	比例（%）
性别	男	350	34.69
	女	659	65.31
年龄	30岁以下	297	29.44
	31～40岁	260	25.77
	41～50岁	166	16.45
	51～60岁	152	15.06
	61～70岁	108	10.70
	71岁以上	26	2.58
籍贯	本地	584	57.88
	外地	425	42.03
学历	小学及以下	129	12.78
	初中	182	18.04
	中专、高中	252	24.98
	专科	174	17.24
	本科	237	23.49
	研究生	35	3.47

（续）

项目	类别	频数	比例（%）
职业	企业员工	294	29.14
	公务员	10	0.99
	事业单位员工	117	11.60
	个体私营户	129	12.78
	农村进城务工人员	78	7.73
	无业、失业或半失业人员	64	6.34
	退休	183	16.96
	其他	134	13.28
收入	0～2 999 元	277	27.45
	3 000～4 999 元	348	34.49
	5 000～9 999 元	280	27.75
	10 000～19 999 元	66	6.54
	20 000 元及以上	38	3.77
家庭人口总数	1 人	49	4.86
	2 人	158	15.66
	3 人	350	34.69
	4 人	223	22.10
	5 人	167	16.55
	6 人及以上	62	6.14
小孩人数	0 人	527	52.23
	1 人	412	40.83
	2 人及以上	70	6.94
老人人数	0 人	707	70.07
	1 人	150	14.87
	2 人及以上	152	15.06

（二）描述性统计分析

1. 消费者对可追溯食品认知、消费信心与购买意愿分析

在 1 009 位受访者中，知道“可追溯食品”或“食品可追溯体系”的消费者为 309 人，占总样本数的 30.72%，可见大多数消费者对食品可追

溯体系或可追溯食品认知度较低。对于知道的这部分消费者，主要是通过网络、电视与食品标签了解到可追溯食品相关信息，分别占27.95%、25.05%%、24.84%，而报纸杂志、广播、小区宣传栏仅占6.21%、5.59%、2.48%。以问题“您是否相信带追溯标签的猪肉比不带追溯标签的猪肉的质量安全更有保障?”来研究消费者对可追溯猪肉的消费信心。调查发现，选择“非常相信”与“比较相信”的消费者占比分别为23.95%、43.69%，表示“一般相信”“不太相信”“很不相信”的人分别占24.27%、6.15%、1.94%，可见消费者对可追溯猪肉的消费信心整体较高。

通过情境模拟对消费者进行信息强化，即“假设市场售卖一种可追溯猪肉，与普通猪肉不同的是：它可以跟踪和记录生猪养殖、生猪屠宰加工和猪肉销售等环节的基本信息，追溯信息由政府可追溯系统平台统一发布，消费者可以利用购物小票或产品标签上的追溯码，通过查询机、网络、电话等渠道，查询到生猪屠宰加工企业、生猪原产地等信息；当出现质量安全问题时，可通过原产地档案查询到养殖场户等详细信息”。据此向受访者提出“假如市场上既有这种可追溯猪肉又有普通猪肉，在二者价格相同的条件下，您是否会刻意购买这种可追溯猪肉?”，87.4%的受访者表示会刻意购买，12.6%的受访者表示不会刻意购买，可以看出消费者对可追溯猪肉有较高的购买意愿。

2. 消费者对可追溯猪肉信息源认知与信任分析

本研究选取了309位表示知道可追溯食品或食品可追溯体系的消费者，进而研究消费者对可追溯猪肉的信息源信任。首先通过“您认为当前市场上可追溯猪肉查询到的追溯信息主要是由谁发布的”这一问题来反映消费者对可追溯猪肉的信息源认知。调查发现，42.72%的受访者认为是由政府发布，20.39%的受访者认为是由屠宰加工企业发布的，30.10%的受访者认为市场上查询到的猪肉追溯信息是由销售商发布的，6.80%的受访者认为是由其他主体发布（如第三方认证机构等）。又通过“您认为由谁发布的猪肉追溯查询信息最真实可靠?”这一问题来反映消费者对可追溯猪肉的信息源信任。调查发现，68.93%的受访者认为政府发布的猪肉追溯查询信息最真实可靠，而只有14.89%、10.68%和5.50% 的受访者认为由屠宰加工企业、猪肉销售商或其他主体发布的猪肉追溯信息是最真实可靠的。通过对比受访者对两个问题的回答发现，42.72%的受访者认为市场上查询到的猪肉追溯信息由政府发布，而68.93%的受访者认为政府发布的猪肉追溯信息最真实可靠，这一反差也反映出消费者认为当前市场上的猪肉信息来源并不可靠（表6-2）。

表6-2　消费者对可追溯猪肉信息源的认知与信任

项目	认为市场上查询到的猪肉追溯信息由谁发布		认为由谁发布猪肉追溯信息最真实可靠	
	样本数	比例（%）	样本数	比例（%）
政府	132	42.72	213	68.93
屠宰加工企业	63	20.39	46	14.89
猪肉销售商	93	30.10	33	10.68
其他	21	6.80	17	5.50
合计	309	100.0	309	100.0

（三）模型构建与变量选择

1. 模型构建

为了研究信息源信任变量通过影响消费者对可追溯猪肉的消费信心进而影响购买意愿，根据上述的理论模型，假定模型的残差项服从标准正态分布，设立式（6-1）（6-2）两个二元Probit模型，构成双变量Probit模型。考虑到信息源信任与消费信心变量可能会直接影响消费者的购买意愿，设立式（6-3）二元Probit模型：

$$Y=f_1（C，I，H，P，F，\mu_1）\qquad（6-1）$$

$$C=f_2（T，I，H，P，F，\mu_2）\qquad（6-2）$$

$$Y=f_3（C，T，I，H，P，F，\mu_3）\qquad（6-3）$$

式中：Y表示消费者对可追溯猪肉的购买意愿（会刻意购买=1，不会刻意购买=0）。C表示消费者对可追溯猪肉的消费信心（非常信任、比较信任=1，其他=0）。T表示信息源信任；I表示收入水平（个人月平均收入）；H表示消费习惯（购买比重、是否为主要购买者与购买地点）；P表示基本特征（学历、性别、籍贯、工作、年龄）；F表示社会特征

（小孩与老人、家庭人数）；μ_1、μ_2、μ_3 为残差项。

2. 变量选择

以往研究影响消费者购买意愿的因素时，常按照文化因素、社会因素、心理因素以及个人特征因素来划分，考虑到所选取影响因素的全面性，本研究又将个人因素细化为消费习惯、基本特征及经济因素，具体如下所示。

文化因素主要指学历。学历的高低可能会影响消费者对可追溯猪肉的认知，进而增强购买意愿。因此，本研究将学历变量纳入模型，预期消费者的学历对可追溯猪肉的购买意愿有显著影响。

社会特征主要指小孩与老人的情况。在我国的家庭中，小孩和老人属于受关爱者，尤其是在食品方面需要更健康的保障。在以往的研究中这两个因素会显著影响消费者购买意愿。因此将家庭中有小孩或者老人变量纳入模型，预期作用方向不确定。

心理因素主要指消费信心与信息源信任。消费者通过对信息源的信任可以得出对信息可靠性的判断，进而影响其对可追溯猪肉的消费信心，并增强购买意愿。本研究将上述两个心理因素变量纳入模型，预期信息源信任变量显著影响消费信心，消费信心变量显著影响消费者可追溯猪肉的购买意愿。

经济因素指个人月平均收入。收入水平可以反映出消费者的经济能力，也是研究消费行为的一个重要因素，但考虑到猪肉具有生活必需品特征，因此也不排除并不显著影响消费者对可追溯猪肉的购买意愿。

消费习惯指猪肉购买比重、是否为家庭中主要购买者与购买地点。家庭中猪肉购买比重越高，说明猪肉在日常生活中是必需品，消费者会更加重视质量安全问题。因此将购买比重变量纳入模型，预期购买比重变量会影响消费者的购买意愿；家庭中的主要购买者往往对食品质量安全问题更关注，因此将主要购买者变量纳入模型，作用方向不好解释和预期；如今超市成为主要的售卖场所，特别在大城市，因此将购买地点纳入模型，其作用方向不好解释和预期。

个人特征指性别、年龄、籍贯、工作。个体的基本特征在消费者行为实证研究中是被广泛考虑和纳入模型的因素，因此本研究将年龄变量纳入模型，预期年龄变量会显著影响消费者的购买意愿。性别、籍贯、工作也是易被考虑的因素，但其作用方向不好解释和预期。

最后加入了地区控制变量，其能否对消费者购买意愿产生显著影响，作用方向不好解释和预期。

模型中自变量定义与研究假设如表 6-3 所示。

表 6-3　变量设置与研究假设

变量名称	赋值与含义	均值	标准差
消费信心	非常、比较相信 =1，一般、不太、很不相信 =0	2.07	0.98
信息源信任	可追溯信息发布方是否可靠：是 =1，否 =0	1.45	0.86
收入水平	实际收入（元）	17 598.96	36 970.46
购买比重	10%以下=1，10%～29%=2，30%～49%=3，50%～69%=4，70%及以上=5	3.33	1.25
主要购买者	是否为猪肉的主要购买者：是=1，否=0	1.38	0.49
购买地点	超市是否为猪肉主要购买地：是=1，否=0	0.36	0.48
性别	男=1，女=0	1.65	0.48
年龄	实际年龄（岁）	41.72	15.11
户籍	本地=1，外地 =0	1.42	0.49
学历	小学及以下=1，初中=2，中专/高中=3，专科=4，本科=5，研究生=6	0.44	0.50
工作	公务员、事业单位人员：是 =1，否 =0	0.13	0.33
家庭人数	实际人数（人）	3.52	1.34
小孩	是否有 15 岁以下小孩：是=1，否=0	0.48	0.50
老人	是否有 60 岁以上老人：是=1，否=0	0.30	0.46
地区	上海=1，济南=0	0.58	0.49

（四）模型估计结果与分析

本研究选用 Stata13.0 软件，对上述式（6-1）和式（6-2）两个方程采用有限信息极大似然估计法进行联立估计，结果见表 6-4，模型一中 Hausman 检验似然值的相应 P 值为 0.131 3，接近 10%的显著性水平，说明上述两个方程的残差项并不存在严重的相关性。若两个方程的残差项之间存在相关性，则采用单一方程估计法并不是最有效率的。本研究对上述两个方程进行联立估计，采用有限信息极大似然估计法，即两个方程构成双变量 Probit 模型。需要说明的是，模型估计仅选取 309 个样本量的原因是：只有分析知道“可追溯食品”或“食品可追溯体系”的受访者对研究可追溯猪肉购买意愿才更加具有现实意义，因此模型一和模型二的样本量也只有 309 个。通过伪 R^2、LR 似然值及其 P 值可知，模型的拟合优度和变量整体显著性都很好。

表 6-4 模型估计结果

变量名称	模型一				模型二	
	购买意愿		消费信心		购买意愿	
	系数	Z值	系数	Z值	系数	Z值
消费信心	−1.098 9***	−10.09	—	—	1.536 3***	3.84
信息源信任	—	—	0.451 7***	2.84	−0.470 1	−1.2
收入水平	5.02e−06	1.13	−1.32e−06	−0.69	0.000 0	1.17
购买比重	0.128 7*	1.82	0.076 9	1.09	0.213 3	1.24
主要购买者	0.028 9	0.17	−0.071 2	−0.40	0.410 1	0.95
购买地点	−0.016 8	−0.10	−0.066 5	−0.38	0.051 7	0.13
性别	−0.046 3	−0.28	−0.185 2	−1.08	0.005 4	0.01
年龄	0.027 4***	3.78	0.017 0**	2.36	0.064 7***	3.19
户籍	0.223 3	1.38	0.347 9**	2.06	−0.457 5	−1.06
学历	0.151 5**	2.24	0.103 4	1.53	0.422 8**	2.41
职业	0.004 8	0.02	−0.038 0	−0.17	−0.243 7	−0.44
家庭人数	−0.031 7	−0.42	−0.011 4	−0.15	−0.028 6	−0.16
小孩情况	0.022 7	0.13	−0.111 3	−0.61	0.004 3	0.01
老人情况	0.032 3	0.18	−0.096 9	−0.53	0.442 0	0.96
地区	0.021 2	0.11	0.033 8	0.17	0.142 6	0.3
常数项	−0.764 8	−1.16	−0.871 4	−1.31	−3.862 8**	−2.38
rho/Pseudo R^2	0.131 3				0.184 6	
Wald chi^2/LR chi^2	131.04				43.25	
Prob>chi^2	0.000 0				0.000 1	
Number of obs	309				309	

注：*、**、***分别表示 10%、5%、1% 的显著性水平。

第一，从模型一结果可看出，信息源信任变量正向显著影响消费信心，与预期的作用方向一致，即认为当前市场上猪肉追溯信息发布方是真实可靠的消费者消费信心更高；除信息源信任变量外，年龄、户籍变量也正向显著影响消费信心，具体而言，年长者与本地的消费者的消费信心更高。消费信心变量负向显著影响购买意愿，与预期作用方向不符，即对可追溯猪肉消费信心高的消费者反而不会刻意购买可追溯猪肉。出现这一结果的原因可能是对于知道食品可追溯体系或可追溯食品的这部分消费者，对我国现阶段可追溯食品信息的溯源情况较为了解，虽然对可追溯猪肉的消费信心较高，但考虑到所查询的猪肉可追溯信息发布主体多且某些关键环节的信息甚至查询不到等问题，导致消费者不会刻意去购买可追溯猪肉。

第二，购买比重变量正向显著影响消费者购买意愿。即家庭中猪肉购买比重越高的消费者会刻意选择购买可追溯猪肉的可能性越高。这说明猪肉消费量较高的家庭，将猪肉视为日常生活饮食中的必需品，消费者对猪肉质量安全问题更加关注，会刻意选择购买可追溯猪肉的可能性就越高。

第三，消费者的年龄、学历正向显著影响购买意愿。即年长者、学历高的消费者会刻意选择购买可追溯猪肉的可能性更高。本研究认为年长者较为注重自身健康安全，在购买猪肉等肉类食品时更多考虑的是所购买的食品是否安全可靠，因此会刻意选择购买可追溯猪肉的可能性要高；而受教育程度高的消费者，其对食品质量安全重要程度有更充分的认识，会刻意选择购买可追溯猪肉的可能性更大。

第四，从模型估计结果可看出，消费信心变量正向显著影响购买意愿，信息源信任变量没有显著影响购买意愿，这很好地验证了本研究假设，即信息源信任变量不直接影响消费者对可追溯猪肉的购买意愿，而是通过影响消费者的消费信心，进而影响消费者对可追溯猪肉的购买意愿。

三、追溯信息信任对消费者可追溯猪肉支付意愿的影响

（一）研究方案设计与模型构建

1. 研究方案设计

消费者偏好包括显示性偏好和陈述性偏好（朱虹，2011），显示性偏

好可由直接观察消费者的购买行为来获取，陈述性偏好只能由消费者表达自己的意愿来获取。Lancaster（1966）的效用理论认为，商品的效用并非直接来源于商品本身，而是源自商品所具有的各种属性。因此可追溯食品可被视为由多种信息属性组合而成，而消费者的效用就是源自信息属性与属性层次的有机组合。已有的研究表明，包罗所有信息的“凯迪拉克”式的可追溯食品并不是市场需求最大的（金玉芳等，2004），消费者对食品安全信息的需求是有差异的。而当前我国猪肉可追溯体系的可追溯信息较为单一，没有将不同追溯层次的信息、不同发布方和不同发布渠道相结合，不能满足消费者多层次、多样化的需求。因此本研究做以下方案设计。

本研究采用假想价值评估法（CVM）研究消费者对可追溯猪肉的支付意愿（WTP）。考虑到不少消费者对可追溯猪肉的认知不高，首先对受访者进行信息强化：与普通猪肉相比，可追溯猪肉可以对生猪养殖、生猪屠宰加工和猪肉销售等环节的基本信息进行查询，查询到的内容主要包括猪肉批发商、生猪屠宰加工企业、生猪原产地等信息；并且，若出现质量安全问题，可对问题猪肉进行召回并进行相应的索赔。

对受访者进行信息强化后，本研究假设了 8 个具有不同信息属性的情景，其中设置可追溯信息查询环节为两个，分别是生猪屠宰环节和生猪养殖环节；设置信息的发布方为两个，分别是政府和生产经营者；查询的方式主要设置了手机/网站查询和购买场所查询机两种查询方式。情景 1 到情景 4 设置为可追溯到生猪的屠宰环节信息，情景 5 到情景 8 设置为可追溯到生猪养殖环节信息。

假设的情景为：假设在您购买猪肉的主要场所，销售一种可追溯猪肉，它和普通猪肉的区别在于，它可以追溯到生猪屠宰环节（生猪养殖环节）的基本信息，追溯信息通过政府（企业）可追溯系统平台发布，消费者利用购物小票或产品标签上的追溯码并通过手机或网站（购买场所查询机）可查询到生猪屠宰直至销售环节的信息；并且，若出现质量安全问题，有关部门可对问题猪肉进行召回，消费者可进行相应的索赔。通过对比 8 种模拟情景，来研究受访者在不同情景模拟下追溯信息信任对支付意愿的影响，以及不同模拟情景下消费者支付意愿的差别（表 6－5）。

表 6-5 情景假设情况

可追溯环节	信息发布方	查询方式	情景假设
生猪屠宰环节	政府	手机/网站查询	情景假设 1
	政府	查询机查询	情景假设 2
	生产经营者	手机/网站查询	情景假设 3
	生产经营者	查询机查询	情景假设 4
生猪养殖环节	政府	手机/网站查询	情景假设 5
	政府	查询机查询	情景假设 6
	生产经营者	手机/网站查询	情景假设 7
	生产经营者	查询机查询	情景假设 8

本研究选用二分选择法来引导消费者对可追溯猪肉的支付意愿，只需受访者对不同价格的商品选择“愿意”或者“不愿意”做回答，即当为受访者模拟完情景后，询问受访者“与普通猪肉相比，您是否愿意为可追溯猪肉额外支付 x 元/千克的价格?”。针对不同的子样本给予不同的投标价格（0.5 元/千克、1 元/千克、2 元/千克、3 元/千克、5 元/千克五个价格水平），以便验证随着标的物价格提高，回答愿意的比例不断下降。在 501 份有效问卷中，投标价格为 0.5 元的问卷 100 份，1 元的 100 份，2 元的 100 份，3 元的 100 份，5 元的 101 份。

2. 模型构建与变量选择

消费者对可追溯猪肉的支付意愿有“愿意”和“不愿意”两种选择，是典型的二分选择问题（Han 等，2005）。依据效用最大化原则，当市场上同时存在普通猪肉和可追溯猪肉的情况下，若消费者选择购买可追溯猪肉，则意味着相比普通猪肉，可追溯猪肉能给消费者带来更大的效用。据此，构建如下二元 Logit 模型。

$$\ln\left[\frac{P\ (Y=1)}{1-P\ (Y=1)}\right]=a+bZ+cTP+\varepsilon$$

式中：a 为常数项，b 为自变量系数，ε 为残差项，TP 表示可追溯猪肉的投标价格；Z 表示影响消费者效用的因素，即影响消费者支付意愿的因素。通过模型估计结果可以求出消费者对可追溯猪肉的平均支付意愿，计算公式如下：

$$E\ (WTP)=-\frac{a+bZ}{c}$$

依据效用理论、消费者行为理论以及已有文献的研究结果，本研究选取了价格、收入、心理、认知、消费习惯、个体特征、家庭特征等几个方面因素，以求更全面分析影响消费者可追溯猪肉支付意愿的因素，以更准确计算出消费者的平均支付意愿。

首先是价格和收入因素的影响。价格因素包括投标价格变量。价格是影响消费者是否愿意购买可追溯猪肉的主要因素。就猪肉本身而言，具有低需求价格弹性，但就可追溯猪肉而言，价格的上涨会使消费者转而购买普通猪肉，具有较高的价格需求弹性。因此，预期价格越高，消费者愿意购买可追溯猪肉的可能性越低。收入因素包括家庭年收入变量。收入是影响消费者是否愿意购买可追溯猪肉的重要因素。预期消费者家庭年收入越高，消费者愿意购买可追溯猪肉的可能性越高。

其次是心理因素。包括猪肉质量安全放心程度、猪肉质量安全关注程度及猪肉可追溯信息信任变量。建设猪肉可追溯体系的一个重要价值在于保障猪肉食品质量安全，预期对自己所购买猪肉质量安全放心程度不高的消费者，更倾向于愿意购买可追溯猪肉。频发的食品安全事件导致消费者在购买猪肉时十分注意质量安全问题，预期对猪肉质量安全关注度越高的消费者，愿意购买可追溯猪肉的可能性越高。消费者对猪肉可追溯信息的信任可以增强消费信心进而产生购买行为，预期对猪肉可追溯信息越信任的消费者，其购买可追溯猪肉的可能性越高。

第三是认知因素。包括可追溯猪肉认知变量。对于知道“可追溯食品”或者“食品可追溯体系”的消费者，比较了解猪肉可追溯体系在保障猪肉质量安全方面的作用，因此预期认知度越高的受访者其愿意购买可追溯猪肉的可能性越高。

第四是消费习惯因素的影响。主要包括购买比重、购买成员和购买场所三个因素。家庭中猪肉购买比重越高，说明猪肉在日常生活中是必需品，消费者会更加重视质量安全问题。因此将购买比重变量纳入模型，预期购买比重变量会正向显著影响消费者的支付意愿。家庭中的主要购买者，往往对食品质量安全问题更关注，因此将购买成员变量纳入模型，预期购买成员变量会正向显著影响消费者的支付意愿。如今超市成为主要的售卖场所，特别在大城市，因此将购买地点纳入模型，其作用方向不好解释和预期。

第五是个体特征和家庭特征因素的影响。个体的基本特征和家庭特征在消费者行为实证研究中是被广泛考虑和纳入模型的因素。首先是个体特征因素，包括年龄、性别、学历、籍贯变量，预期性别、年龄变量会显著影响消费者的支付意愿。学历、籍贯也是易被考虑的因素，但其作用方向不好解释和预期。其次家庭特征因素，包括家庭孕妇情况、小孩情况、老人情况变量。预期家庭中有孕妇、小孩、老人的受访者，其愿意购买可追溯猪肉的可能性要高。

模型自变量及其定义如表 6－6 所示。

表 6－6　情景假设情况

变量名称	赋值与含义	均值	标准差
投标价格	投标价格：0.5，1，2，4，5（单位：元/千克）	2.31	1.60
性别	男＝1，女＝0	0.29	0.45
年龄	实际年龄（岁）	36.25	12.83
户籍	本地＝1，外地 ＝0	0.38	0.48
学历	小学及以下＝1，初中＝2，中专/高中＝3，专科＝4，本科＝5，研究生＝6	3.74	1.29
孕妇	是＝1，否＝0	0.08	0.27
小孩	是否有 15 岁以下小孩：是＝1，否＝0	0.53	0.50
老人	是否有 60 岁以上老人：是＝1，否＝0	0.70	0.46
家庭年收入	5 万以下＝1，6 万～10 万＝2，11 万～15 万＝3，16 万～20 万＝4，21 万～30 万＝5，31 万～50 万＝6，50 万以上＝7	3.27	1.55
购买成员	是否为猪肉的主要购买者：是＝1，否＝0	0.56	0.50
购买比重	50%及以上＝1，其他＝0	0.35	0.48
关注程度	选购猪肉时对猪肉的质量安全状况：非常放心、比较放心＝1，一般放心、不太放心、很不放心＝0	0.67	0.47
放心程度	所购买的猪肉质量安全：非常放心、比较放心＝1，一般放心、不太放心、很不放心＝0	0.54	0.50

（续）

变量名称	赋值与含义	均值	标准差
购买场所	超市是否为猪肉主要购买地：是=1，否=0	0.73	0.44
可追溯认知	是否知道“可追溯食品”或“食品可追溯体系”：是=1，否=0	0.23	0.42
追溯信息信任	与普通猪肉相比对可追溯猪肉：非常信任、比较信任=1，一般信任、不太信任、很不信任=0	0.77	0.42

（二）数据来源与样本描述分析

1. 数据来源与样本说明

本研究数据主要源于2018年10—11月对上海市浦东、闵行、宝山、松江、普陀、嘉定、杨浦、静安、徐汇、奉贤、黄浦、虹口、长宁等13个城区的猪肉消费者进行的调研，共发放550份问卷，最终获得501份有效问卷。调查对象的选取采用随机抽样，采用面对面访问的形式进行调查，调查人员为上海海洋大学经济管理学院的硕士研究生。为确保问卷调查质量，在正式调研之前进行了培训和预调研。

样本基本特征如表6-7所示。

表6-7　样本基本特征

项目	类别	频数	比例（%）
性别	男	146	29.14
	女	355	70.86
年龄	20岁以下	18	3.59
	20～29岁	168	33.53
	30～39岁	161	32.14
	40～49岁	59	11.78
	50～59岁	106	21.16
	60岁及以上	45	8.98

（续）

项目	类别	频数	比例（%）
籍贯	本地	188	37.52
	外地	313	62.47
学历	小学及以下	17	3.39
	初中	83	16.57
	中专/高中	120	23.95
	专科	104	20.76
	本科	148	29.54
	研究生及以上	29	5.79
收入	5万以下	55	10.98
	6万～10万	129	25.75
	11万～15万	118	23.55
	16万～20万	92	18.36
	21万～30万	55	10.98
	31万～50万	36	7.19
	50万以上	16	3.19
孕妇情况	有	40	7.98
	没有	461	92.02
小孩情况	有	265	52.89
	没有	236	47.11
老人情况	有	350	69.86
	没有	151	30.14

2. 消费者对可追溯猪肉的认知与追溯信息信任

调查发现，在501位受访者中知道“可追溯食品”或“食品可追溯体系”的仅116人，占总样本数的23.15%。本研究通过模拟8个不同猪肉可追溯信息组合情景，以问题“与普通猪肉相比，您对这种可追溯猪肉的信任程度如何?”这一问题来反映在不同猪肉追溯信息模拟情景下消费者信息信任情况。

表 6－8　不同猪肉追溯信息模拟情景下消费者信息信任情况

<table>
<tr><th>假设情景</th><th colspan="4">信任程度</th></tr>
<tr><td rowspan="3">情景 1：
追溯环节：生猪屠宰环节
信息发布方：政府发布
查询方式：手机/网站查询</td><td colspan="2">非常信任、比较信任</td><td colspan="2">一般信任、不太信任、很不信任</td></tr>
<tr><td>样本数</td><td>比例（%）</td><td>样本数</td><td>比例（%）</td></tr>
<tr><td>388</td><td>77.45</td><td>113</td><td>22.55</td></tr>
<tr><td rowspan="3">情景 2：
追溯环节：生猪屠宰环节
信息发布方：政府发布
查询方式：购买场所查询机查询</td><td colspan="2">非常信任、比较信任</td><td colspan="2">一般信任、不太信任、很不信任</td></tr>
<tr><td>样本数</td><td>比例（%）</td><td>样本数</td><td>比例（%）</td></tr>
<tr><td>346</td><td>69.06</td><td>155</td><td>30.94</td></tr>
<tr><td rowspan="3">情景 3：
追溯环节：生猪屠宰环节
信息发布方：生产经营者发布
查询方式：手机/网站查询</td><td colspan="2">非常信任、比较信任</td><td colspan="2">一般信任、不太信任、很不信任</td></tr>
<tr><td>样本数</td><td>比例（%）</td><td>样本数</td><td>比例（%）</td></tr>
<tr><td>71</td><td>14.17</td><td>430</td><td>85.83</td></tr>
<tr><td rowspan="3">情景 4：
追溯环节：生猪屠宰环节
信息发布方：生产经营者发布
查询方式：购买场所查询机查询</td><td colspan="2">非常信任、比较信任</td><td colspan="2">一般信任、不太信任、很不信任</td></tr>
<tr><td>样本数</td><td>比例（%）</td><td>样本数</td><td>比例（%）</td></tr>
<tr><td>70</td><td>13.97</td><td>431</td><td>86.03</td></tr>
<tr><td rowspan="3">情景 5：
追溯环节：生猪养殖环节
信息发布方：政府发布
查询方式：手机/网站查询</td><td colspan="2">非常信任、比较信任</td><td colspan="2">一般信任、不太信任、很不信任</td></tr>
<tr><td>样本数</td><td>比例（%）</td><td>样本数</td><td>比例（%）</td></tr>
<tr><td>439</td><td>87.62</td><td>62</td><td>12.38</td></tr>
<tr><td rowspan="3">情景 6：
追溯环节：生猪养殖环节
信息发布方：政府发布
查询方式：购买场所查询机查询</td><td colspan="2">非常信任、比较信任</td><td colspan="2">一般信任、不太信任、很不信任</td></tr>
<tr><td>样本数</td><td>比例（%）</td><td>样本数</td><td>比例（%）</td></tr>
<tr><td>413</td><td>82.44</td><td>88</td><td>17.56</td></tr>
<tr><td rowspan="3">情景 7：
追溯环节：生猪养殖环节
信息发布方：生产经营者发布
查询方式：手机/网站查询</td><td colspan="2">非常信任、比较信任</td><td colspan="2">一般信任、不太信任、很不信任</td></tr>
<tr><td>样本数</td><td>比例（%）</td><td>样本数</td><td>比例（%）</td></tr>
<tr><td>79</td><td>15.77</td><td>422</td><td>84.23</td></tr>
<tr><td rowspan="3">情景 8：
追溯环节：生猪养殖环节
信息发布方：生产经营者发布
查询方式：购买场所查询机查询</td><td colspan="2">非常信任、比较信任</td><td colspan="2">一般信任、不太信任、很不信任</td></tr>
<tr><td>样本数</td><td>比例（%）</td><td>样本数</td><td>比例（%）</td></tr>
<tr><td>77</td><td>15.37</td><td>424</td><td>84.63</td></tr>
</table>

首先受访者对情景假设5信任程度最高，表示非常信任、比较信任的受访者占样本总数的87.62%，即消费者对信息可以追溯到养殖环节，并且信息的发布主体为政府，通过手机/网站进行查询的可追溯猪肉信息最为信任。对假设情景6表示非常信任、比较信任的受访者占82.44%，即消费者对信息可以追溯到养殖环节，并且信息的发布主体为政府，通过购买场所查询机进行查询的可追溯猪肉信息较为信任。

其次是对追溯到生猪屠宰环节，政府发布的信息较为信任。其中对情景1表示非常信任、比较信任的受访者占样本总数的77.45%，即消费者对信息可以追溯到生猪屠宰环节，并且信息的发布方为政府，通过手机/网站进行查询的可追溯猪肉信息较为信任。对假设情景2表示非常信任、比较信任的受访者占69.06%，即消费者对信息可以追溯到生猪屠宰环节，并且信息的发布方为政府，通过购买场所查询机进行查询的可追溯猪肉信息较为信任。

第三是受访者对追溯到生猪屠宰环节，生产经营者发布的信息信任度最低。其中情景3表示非常信任、比较信任的受访者仅占样本总数14.17%，即消费者对信息可以追溯到屠宰环节，且信息的发布主体为生产经营者，通过手机/网站进行查询的可追溯猪肉信息的信任度较低。对假设情景4表示非常信任、比较信任的受访者占13.97%，即消费者对信息可以追溯到屠宰环节，且信息的发布主体为生产经营者，通过购买场所查询机进行查询的可追溯猪肉信息信任度较低。

最后是消费者对追溯到生猪养殖环节，生产经营者发布的信息信任度相对较低。其中对情景7表示非常信任、比较信任的受访者占样本总数的15.77%，即消费者对信息可以追溯到生猪养殖环节，并且信息的发布方为生产经营者，通过手机/网站进行查询的可追溯猪肉信息信任度较低。对假设情景8表示非常信任、比较信任的受访者仅占15.37%，即消费者对信息可以追溯到生猪养殖环节，并且信息的发布方为生产经营者，通过购买场所查询机进行查询的可追溯猪肉信息信任度较低。

通过8个模拟情景对比分析发现，相比追溯环节，消费者更信任可以追溯到养殖环节的信息；相比信息发布方，消费者对政府发布的信息最为信任；相比查询方式，消费者更愿意使用手机/网站进行查询。因此可以概括为消费者对追溯到生猪养殖环节、政府发布、手机/网站查询的猪肉追溯信息组合最为信任。

（三）模型估计结果与分析

本研究利用Stata13.0软件对8个模型进行估计，估计结果如表6－9所示。由模型的伪R^2、LR似然值及其P值可知，模型的拟合优度和变量整体显著性都很好。

表6－9　模型估计结果

变量名称	模型一		模型二		模型三		模型四	
	情景1		情景2		情景3		情景4	
	系数	Z值	系数	Z值	系数	Z值	系数	Z值
投标价格	−0.916 41***	−10.36	−0.851 57***	−10.04	−1.221 09***	−9.42	−1.478 29***	−8.88
性别	−0.359 68	−1.36	−0.534 93**	−2.12	0.087 147	0.31	−0.074 93	−0.25
年龄	−0.008 88	−0.71	−0.004 22	−0.35	−0.028 58**	−2.08	−0.007 54	−0.52
户籍	−0.047 17	−0.17	0.467 116 *	1.74	0.042 848	0.14	0.271 298	0.82
学历	−0.067 92	−0.56	0.099 199	0.88	−0.131 33	−1.09	−0.049 76	−0.38
孕妇情况	0.224 259	0.50	0.196 873	0.47	0.032 432	0.07	−0.181 86	−0.35
小孩情况	−0.263 94	−1.07	−0.121 93	−0.52	0.025 022	0.10	0.131 79	0.46
老人情况	0.350 67	1.33	0.191 09	0.77	−0.040 59	−0.15	−0.035 59	−0.12
家庭年收入	0.145 423 *	1.67	0.049 861	0.61	−0.113 63	−1.25	−0.050 52	−0.52
购买成员	−0.112	−0.42	−0.217 3	−0.87	−0.539 81**	−1.97	−0.841 5***	−2.82
购买比重	0.301 949	1.16	0.282 311	1.15	0.178 118	0.66	0.320 158	1.10
关注程度	−0.075 99	−0.28	−0.290 37	−1.16	0.089 879	0.34	0.075 827	0.26
放心程度	0.212 749	0.86	0.178 348	0.76	0.092 048	0.36	−0.302 17	−1.10
购买场所	−0.129 34	−0.46	−0.285 87	−1.09	−0.275 25	−0.98	−0.238 42	−0.81
可追溯认知	−0.564 36**	−2.01	−0.544 32	−2.02	0.064 583	0.21	0.240 734	0.72
追溯信息信任	1.251 38***	4.23	1.059 267 **	4.15	1.806 04***	4.82	2.496 52***	6.24
常数项	2.209 418	2.99	1.572 828 ***	2.24	3.452 505	4.19	2.211 886	2.56
Number of obs	501		501		501		501	
LR chi^2（16）	192.52		178.92		225.45		234.76	
Prob ＞ chi^2	0.000 0		0.000 0		0.000 0		0.000 0	
Pseudo R^2	0.295 8		0.262 1		0.349 1		0.389 4	

（续）

变量名称	模型五		模型六		模型七		模型八	
	情景 5		情景 6		情景 7		情景 8	
	系数	Z值	系数	Z值	系数	Z值	系数	Z值
投标价格	−0.816 42***	−9.38	−0.773 6***	−9.38	−1.056 23***	−9.38	−1.084 38***	−8.90
性别	−0.153 25	−0.57	−0.702 42***	−2.77	−0.039 58	−0.15	−0.026 29	−0.10
年龄	0.005 978	0.47	0.007 475	0.62	−0.018 11	−1.38	−0.011 43	−0.86
户籍	0.024 877	0.09	0.203 64	0.76	−0.192 95	−0.67	−0.125 86	−0.42
学历	−0.093 59	−0.75	0.070 178	0.60	−0.061 93	−0.53	−0.065 84	−0.56
孕妇情况	0.207 245	0.46	0.320 636	0.76	−0.087 31	−0.20	−0.435 01	−0.93
小孩情况	−0.466 93*	−1.85	−0.358 8	−1.51	−0.204 61	−0.82	−0.205 95	−0.80
老人情况	0.114 27	0.43	0.196 045	0.79	0.052 875	0.20	0.186 112	0.68
家庭年收入	0.263 615 ***	2.91	0.201 017 **	2.37	−0.078 54	−0.91	−0.001 75	−0.02
购买成员	−0.019 33	−0.07	−0.282 14	−1.12	−0.134 83	−0.51	−0.120 82	−0.45
购买比重	−0.002 52	−0.01	0.051 129	0.21	0.302 113	1.17	0.341 309	1.29
关注程度	0.072 202	0.27	−0.156 73	−0.62	0.054 413	0.21	−0.000 61	0.01
放心程度	0.363 91	1.46	0.479 008 **	2.01	0.230 717	0.94	0.001 204	0.01
购买场所	−0.446 02	−1.52	−0.512 74*	−1.90	−0.107 07	−0.39	−0.234 33	−0.85
可追溯认知	−0.904 88***	−3.18	−0.628 96**	−2.30	−0.069 26	−0.23	−0.042 43	−0.14
追溯信息信任	1.641 03***	4.60	1.168 331 ***	3.91	1.566 938 ***	4.71	1.825 976 ***	5.35
常数项	1.460 236	1.86	1.135 927	1.55	2.456 715 ***	3.17	1.817 676 **	2.30
Number of obs	501		501		501		501	
LR chi^2（16）	160.33		155.77		214.21		203.67	
Prob ＞ chi^2	0.000 0		0.000 0		0.000 0		0.000 0	
Pseudo R^2	0.266 0		0.241 1		0.322 1		0.319 3	

注：*、**、***分别表示 10%、5%、1% 的显著性水平。

从 8 个模型的回归结果可以看出，追溯信息信任变量正向显著影响消费者的支付意愿，与预期作用方向一致，验证了本研究的假设，即与普通猪肉相比，对可追溯猪肉信息信任度越高的受访者，其愿意购买可追溯猪肉的可能性越大。除此之外，投标价格、家庭年收入、可追溯认知、性别、户籍、年龄、购买成员、小孩情况、放心程度等 9 个变量显著影响消费者对可追溯猪肉的支付意愿。具体而言，首先，投标价格变量负向显著影响消费者的支付意愿，与预期作用方向一致，即随着投标价格的不断提高，消费者愿意购买可追溯猪肉的可能性不断降低。其次，家庭年收入变量正向显著影响消费者的支付意愿，与预期作用方向一致，即收入越高的家庭愿意购买可追溯猪肉的可能性越高。第三，可追溯认知变量负向显著影响消费者的支付意愿，与预期作用方向不一致，即对于知道“可追溯猪肉”或“猪肉可追溯体系”这部分消费者，其愿意购买可追溯猪肉的可能性更低，出现这一结果的原因可能是，这部分消费者对我国现阶段可追溯食品信息的溯源情况较为了解，考虑到所查询的猪肉可追溯信息发布主体多且关键环节的信息甚至查询不到等问题，导致降低了消费者购买可追溯猪肉的可能性。第四，性别变量负向显著影响消费者的支付意愿，与预期作用方向不一致，即女性要比男性愿意购买可追溯猪肉的可能性高，出现这一结果的原因可能与我国女性为家庭中食物的主要购买者有关。第五，户籍变量正向显著影响消费者的支付意愿，即本地户籍的消费者要比外地户籍的消费者愿意购买可追溯猪肉的可能性更高。第六，年龄变量负向显著影响消费者的支付意愿，即年龄越大的消费者愿意购买可追溯猪肉的可能性更低，出现这一结果的原因可能在于对于年长者，他们对可追溯食品信息接受能力偏低，对于肉菜等食品习惯于用以往购买经验与外观气味等进行购买，因此对可追溯猪肉购买的可能性偏低。第七，购买成员变量、小孩情况变量负向显著影响消费者的支付意愿，即家庭中猪肉的主要购买成员与家庭中有小孩的受访者愿意购买可追溯猪肉的可能性要低，与预期作用方向不符，出现这一结果的原因可能在于，作为家庭中食品的主要购买者与家庭中有小孩的受访者，他们对食品安全信息是格外关注的，而当前我国猪肉可追溯体系建设并不完善，因此对可追溯猪肉购买的可能性偏低。第八，放心程度正向显著影响消费者的支付意愿，与预期作用方向一致，即对猪肉质量安全放心程度越高的受访者愿意购买可追溯猪肉的可能性越高。

根据平均支付意愿计算公式，本研究计算出消费者对不同追溯信息猪肉的平均支付意愿，以及在不同模拟情景下追溯信息信任对支付意愿影响的差异。

1. 不同模拟情景下消费者支付意愿水平差异研究

通过对比情景 1 与情景 5 消费者的平均支付意愿可以发现，消费者愿意为“生猪屠宰环节＋政府发布＋手机/网站查询”的猪肉信息组合额外支付 6.46 元/千克，如果信息可以查询到生猪养殖环节，消费者则愿意额外支付 7.68 元/千克，两者相差 1.22 元/千克。通过对比情景 2 与情景 6 消费者的平均 WTP 可以发现，消费者愿意为“生猪屠宰环节＋政府发布＋购买场所查询机查询”的猪肉信息组合额外支付 5.48 元/千克，如果信息可以查询到生猪养殖环节，消费者则愿意额外支付 6.78 元/千克，两者相差 1.30 元/千克。相比之下，消费者对可以追溯到生猪养殖环节信息的平均支付意愿要高。

通过对比情景 1 与情景 3 消费者的平均支付意愿可以发现，消费者愿意为“生猪屠宰环节＋信息发布方为政府＋手机/网站查询”的猪肉信息组合额外支付 6.46 元/千克，但是信息发布方变为生产经营者，消费者只愿意额外支付 3.98 元/千克。从情景 5 与情景 7 消费者的平均 WTP 可以发现，消费者愿意为“养殖环节＋信息发布方为政府＋手机/网站查询”的猪肉信息组合额外支付 7.68 元/千克，但是如果信息的发布方变为生产经营者，消费者只愿意额外支付 2.82 元/千克，两者相差 4.86 元/千克。由此可见，消费者对政府发布的可追溯信息的支付意愿要高。

通过情景 1 与情景 2 消费者的支付意愿可以发现，消费者愿意为“生猪屠宰环节＋信息发布方为政府＋手机/网站查询”的猪肉信息组合额外支付 6.46 元/千克，如果信息的查询方式变为购买场所查询机查询，消费者只愿意额外支付 0.98 元/千克。从情景 5 与情景 6 消费者的平均 WTP 可以发现，消费者愿意为“养殖环节＋信息发布方为政府＋手机/网站查询”的猪肉信息组合要比“生猪养殖环节＋信息发布方为政府＋购买场所查询机查询”的猪肉信息组合额外多支付 0.9 元/千克。由此可见，消费者对查询方式为手机/网站查询的支付意愿要高。

总结以上研究，可以将本部分内容概括为三个方面：首先，通过对比查询环节可以发现，消费者对追溯到生猪养殖环节猪肉信息组合的支付意愿要高于追溯到生猪屠宰环节猪肉信息组合。其次，对信息的发布方为政府的猪肉信息组合的支付意愿要明显高于信息发布方为生产经营者的猪肉信息组合。最后，通过手机/网站进行查询猪肉信息组合要高于用购买场所查询机查询猪肉信息组合，但总体差距不是很大。详见表 6－10。

表 6－10　不同假设情景下消费者平均支付意愿的差异

情景	情景内容	平均支付意愿（元/千克）
情景 1	生猪屠宰环节、政府发布、手机/网站查询	6.46
情景 2	生猪屠宰环节、政府发布、购买场所查询机查询	5.48
情景 3	生猪屠宰环节、生产经营者发布、手机/网站查询	2.48
情景 4	生猪屠宰环节、生产经营者发布、购买场所查询机查询	1.98
情景 5	生猪养殖环节、政府发布、手机/网站查询	7.68
情景 6	生猪养殖环节、政府发布、购买场所查询机查询	6.78
情景 7	生猪养殖环节、生产经营者发布、手机/网站查询	2.82
情景 8	生猪养殖环节、生产经营者发布、购买场所查询机查询	2.28

2. 不同模拟情景下追溯信息信任对消费者支付意愿影响研究

通过 8 个模型的回归结果可知，追溯信息信任变量显著影响消费者的支付意愿。从情景 1 的边际效果来看，消费者对情景 1 猪肉信息组合的信任每增加一个等级，消费者愿意为可追溯猪肉的支付意愿的可能性平均提高 0.286 3；消费者对情景 2 猪肉信息组合的信任每增加一个等级，消费者愿意为可追溯猪肉的支付意愿的可能性平均提高 0.257 1；消费者对情景 3 猪肉信息组合的信任每增加一个等级，消费者愿意为可追溯猪肉的支付意愿的可能性平均提高 0.388 3；消费者对情景 4 猪肉信息组合的信任每增加一个等级，消费者愿意为可追溯猪肉的支付意愿的可能性平均提高 0.456 8；消费者对情景 5 猪肉信息组合的信任每增加一个等级，消费者愿意为可追溯猪肉的支付意愿的可能性平均提高 0.356 9；消费者对情景 6 猪肉信息组合的信任每增加一个等级，消费者愿意为可追溯猪肉的支付意愿的可能性平均提高 0.270 6；消费者对情景 7 猪肉信息组合的信任每增加一个等级，消费者愿意为可追溯猪肉的支付意愿的可能性平均提高 0.359 8；消费者对情景 8 猪肉信息组合的信任每增加一个等级，消费者愿意为可追溯猪肉的支付意愿的可能性平均提高 0.393 6。详见表 6－11。

表 6-11 不同模拟情景下信息信任对支付意愿影响差异研究

变量	情景	系数	Z值	边际概率
追溯信息信任	假设情景 1	1.251 38***	4.23	0.286 3
	假设情景 2	1.572 828 ***	4.15	0.257 1
	假设情景 3	1.806 04***	4.82	0.388 3
	假设情景 4	2.496 52***	6.24	0.456 8
	假设情景 5	1.641 03***	4.60	0.356 9
	假设情景 6	1.168 331 ***	3.91	0.270 6
	假设情景 7	2.456 715 ***	4.71	0.359 8
	假设情景 8	1.817 676 **	5.35	0.393 6

注：*、**、***分别表示 10%、5%、1%的显著性水平。

四、本章小结

本章首先基于上海市、济南市实地调查的 1 009 份消费者问卷数据，以可追溯猪肉为例，运用双变量 Probit 模型和二元 Probit 模型，分析信息源信任对消费者食品购买意愿影响及其影响因素，主要得出以下结论。知道食品可追溯体系或可追溯食品的消费者仅占总样本数的 30.72%，可以看出消费者对可追溯食品认知度偏低。对于知道食品可追溯体系或可追溯食品的这部分消费者，主要是通过网络、电视与食品标签渠道了解。消费者对可追溯猪肉的消费信心整体较高，67.64%的受访者相信带追溯标签的猪肉比不带追溯标签的猪肉的质量安全更有保障。经情景模拟信息强化后，87.40%的消费者对可追溯猪肉有购买意愿，可见受访者有较高的购买意愿。42.72%消费者认为市场上猪肉追溯信息是由政府发布，68.93%的消费者却认为政府发布的猪肉追溯信息才是最真实可靠，这一反差说明了消费者认为当前市场上猪肉可追溯信息的来源并不可靠。信息源信任、年龄与户籍变量正向显著影响消费信心，具体而言，对可追溯食品信息的发布方信任度高、年长者与本地的消费者，其对可追溯猪肉的消费信心更高；消费信心变量负向显著影响购买意愿，即对可追溯猪肉消费信心高的消费者不会刻意购买可追溯猪肉。除此之外，消费比重、年龄及学历等变量显著正向影响购买意愿，具体而言，家庭中猪肉消费量大、年长者、高学历的消费者会刻意购买可追溯猪肉的可能性更高；信息源信任变量是通过影响消费者的消费信心，进而影响消费者对可追溯猪肉的购买意愿。

本章还利用上海 13 个城区的 501 份消费者调查问卷数据，选用假想价值评估法和二元 Logit 模型实证分析消费者对可追溯猪肉支付意愿及影响因素，主要得出以下结论。首先，在 501 位受访者中知道“可追溯食品”或“食品可追溯体系”的仅 116 人，对可追溯食品的认知水平较低，有待于进一步加强。进行信息强化后，受访者对追溯信息信任的程度明显提升。其中，消费者对于政府发布的、追溯到生猪养殖环节的信息信任程度高。其次，追溯信息信任、投标价格、放心程度、家庭年收入、认知、性别、户籍、年龄、购买成员、小孩情况等 10 个变量显著影响消费者对可追溯猪肉的支付意愿。对追溯信息越信任的消费者对可追溯猪肉越愿意支付额外价格，随着投标价格的不断提高，消费者愿意购买可追溯猪肉的可能性不断降低，认知变量与预期作用方向不一致，原因可能是对于知道食品可追溯体系或可追溯食品的这部分消费者，对我国现阶段可追溯食品信息的溯源情况较为了解，考虑到所查询的猪肉可追溯信息发布主体多且关键环节的信息甚至查询不到等问题，导致降低了消费者购买可追溯猪肉的可能性。最后，在 8 个不同猪肉追溯信息模拟情景下，消费者对“生猪养殖环节＋政府发布＋手机/网站查询”的猪肉追溯信息组合最为信任，且平均支付意愿达到 7.98 元/千克；并且通过计算不同模拟情景下消费者支付意愿水平差异发现，消费者愿意为追溯到生猪养殖环节比追溯到生猪屠宰环节分别额外多支付 1.22 元/千克与 1.33 元/千克、消费者愿意为政府发布的可追溯信息比生产经营者发布分别额外多支付 3.98 元/千克与 2.82 元/千克、消费者愿意为手机/网站查询方式要比购买场所查询机查询分别额外多支付 0.98 元/千克与 0.9 元/千克。关于不同情景下追溯信息信任对支付意愿影响，从情景 1 到 8 的边际效果来看，消费者对情景 1 到情景 8 猪肉信息组合的信任每增加一个等级，消费者愿意为可追溯猪肉支付额外价格的可能性平均分别提高 0.286 3、0.257 1、0.388 3、0.456 8、0.356 9、0.270 6、0.359 8、0.393 6。

第七章　可追溯体系建设对生猪屠宰加工企业质量安全行为的影响分析

生猪屠宰加工环节作为生猪产业链的关键与核心环节，在全面实施生猪定点屠宰的前提下，生猪屠宰加工企业对整个生猪产业发展起到至关重要的作用，向产业链上游连接养猪场户，向产业链下游则连接猪肉销售商。本章针对猪肉可追溯体系建设是否有助于提升猪肉质量安全这一重要问题，选取生猪屠宰加工企业为研究对象，通过构建政府契约激励模型和市场声誉机制模型，在对猪肉可追溯体系保障猪肉质量安全的作用机理进行理论分析的基础上，利用北京市实地调查的生猪屠宰加工企业的典型案例，对猪肉可追溯体系的质量安全效应进行实证分析。

一、研究依据与文献综述

在当前我国大力推进猪肉可追溯体系建设的背景下，实证研究猪肉可追溯体系建设对保障猪肉质量安全的作用具有重要的现实意义。从政府角度，解决猪肉质量安全问题有 2 种思路：一是加强监管，明确责任，加大惩治力度；二是实施产品差异化策略，比如“三品一标”认证，实现优质优价。一般观点认为，猪肉可追溯体系的质量安全保障作用，主要体现在通过实现溯源追责来加强对生猪产业链各环节利益主体质量安全行为的监管，猪肉可追溯体系作为一种信息披露工具，目的就是对猪肉供应链条中各个环节的产品安全信息进行跟踪与追溯，通过上下游各行为主体的信息共享和紧密合作，形成集成化供应链，弥补单一控制方法的不足，为供应链条内的各行为主体、消费者、行业机构及监管者提供产品安全信息，满足消费者的知情权和选择权。事实上，可追溯体系对猪肉质量安全的保障作用还体现在产品差异化策略方面。虽然中国猪肉可追溯体系建设并未对猪肉质量安全标准提出更高要求，但可追溯体系带来的产品差异化主要体现在对企业声誉的影响上，可追溯体系通过消费终端追溯查询在一定程度上维护和提高了企业的声誉。对于一个建立长期经营目标、希望增加未来预期收入的企业，猪肉可追溯体系还会通过声誉机制起到规范其质量安全行为的作用。

目前关于食品可追溯体系质量安全效应的研究还很少，已有研究多是依据信息不对称理论等对食品可追溯体系建设的必要性及作用进行理论分析，且多局限于宏观层面的分析。有研究对食品可追溯体系的质量安全效应从微观层面上进行过研究，如：王有鸿等通过建立数理模型分析初级农产品供给环节和最终食品供给环节的追溯水平，对农户和制造商努力行为、食品安全事件预期损失的影响，研究发现，2个环节追溯水平对农户的努力行为具有激励作用，而制造商的努力行为仅受到其自身环节追溯水平的激励，2个环节追溯水平的提高能够减小食品安全事件发生的可能性。龚强等分析了一个由下游销售者和上游农场组成的垂直供应链结构模型，考察了可追溯性的提高如何改善供应链中食品安全水平及对上下游企业利润的影响，研究发现，增强供应链中任一环节的可追溯性，不但能够促进该环节的企业提高其产品安全水平，还可以促使供应链上其他环节的企业提供更加安全的产品。已有研究将视野置于产业链内部，侧重于考察农产品产业链各环节溯源的实现对食品安全水平的影响，并没有从政府和消费者的视角探讨食品可追溯体系带来的质量安全监控力度提高和声誉机制对保障猪肉质量安全的作用。另外，已有研究只是理论上的分析，研究结论具有其合理性的一面，缺少实证验证，难以提出有针对性的对策建议。

生猪产业链包括生猪养殖、生猪流通、生猪屠宰加工、猪肉销售等环节，产业链各个环节利益主体的质量安全行为都会影响猪肉质量安全。生猪屠宰加工企业作为生猪产业链的核心环节，向上连接养猪场户，向下连接猪肉销售商，对保障市场上猪肉的质量安全起到关键作用。猪肉可追溯体系的质量安全保障作用，很大程度上通过对生猪屠宰加工企业质量安全行为的影响反映出来。因此，厘清现实中猪肉可追溯体系建设对生猪屠宰加工企业质量安全行为的影响及其作用机理，是亟待回答的问题。基于此，本研究首先通过构建政府契约激励模型和市场声誉机制模型，就猪肉可追溯体系对生猪屠宰加工企业质量安全行为的作用机理展开理论分析；在此基础上利用北京市两家生猪屠宰加工企业的典型案例，对猪肉可追溯体系的质量安全效应展开实证分析；最后从提升猪肉质量安全水平的角度提出促进猪肉可追溯体系建设的对策建议。之所以选择北京市，是因为作为商务部“放心肉”工程和肉类蔬菜流通追溯体系试点建设城市，北京市较早开展了猪肉可追溯体系建设，从生猪养殖环节到猪肉销售环节具备了猪肉可追溯体系实施的一定基础和市场，能够支撑本研究所需要数据资料的调查和搜集。

二、猪肉可追溯体系质量安全保障作用机理的理论分析

猪肉可追溯体系建设对生猪屠宰加工企业质量安全行为的影响具体表现在两个方面：一是通过加强对生猪屠宰加工企业的质量安全监控力度，来规范屠宰企业质量安全行为；二是通过声誉机制提高企业声誉、降低交易成本、抑制机会主义行为，从而也起到规范屠宰企业质量安全行为的作用。基于上述两个方面，本研究构建政府契约激励模型和市场声誉机制模型，对猪肉可追溯体系保障猪肉质量安全的作用机理进行分析。

（一）政府契约激励模型

在猪肉可追溯体系建设过程中，政府既是发起者、推动者，也是监管者，一方面需要鼓励企业积极参与到猪肉可追溯体系中来，另一方面也要对违法违规企业进行惩罚以维护猪肉可追溯体系建设的良好秩序，为猪肉可追溯体系建设和猪肉质量安全保驾护航。因此，政府对企业实施食品追溯体系的外部激励，既包括给予参与可追溯体系企业的正向激励，如提供实现追溯相关的技术设备或者表彰企业的行为，提升品牌知名度或者给予企业某种特许经营权，也包括对违规企业实施惩罚的逆向激励。

在政府的契约激励问题中，政府首先制定并公布猪肉可追溯体系的激励契约的内容，观察到政府的契约条款后，企业决定是否加入契约，一旦企业加入契约，就需要报告其生产行为特征并采用相关的投入支出组合。

假设政府对参与猪肉可追溯体系的企业给予奖励，用 T 表示；对名义上参与猪肉可追溯体系，事实上存在违规上报虚假信息等机会主义行为的企业实施惩罚，用 L 表示；企业的机会主义行为被发现的概率是 p（$0<p<1$）。假定未参与可追溯体系的企业、参与可追溯体系且诚信经营的企业、参与可追溯体系但存在机会主义行为的企业的效用分别用 V_1、V_2、V_3 表示，企业获得的收益 R 和花费的成本 C 均为企业为提高猪肉质量安全水平付出的努力程度 e 的函数，且 $R'(e)>0$，$C'(e)>0$。参与可追溯体系和未参与可追溯体系的企业所付出的努力程度分别为 e_2、e_1，且 $e_2>e_1$。

未参与猪肉可追溯体系企业的效用函数为：

$$V_1=R(e_1)-C(e_1)$$

参与猪肉可追溯体系且诚信经营企业的效用函数为：

$$V_2=R(e_2)-C(e_2)+T$$

参与猪肉可追溯体系但存在机会主义行为企业的效用函数为：

$$V_3=(1-p)[R(e_2)-C(e_2)+T]+p[R(e_1)-C(e_1)-L]$$

政府的责任就是对企业实施有效监管，减少企业的机会主义行为，确保猪肉的质量安全。企业加入猪肉可追溯体系的激励相容约束为 $V_2>V_1$，$V_2>V_3$。

企业在参与猪肉可追溯体系的过程中是否采取机会主义行为，取决于采取机会主义行为带来的效用大小 ΔV：

$$\Delta V=V_3-V_2=p[C(e_2)-C(e_1)]-p[R(e_2)-R(e_2)+L+T]$$

分别求 ΔV 对政府监管力度的变量 L、T 以及政府监管效率 p 的导数，得到以下结论：

$$\frac{\partial \Delta V}{\partial L}=-p<0$$

$$\frac{\partial \Delta V}{\partial T}=-p<0$$

$$\frac{\partial \Delta V}{\partial p}=-\{[R(e_2)-C(e_2)]-[R(e_1)-C(e_1)]+L+T\}<0$$

由上述推导可知：一旦发现企业从事道德风险活动，政府对其惩罚力度越大，越容易遏制机会主义行为；政府对诚信经营企业提供的奖励额度越高，企业诚信经营的可能性越高；企业的机会主义被发现的概率越大，即政府的监管效率越高，企业违规经营的道德风险活动越少。由此可知，猪肉可追溯体系建设带来的政府监管力度和监管效率的提高有助于遏制生猪屠宰加工企业的道德风险活动和机会主义行为，为屠宰企业诚信经营提供了有效激励。

（二）市场声誉机制模型

市场主体的声誉是社会公众对其产品品质、禀赋特征和行为的积极认可，可以帮助拥有一定声誉的市场主体获得其他主体得不到的利益。当前我国虽然已在部分地区推行猪肉可追溯体系试点建设，但并未强制个体企业参与猪肉可追溯体系，猪肉生产经营者自愿参与猪肉可追溯体系的一个重要原因在于可以提高企业及其猪肉产品在市场上的声誉。市场主体的声誉是一种“认知”，即在信息不对称的前提下，博弈一方参与者对另一方参与者行为发生概率的一种认知，这种认知不是一成不变的，它包含了参与双方之间重复博弈所传递的信息。已有研究表明，只要消费者经常地重复购买生产经营者的产品或服务，就会促使利润最大化类型的生产经营者树立高质量的声誉，声誉可以作为显性激励契约的替代物。在竞争市场上，企业的收益取决于其过去的经营业绩，长期来看，企业必须为自己的行为负责。因此，就猪肉市场而言，即便没有显性激励合同，但为了提高企业市场声誉，增加未来预期收入，生猪屠宰加工企业也会注重自己的经营行为，积极参与猪肉可追溯体系，严把猪肉质量安全关。本研究借鉴已有研究成果通过数理模型推导来证明这一点。

假设只有 2 个阶段，每个阶段屠宰企业的生产函数是：

$$q_t=e_t+\theta+\mu_t，\ t=1，2$$

式中：q_t 为屠宰企业经营猪肉的质量安全水平；e_t 为企业的努力水平；θ 为猪肉追溯能力（外生给定，与时间无关）；μ_t 为外生的随机变量（如技术或市场的不确定性、屠宰企业无法控制的影响猪肉质量安全的因素等）。假定 e_t 为企业私人信息；q_t 为共同信息；θ 和 μ_t 为正态独立分布，均值都为 0 $[E(\theta)=E(\mu_t)=0]$，方差分别为 σ_θ^2 和 σ_μ^2，并且随机变量 μ_1 和 μ_2 为独立的，即 $\mathrm{cov}(\mu_1，\mu_2)=0$。假定屠宰企业是风险中性的，并且贴现率为 0。因此，屠宰企业的利润函数为：

$$\pi = w_1 - c(e_1) + w_2 - c(e_2)$$

式中：w_t 为屠宰企业在 t 期的收益；$c(e_t)$ 为屠宰企业努力的成本。假定 $c(e_t)$ 为严格递增的凸函数，且 $c'(e_t) \geqslant 0$。

在上述假定条件下，如果可以与屠宰企业签订一个显性激励合同 $w_t = q_t - y_0$，其中 y_0 不依赖于 y_t，帕累托一阶最优可以实现，风险成本等于0，屠宰企业的最优努力水平为：$c'(e_t)=0$，$t=1$，2。

显然，如果交易关系只是一次性的，屠宰企业不会有任何努力增加成本、提高猪肉质量安全水平的积极性［因为 $c'(e_t)=0$ 可推导得出 $e_t=0$］。当交易关系持续2个时期时，尽管屠宰企业在 $t=2$ 期的最优努力仍为 $e_2=0$（由于此后没有交易，屠宰企业无需考虑声誉问题，不会有任何努力增加成本、提高猪肉质量安全水平的积极性），但屠宰企业在第一阶段的最优努力水平大于0，原因是屠宰企业在第二阶段的收益 w_2 依赖于消费者对屠宰企业追溯能力 θ 的预期，而 e_1 通过对 q_1 的作用影响这种预期。

猪肉市场是类似完全竞争的，屠宰企业的预期收益为：

$$w_1 = E(q_1) = E(e_1) = \bar{e}_1$$

$$w_2 = E(q_2 | q_1)$$

式中：e_1 为市场对屠宰企业在时期1的努力水平的预期；$E(q_2|q_1)$ 是给定时期1的实际质量安全水平 q_1 的情况下，市场对时期2的质量安全水平的预期。由于 $E(q_2|q_1)=E(\mu_2|q_1)=0$，在我们的假设下，

$$E(q_2|q_1) = E(q_2|q_1) + E(\theta|q_1) + E(\mu_2|q_1) = E(\theta|q_1)$$

假定市场具有理性预期，那么在均衡时，$\bar{e}_1$ 是屠宰企业的实际选择，当观测到 q_1 时，市场知道 $\theta+\mu_1=q_1+\bar{e}_1$，但市场不能将 θ 和 μ_1 分开，就是说市场不知道除屠宰企业的努力外，q_1 是屠宰企业实施猪肉可追溯体系的结果还是外生的不确定性因素 μ_1 的结果。市场要根据 q_1 来推断 θ。令：

$$r = \frac{\mathrm{var}(\theta)}{\mathrm{var}(\theta) + \mathrm{var}(\mu_1)} = \frac{\sigma_\theta^2}{\sigma_\theta^2 + \sigma_{\mu_1}^2}$$

式中：r 为 θ 的方差与 θ 和 μ_1 两者方差和的比率。θ 的方差越大，r 越大。根据理性预期公式，

$$E(\theta|q_1)=(1-r)E(\theta)+r(q_1-\bar{e}_1)=r(q_1-\bar{e}_1)$$

给定 q_1 下市场预期 θ 的期望值是先验期望值 $E(\theta)$ 和观测值 $q_1-\bar{e}_1$ 的加权平均。市场根据观测到的信息修正对屠宰企业追溯能力的判断。事前有关追溯能力的不确定性越大，修正越多。这一点是很明显的，因为 r 反映了 q_1 包含的有关 θ 的信息：r 越大，q_1 包含的信息量越多。特别是，如果没有事前的不确定性（$\sigma_\theta^2=0$），那么 $r=0$，市场将不修正；另一方面，如果事前的不确定性非常大（$\sigma_\theta^2\rightarrow\infty$），或者没有外生的不确定性（$\sigma_{\mu_1}^2=0$），那么 $r=1$，市场将完全根据观测到的 q_1 修正对 θ 的判断。一般来说，r 为0～1。

给定 $r>0$，均衡收益 $w_2=E(\theta|q_1)=r(q_1-\bar{e}_1)$ 意味着时期1的质量水平越高，时期2的收益越大。将 w_1 和 w_2 带入屠宰企业的利润函数，有：

$$\pi=\bar{e}_1-c(e_1)+r(e_1+\theta+\mu_1-\bar{e}_1)-c(e_2)$$

屠宰企业最优化的一阶条件为：$c'(e_1)=r>0\rightarrow e_1>0$，即尽管屠宰企业的最优努力没有对称信息情况下大[满足 $c'(e_1)=1$]，出于声誉考虑，屠宰企业在时期1的努力水平严格大于0。r 越大，声誉效应越强。

上述结果假定屠宰企业经营时期只有2期，如果把上述结果扩展为屠宰企业经营时期为 T 期，那么除最后一期的努力 e_T 为0外，所有 $T-1$ 期之前的努力 e_t 均大于0，并且随着时期的推移而递减，即 $e_1>e_2>\cdots\cdots>e_{T-1}>e_T$，因为越接近时期末，屠宰企业越可能不注重声誉的培养，声誉效应越小。上述结果表明，猪肉可追溯体系声誉机制可以在解决猪肉质量安全问题上发挥作用，隐性激励机制可以达到显性激励机制同样的效果。重视声誉可以认为是良好的意识形态资本，可以起到对生猪屠宰加工企业质量安全行为的激励约束作用。

三、猪肉可追溯体系质量安全保障作用机理的实证分析

（一）案例选择及说明

本研究中生猪屠宰加工环节数据资料源于2014年9—10月对北京SX农业股份有限公司PC食品分公司和北京市LZ屠宰厂2家生猪定点屠宰

加工企业的调研，主要通过座谈和问卷调查的方式获得相关资料。调查对象为各屠宰加工企业的总经理或副总经理。北京 PC 食品分公司于 1998 年股份制改造后更名，是一家集种猪繁育、生猪养殖、屠宰加工、肉制品深加工及物流配送于一体的国家农业产业化龙头企业。北京市 LZ 屠宰厂成立于 1993 年，是一家集生猪养殖、屠宰加工和销售服务为一体的企业。北京市生猪定点屠宰加工企业屠宰加工的猪肉，提供了占北京市 80%的猪肉，其中生猪屠宰能力最大的企业实际屠宰量大约为每天6 000头，生猪屠宰能力最小的企业实际屠宰量大约只有每天 1 000 头。大多数屠宰企业开工不足，实际屠宰量远未达到其屠宰能力的需求量。调研的两家企业中，PC 食品分公司是年实际生猪屠宰量达到 200 万头的国有企业，LZ 屠宰厂是年实际生猪屠宰量达到 20 万头的集体企业，两家企业的情况很具有代表性。

目前，生猪屠宰加工环节与实现猪肉溯源直接相关的几项工作包括：生猪入厂验收、录入内部系统和生猪胴体标识。首先是生猪入场验收。生猪入场前由农业部门安排长期驻厂的官方检疫人员检查各种票据，需保证生猪检疫合格证与生猪耳标号一致才能卸车。生猪卸车后会被赶入指定待宰圈中，由于生猪屠宰加工企业与生猪购销商之间实行宰后定级结算，因此屠宰企业有足够动力将生猪批次号与生猪购销商一一对应起来，这对溯源的实现具有非常重要的作用。其次是录入内部系统。企业溯源管理系统主要包括两个关键节点，一是生猪收购阶段和屠宰阶段的溯源管理系统，二是猪肉销售阶段的溯源管理系统。在生猪收购和屠宰阶段，需要将猪源编号（包括生猪购销商、养猪场户、合作社或养殖基地编号）和其他生猪溯源信息录入企业内部系统；在猪肉销售阶段，需要将销售点编号和猪肉类型等信息录入企业内部系统；最后屠宰企业通过胴体标识将生猪的猪源编号与猪肉的销售点编号一一对应起来，并将相关信息按照相关政府部门要求上传到政府可追溯系统平台。当前北京市猪肉可追溯体系建设通过终端追溯查询系统（如超市的零售终端追溯查询系统）只能查询到生猪屠宰加工企业，而这主要归功于生猪屠宰加工企业猪肉销售阶段的溯源管理系统，但暂时还不能实现对生猪收购相关信息的查询，这主要由于屠宰企业在生猪的猪源编号和猪肉销售点编号连接方面的建设水平不同，很难统一要求，并且由于猪肉销售时已完成白条定级，屠宰企业与生猪购销商也已完成结算，屠宰企业已没有足够动力将生猪的猪源编号与猪肉销售点编号一一对应起来。最后是胴体标识。胴体标识是指将猪源标号和个体顺序号标识在胴体上（即二分体，每一半都会有标识）。传统的标识方法是盖蓝色或红色印章，但存在易涂抹、不卫生等问题。北京市“放心肉”工程采用了激光灼刻技术，即采用现代信息技术，使用激光灼刻设备，在屠宰生产线相应环节对二分体及部分分割肉品表皮进行肉类流通追溯码、肉品品质检验合格验讫章等内容的灼刻标识，具有印章辨别清晰、防伪功能强等特点，但实际推广应用中也存在盖章效率低等问题。

（二）案例分析

调研发现，生猪屠宰加工环节基本不会产生新的质量安全问题，但生猪屠宰加工企业的质量安全行为会影响整个市场的猪肉质量安全状况，这主要与屠宰企业的质量安全检测力度密切相关。使用禁用药和药物残留超标以及注水肉问题主要产生于生猪养殖环节和生猪流通环节，而生猪屠宰加工环节的质量安全检测则直接决定了这些问题猪肉能否流向市场，因此该环节的质量安全检测显得尤为重要。通过前文理论分析可知，猪肉可追溯体系建设通过加强质量安全监控力度和声誉机制起到规范屠宰企业质量安全行为的作用，但现实中这种作用的发挥受到一定局限。本研究基于实地调查的典型案例，即以 PC 和 LZ 为例，实证分析猪肉可追溯体系建设对生猪屠宰加工企业质量安全行为的影响。通过对两家企业的调研发现，猪肉可追溯体系建设确实起到规范生猪屠宰加工企业质量安全行为的作用，但作用的发挥在不同企业之间呈现出差异。

1. 猪肉可追溯体系建设对 PC 食品分公司质量安全行为的影响

调查发现，猪肉可追溯体系建设确实有助于 PC 食品分公司质量安全控制的改进，具体表现在以下两个方面。

首先猪肉可追溯体系建设通过加强质量安全监控力度起到规范屠宰企业质量安全行为的作用。猪肉可追溯体系建设在企业内部关键节点安装摄像头，相关视频信息存储在政府部门的数据库里并可随时调取查看，这加强了对企业质量安全行为的监控，若发现猪肉出现质量安全问题，生猪屠宰加工企业是第一责任人，监控加强会促使企业在生猪和猪肉质量安全检测方面更加严格。一般来说，屠宰企业质量安全检测包括企业自检和政府抽检：企业自检包括感官检验、微生物检验和理化检验，感官检验主要包括头部检验、体表检验、内脏检验、寄生虫检验、胴体初验检验、二分胴体复验检验和可疑病肉检验，微生物检验主要包括菌落总数、大肠菌群、肠出血性大肠杆菌、金黄色葡萄球菌和其他类别的检验，理化检验主要包括水分（不能超过77%的标准）、瘦肉精（不得检出盐酸克仑特罗、莱克多巴胺、沙丁胺醇这三种禁用药）、磺胺类（属于抗生素，该类药物残留不得超标），企业自检项目中感官检验基本可以做到头头检验，微生物检验少有企业进行，理化检验中的水分检验和瘦肉精检验可以做到每批次10%的抽检率，而磺胺类药残检验可以做到5%～10%的抽检率。政府抽检主要是由农业部门不定期对企业屠宰的猪肉进行质量安全检测，主要进行理化检验，也是抽检。政府通过猪肉可追溯体系建设主要加强了对企业自检的监控力度，尤其是加强了对PC这种大型屠宰加工企业质量安全检测的监控力度，有助于增强企业的行业自律，在降低猪肉质量安全风险的同时，一定程度上也降低了政府抽检的成本。

其次猪肉可追溯体系建设通过声誉机制起到规范屠宰企业质量安全行为的作用。猪肉溯源的实现使声誉机制得以发挥作用，对于PC这种大型国有生猪屠宰加工企业而言，声誉至关重要，甚至可以说是企业的生命，猪肉溯源的实现降低了其机会主义行为发生的可能性。但同时也应该认识到，现实中猪肉可追溯体系声誉机制对生猪屠宰加工企业质量安全行为规范作用的发挥，受到猪肉溯源水平的影响，即如果猪肉可追溯体系建设不能有效实现猪肉溯源（比如猪肉追溯信息不可查、不可靠、不全面），那么声誉机制作用的发挥显然成为空谈。由于猪肉溯源的实现并非只取决于生猪屠宰加工环节的猪肉可追溯体系建设，还取决于猪肉销售环节的猪肉可追溯体系建设，在猪肉溯源实现问题上生猪屠宰加工企业并不具有完全的主动权。调研发现，猪肉销售环节实现有效溯源存在一定困难，主要原因在于猪肉销售商摊位上一般同时销售两种及以上品牌猪肉。需要说明的是，品牌是指消费者对一个企业及其产品、售后服务、文化价值的认知程度，包括企业品牌和产品品牌，一个企业品牌可能拥有几个产品品牌，几个企业品牌也可能共用一个产品品牌。猪肉市场上接触更多的是企业品牌，本研究中的品牌特指企业品牌。销售商摊位上同时销售两种及以上品牌猪肉，容易导致白条在分割销售时无法区分销售的到底是哪一家生猪屠宰加工企业的猪肉，从而给溯源带来困难。因此，如果不能保证猪肉销售环节猪肉溯源的有效实现，并且该种情况被生猪屠宰加工企业所知晓，这将大大降低生猪屠宰加工企业参与猪肉可追溯体系的积极性，更会降低猪肉可追溯体系声誉机制对屠宰企业质量安全行为的规范作用。PC 作为一家年实际生猪屠宰量达到 200 万头的国有企业，产业链纵向协作程度相对松散，其屠宰加工的猪肉销往批发市场、超市、农贸市场、专营店等各个场所，猪肉销售环节实现有效溯源的难度更大。PC 的企业负责人非常清楚销售环节猪肉可追溯体系建设可能存在的问题（比如消费者购买的猪肉查询结果显示生产厂家是 PC，但实际上生产厂家是另外一家企业），这不仅影响了 PC 参与猪肉可追溯体系的积极性，也降低了其进一步加强生猪和猪肉质量安全检测力度的积极性。

2. 猪肉可追溯体系建设对 LZ 屠宰厂质量安全行为的影响

调查发现，猪肉可追溯体系建设同样有助于 LZ 屠宰厂质量安全控制的改进，除了通过加强质量安全监控力度和声誉机制起到规范质量安全行为的作用，猪肉可追溯体系建设对 LZ 质量安全控制的改进还体现在辅助该企业建立了生猪收购商信用评级制度（信用评级主要依据生猪收购商的生猪质量，具体包括含水量、药残、体型、膘肥等），不断将信用等级差的收购商排除在外，从而保证了猪肉质量安全，而该企业在猪肉质量安全控制方面做出的努力通过相对较高的猪肉销售价格得到回报，该企业所出售猪肉的价格比市场上的普通猪肉平均高 2 元/千克左右，其中猪肉可追溯体系的声誉机制实实在在对该企业的质量安全行为起到了激励作用。需要说明的是，猪肉可追溯体系声誉机制对 LZ 质量安全行为规范作用的发挥并不像 PC 一样受到较大的限制，主要原因在于，LZ 是年实际生猪屠宰量达到 20 万头的集体企业，产业链纵向协作程度相对紧密，其屠宰加工的猪肉主要销往超市和专营店，猪肉销售环节实现有效溯源的难度相对较小，客户或消费者知道自己所采购或购买的猪肉是 LZ 屠宰加工的，并对其猪肉的质量安全比较认可，形成比较稳定的顾客群，对 LZ 而言，优质可以实现优价，买卖双方都受益，尽可能避免了“柠檬市场”的产生。

四、本章小结

本章在对猪肉可追溯体系对生猪屠宰加工企业质量安全行为的作用机理展开理论分析的基础上，利用北京市实地调查的2家生猪屠宰加工企业的典型案例展开实证分析，主要得出以下结论。

猪肉可追溯体系建设对猪肉质量安全行为的保障作用很大程度上通过对生猪屠宰加工企业质量安全行为的影响反映出来，具体通过质量安全监控力度的增强和声誉机制起到规范屠宰企业质量安全行为的作用。猪肉可追溯体系建设带来的政府监管力度和监管效率的提高有助于遏制屠宰企业的道德风险活动和机会主义行为，声誉机制在解决猪肉质量安全问题上可以和显性激励机制一样起到对屠宰企业质量安全行为的激励约束作用。生猪屠宰加工企业的质量安全行为会影响整个市场的猪肉质量安全状况，这主要与屠宰企业的质量安全检测力度密切相关，通过对两家屠宰企业的调研发现，猪肉可追溯体系建设确实起到规范屠宰企业质量安全行为的作用，但作用的发挥在不同企业之间呈现出差异，现实中声誉机制对屠宰企业质量安全行为规范作用的发挥受到猪肉溯源水平的影响。

第八章　可追溯体系建设对养猪场户质量安全行为的影响分析

我国猪肉可追溯体系与生猪产业链上各利益主体息息相关，相辅相成，利益主体的参与行为会影响可追溯体系的建设与发展，可追溯体系的建设与发展也会影响利益主体的质量安全行为。针对猪肉可追溯体系建设是否有助于提升猪肉质量安全这一重要问题，第七章、第八章和第九章分别以生猪屠宰加工企业、养猪场户与猪肉销售商为研究对象，考察追溯体系参与行为与认知对生猪产业链相关利益主体质量安全行为的作用机理与作用效果。本章选取养猪场户为对象，利用对北京、河南、湖南三省市的396家养猪场户的调查数据，通过构建双变量Probit模型，实证分析养猪场户的质量安全行为及其影响因素，重点考察追溯体系参与行为与认知对养猪场户质量安全行为的作用机理与作用效果，以期回答和实证验证“猪肉可追溯体系有助于保障猪肉质量安全吗?”这一具有重要现实意义的问题。

一、研究依据与文献综述

在当前中国大力建设猪肉可追溯体系的背景下，有一个问题很值得我们关注：猪肉可追溯体系建设到底是否有助于提升猪肉质量安全水平？这显然是一个很有现实意义的问题。梳理相关文献发现，已有研究并未就“猪肉可追溯体系质量安全效应的现实效果如何?”或者“猪肉可追溯体系实现溯源是否有助于规范生产经营者质量安全行为?”这样一个具有现实意义的重大问题展开实证探讨和验证。刘增金等（2016）为探讨猪肉可追溯体系对保障猪肉质量安全的作用，构建政府契约激励模型和市场声誉机制模型，利用北京市实地调查的2家生猪屠宰加工企业的典型案例展开实证分析。结果表明：猪肉可追溯体系通过质量安全监控力度的增强和声誉机制起到规范屠宰企业质量安全行为的作用；猪肉可追溯体系建设带来的政府监管力度和监管效率的提高有助于遏制屠宰企业的道德风险活动和机会主义行为；声誉机制在解决猪肉质量安全问题上可以和显性激励机制一样起到激励约束屠宰企业质量安全行为的作用，但声誉机制作用的发挥受到猪肉溯源水平的影响。但该研究仅以两家生猪屠宰加工企业为案例，实证分析了猪肉可追溯体系质量安全效应的实证效果，并未更广泛深入地探讨猪肉可追溯体系对规范生猪产业链其他利益主体质量安全行为作用的实证效果。

20 世纪 90 年代中后期开始，我国就开始探索食品可追溯体系建设，特别是以奥运会和世博会为契机，在食品可追溯体系建设上取得了良好的成效。2015 年 10 月 1 日起新施行的《中华人民共和国食品安全法》中对建立食品安全追溯体系作出了更为明确的规定。农业部的农垦农产品质量追溯系统、商务部的肉类蔬菜流通追溯体系大大推动了猪肉可追溯体系建设。当前猪肉可追溯体系建设的主要目标是溯源，相关工作也是围绕这一目标而展开，因此猪肉可追溯体系建设带来的作用主要在于给生猪产业链各环节利益主体带来观念上的转变，参与可追溯体系可以提高各利益主体对生猪和猪肉溯源能力的信任水平，使其认识到违法违规的风险和成本，起到规范其质量安全行为的作用，从而有助于提升猪肉质量安全水平。应该认识到，上述作用发挥的关键在于产业链各环节利益主体是否知道或认识到自己的猪场、屠宰厂或销售摊位参与到可追溯体系中，而这又直接取决于政府对猪肉可追溯体系建设工作的落实力度。

已有研究表明，生猪产业链包括生猪养殖、生猪流通、生猪屠宰加工、猪肉销售等环节，产业链各个环节利益主体的质量安全行为都会影响猪肉质量安全（刘增金等，2018；王慧敏，2012）。养猪场户作为猪肉供应链的源头，其质量安全行为对于保障猪肉质量安全具有非常重要的作用（孙世民，2006）。因此，本章更关注养猪场户的质量安全行为如何？以及猪肉可追溯体系建设对养猪场户的质量安全行为产生什么影响？如果猪肉可追溯体系建设对养猪场户的质量安全行为具有积极作用，那么就可以认为猪肉可追溯体系有助于从源头保障猪肉质量安全。基于此，本章利用对北京、河南、湖南三省市的396家养猪场户调查获得的问卷数据，实证分析养猪场户的质量安全行为及其影响因素，重点考察追溯体系参与行为与认知对养猪场户质量安全行为的作用机理与作用效果，以期回答和实证验证“猪肉可追溯体系有助于保障猪肉质量安全吗?”这一具有重要现实意义的问题，这有助于为促进猪肉可追溯体系建设和保障猪肉质量安全提供客观依据。根据研究目的和思路，设计了调查问卷，主要包括以下几部分内容：第一部分是养猪场户的个体基本特征与基本经营情况；第二部分是养猪场户生产经营的纵向协作情况；第三部分是养猪场户的质量安全控制情况；第四部分是养猪场户的质量安全认知与监管情况；第五部分是养猪场户参与猪肉可追溯体系的认知与行为。

二、理论分析与计量模型构建

（一）理论分析

关于养猪场户质量安全行为的影响因素，已有不少研究。学者们一般认为影响养猪场户质量安全行为的因素包括：养殖场户个体基本特征、养殖基本情况、纵向协作模式、质量安全认知、外界监管情况等（Boger，2001；吴学兵等，2014；孙世民等，2012；王瑜等，2008；刘万利等，2007），但已有研究并未就猪肉可追溯体系对养猪场户质量安全行为的影响展开分析。有鉴于此，本章除了考察上述因素对养猪场户质量安全行为的影响外，还尝试厘清猪肉可追溯体系建设对养猪场户质量安全行为的作用机理，并对其作用程度进行定量分析。

猪肉可追溯体系的最终目的是为了保障猪肉质量安全，从这个意义上讲，可以将其界定为一种质量安全策略，但当前猪肉可追溯体系的直接目标是溯源，溯源如何能保障猪肉质量安全才是需要厘清的关键问题。“可追溯性”是食品可追溯体系的核心概念（谢菊芳，2005），欧盟将“可追溯性”定义为：在食品、饲料、用于食品生产的动物、或用于食品或饲料中可能会使用的物质，在全部生产、加工和销售过程中发现并追寻其痕迹的可能性。“可追溯性”的定义实质上反映了食品的溯源能力，就猪肉而言，可以将中国猪肉可追溯体系的溯源能力划分为4个水平，分别是追溯到猪肉销售商、生猪屠宰加工企业、养猪场户、生猪养殖饲料和兽药使用情况。这4个水平的实现难度是不断提高的。溯源对于消费者最直接的意义是保障消费者权益，比如消费者知情权，这在一定程度上降低了信息不对称程度，有助于解决市场失灵问题；而对于生产者最直接的意义则在于明确责任，使生产者在从事违法违规行为之前对其行为可能带来的后果有一个比较清晰的认识。

猪肉可追溯体系建设可以显著提高生猪购销商、生猪屠宰企业、猪肉销售商、猪肉消费者溯源至养猪场户的能力，有助于通过可追溯体系带来的监管激励和声誉激励的增强而起到规范养猪场户质量安全行为的作用。现实中，质量安全保障作用发挥的关键在于养猪场户是否认识到自己猪场参与到猪肉可追溯体系中，而这又直接取决于政府在生猪耳标佩戴、档案建立、检疫合格证获取等方面工作的落实力度。上述两个方面会提高养猪场户对溯源能力的信任水平，增加其违法违规风险和成本，从而起到规范其质量安全行为的作用。只有养殖场户认为自己猪场已参与到猪肉可追溯体系中，可追溯体系带来的监管激励和声誉激励的增强才能起到规范其质量安全行为的作用。因此，本研究提出以下研究假设：认为自己猪场已参与到猪肉可追溯体系的养猪场户的质量安全行为规范程度，要显著高于认为自己猪场未参与到猪肉可追溯体系的养猪场户；耳标佩戴、档案建立、检疫合格证获取工作落实更好的养猪场户，更加认为自己猪场已参与到猪肉可追溯体系中。据此形成图8-1的理论模型框架。

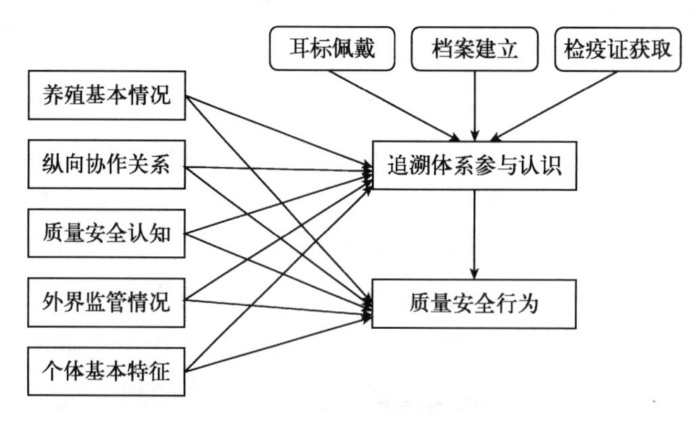

图8-1 理论模型框架

（二）计量模型构建

在展开进一步分析之前，必须回答生猪养殖场户行为选择的准则问题，正如消费者行为选择的效用最大化准则以及企业行为选择的利润最大化准则。本章调查的生猪养殖场户都是家庭经营，做出决策的是传统意义上的农户。关于农户行为研究的争论主要集中在农户是否理性的探讨上。但所谓的“理性之争”归根到底是理性的标准或者农户行为选择的准则之争。基于此，目前关于农户行为的实证研究，主要有两种思路：一类是基于农户追求利润最大化的前提假定，运用经济学方法来研究；另一类是基于有限理性的假定，用社会心理学的方法来研究（Austin 等，1998）。目前学者们对农户行为的理性人假定基本达成共识，分歧在于是完全理性还是有限理性，属于不同形式的理性之争（宋圭武，2002）。从实证研究来看，学者们更多支持有限理性的假定。当然，是完全理性还是有限理性还要根据农户具体行为来确定，比如具有明显道德价值倾向的行为更应该依据有限理性的假定。就本研究而言，养殖不存在质量安全隐患的生猪显然也是一种可以“更对得起良心”的、明显具有维护道德价值的行为，此时若遵从完全理性的假定显然不合适。在有限理性的假定下，生猪养殖场户的行为选择遵从效用最大化准则，利润最大化自然属于效用最大化的范畴，而自觉维护人的道德价值也同样会给养殖场户带来效用。因此，本研究在生猪养殖场户有限理性、追求效用最大化的前提假定下展开进一步分析。接下来就养殖场户质量安全行为的计量模型选择进行较为详细的数理推导。

假设养殖场户的质量安全行为（特指兽药使用行为）由一个潜在的效用水平变量 U 决定，在某个效用水平 U^* 以下，养殖场户会选择规范使用兽药，而在该效用水平以上，养殖场户不会选择规范使用兽药。养殖场户的兽药使用行为可以用下面的概率模型表示：

$$Probit\ (Y=1)=Probit\ (U>U^*)$$

$$Probit\ (Y=0)=Probit\ (U\leqslant U^*)$$

其中，潜在效用水平变量由追溯体系参与认知、养殖基本情况、纵向协作关系、质量安全认知、外界监管情况、个体基本特征等因素共同决定，即$U=\beta_0+XB+\mu$，X表示影响养殖场户效用的因素，也是影响养殖场户兽药使用行为的因素。模型概率函数采用标准正态分布函数形式，即Pr*obit*（Y）$=\varphi$（β_0+XB），因此需要估计的模型就可以转变成如下二元Probit模型：

$$Y=f_1（T，G，Z，C，J，P，\mu_1） \quad (8-1)$$

其中，被解释变量Y是养猪场户兽药使用行为，1表示不规范使用兽药，即使用禁用药，0表示规范使用兽药，即不使用禁用药。T是养殖场户追溯体系参与认知，认为自家猪场已参与到猪肉可追溯体系中用1表示，否则用0表示。其他解释变量中，G是养殖基本情况变量，包括从业时间、养殖规模、养殖方式、出栏数量；Z是纵向协作模式变量，包括农民专业合作社、生猪销售方式、生猪销售关系、饲料采购方式、饲料采购关系、兽药采购方式、兽药采购关系；C是质量安全认知变量，包括饲料添加剂和兽药使用规定了解程度；J是外界监管变量，包括检测水平认知、收购方监管力度、政府监管力度；P是养殖场户主个体基本特征变量，包括性别、年龄、学历；μ_1是残差项。

另外，根据前文理论分析，养猪场户的猪肉可追溯体系参与认知受到政府在耳标佩戴、档案建立、检疫证获取等方面工作落实情况的影响。据此再设立如下模型：

$$T=f_2（IV，G，Z，C，J，P，\mu_2） \quad (8-2)$$

其中，IV包括耳标佩戴、档案建立、检疫证获取；μ_2是残差项。

模型自变量的定义见表8-1。

表8-1　自变量定义

变量名称	含义与赋值	均值	标准差
追溯体系参与认知	您认为自家猪场是否已参与到猪肉可追溯体系中：是=1，否=0	0.59	0.49
耳标佩戴	猪场养殖的育肥猪是否全部戴有耳标：是=1，否=0	0.73	0.44
档案建立	猪场是否建有生猪养殖档案或防疫档案：是=1，否=0	0.91	0.28
检疫证获取	猪场生猪在每次销售时是否都获得动物检疫合格证：是=1，否=0	0.82	0.39
从业时间	场长从业时间（实际数值，单位：年）	13.52	6.12
养殖规模	猪场能繁母猪年末存栏数量：50头及以上=1，50头以下=0	0.49	0.50

（续）

变量名称	含义与赋值	均值	标准差
养殖方式	猪场是否采用全进全出养殖方式：是=1，否=0	0.44	0.50
出栏数量	猪场育肥猪平均每次出栏量：50 头及以上=1，50 头以下=0	0.47	0.50
专业合作社	是否加入农民专业合作社：是=1，否=0	0.35	0.48
生猪销售方式	生猪销售时通常采用什么方式：市场自由交易=1，协议或一体化=0	0.56	0.50
生猪销售关系	和生猪收购方是否有固定合作关系：是=1，否=0	0.41	0.49
饲料采购方式	购买饲料时通常采用什么方式：市场自由交易=1，协议或一体化=0	0.50	0.50
饲料采购关系	是否和饲料销售方有固定合作关系：是=1，否=0	0.66	0.48
兽药采购方式	通常采用什么方式购买兽药：市场自由交易=1，协议或一体化=0	0.67	0.47
兽药采购关系	和兽药销售方是否有固定合作关系：是=1，否=0	0.53	0.50
规定了解程度	您对饲料添加剂和兽药使用规定的了解程度如何：非常了解、比较了解=1，一般了解、不太了解、很不了解=0	0.67	0.47
检测水平认知	您是否相信禁用饲料添加剂和兽药可以从生猪中检测出来：非常相信、比较相信=1，一般相信、不太相信、很不相信=0	0.89	0.31
收购方监管力度	生猪收购方在生猪养殖质量安全方面的检测和惩治力度如何：非常强、比较强=1，一般、比较弱、非常弱=0	0.65	0.48
政府监管力度	政府在生猪养殖质量安全方面的检测和惩治力度如何：非常强、比较强=1，一般、比较弱、非常弱=0	0.85	0.36
性别	性别：男性=1，女性=0	0.81	0.39
年龄	年龄（实际数值，单位：周岁）	49.49	8.33
学历	学历（高中/中专及以上=1，高中/中专以下=0）	0.56	0.50

三、数据来源与样本说明

（一）数据来源

本研究数据源于对北京、河南、湖南三省市的养猪场户进行的问卷调查。最终获得 410 份调查问卷，有效问卷 396 份，其中，北京 183 份、河南 98 份、湖南 115 份。本研究调研主要分为两个阶段：一是借助生猪产业技术体系北京市创新团队的平台，于 2014 年 3 月至 8 月对北京市大兴、平谷、房山、顺义、通州、昌平6个郊区养猪场户的问卷调查；二是借助农业部农村经济研究中心固定合作观察点平台，于2017年12月对河南省驻马店、郑州、安阳、漯河、南阳、濮阳、洛阳、平顶山、信阳、焦作、开封11个地级市以及湖南省衡阳、郴州、永州、邵阳、长沙、娄底、株洲、岳阳、常德、怀化、湘潭11个地级市养猪场户的问卷调查。样本分布情况见表8-2。

表8-2　样本分布情况

省市	城区	样本数	比例（%）	省市	城区	样本数	比例（%）	省市	城区	样本数	比例（%）
河南	驻马店	25	6.31	湖南	衡阳	26	6.57	北京	平谷	54	13.64
	郑州	12	3.03		郴州	23	5.81		顺义	46	11.62
	安阳	11	2.78		永州	16	4.04		房山	40	10.10
	漯河	8	2.02		邵阳	11	2.78		大兴	26	6.57
	南阳	8	2.02		长沙	11	2.78		昌平	15	3.79
	濮阳	8	2.02		娄底	9	2.27		通州	2	0.51
	洛阳	7	1.77		株洲	7	1.77				
	平顶山	6	1.52		岳阳	6	1.52				
	信阳	6	1.52		常德	4	1.01				
	焦作	6	1.52		怀化	1	0.25				
	开封	1	0.25		湘潭	1	0.25				

（二）样本说明

样本基本特征如表8-3所示。从性别看，受访者中男性居多，占到81.31%。从年龄看，40～59岁年龄段的受访者占总样本数的77.78%，18～39岁、60岁及以上的人只占10.10%、12.12%，生猪养殖是一项繁重的工作，年轻人不愿意从事，年纪大的人难以坚持，因此从业者多为中年人。从学历看，接近一半的受访者只有初中及以下学历，43.69%的人具有高中/中专学历，只有11.87%的人具有本科/大专学历。总体来看，养猪场户的学历水平普遍不高，这也是养猪行业的一个现状。从从业时间看，23.74%的受访者从事生猪养殖的年限在10年以下，59.34%的人从业时间在 10～19 年，从业时间超过 20 年的人只占 16.92%，生猪养殖是一项具有较长盈利周期性、且需要经验积累的工作，并且虽然生猪养殖工作较累，但固定成本投入较大、从业者机会成本并不高，因此多数从业者从事生猪养殖的年限较长。从养殖规模看，12.88%的猪场能繁母猪数量在 10 头以下，36.36%的猪场能繁母猪数量在 10～49 头，20.20%的猪场能繁母猪数量在 50～99 头，30.56%达到 100 头及以上。从养殖方式看，43.69%的受访猪场采用全进全出的养殖方式。从出栏数量看，46.97%的受访猪场平均每次的生猪出栏量在 50 头以下，每次生猪出栏量过低会给生猪和猪肉可追溯体系建设带来很大困难，而这与生猪养殖规模和养殖方式等具有一定关系。

表 8-3　样本基本特征

项目	选项	样本数	比例（%）
性别	男	322	81.31
	女	74	18.69
年龄	18～39 岁	40	10.10
	40～59 岁	308	77.78
	60 岁及以上	48	12.12
学历	小学及以下	21	5.30
	初中	155	39.14
	高中/中专	173	43.69
	本科/大专	47	11.87
	研究生	0	0.00
从业时间	5 年以下	20	5.05
	5～9 年	74	18.69
	10～19 年	235	59.34
	20～29 年	60	15.15
	30 年及以上	7	1.77
养殖规模	10 头以下	51	12.88
	10～49 头	144	36.36
	50～99 头	80	20.20
	100 头及以上	121	30.56

（续）

项目	选项	样本数	比例（%）
养殖方式	全进全出方式	173	43.69
	非全进全出方式	223	56.31
出栏数量	50头以下	186	46.97
	50头及以上	210	53.03

四、模型估计结果与分析

（一）养猪场户兽药使用行为与可追溯体系参与情况的描述分析

1. 养猪场户的兽药使用行为

一般观点认为，猪肉质量安全隐患多产生于生猪养殖环节，生猪养殖环节的主要利益相关者是养猪场户，该环节可能产生的猪肉质量安全隐患主要是病死猪销售、生猪注水、禁用药使用和药物残留超标等。通过调查分析结果可知，生猪养殖环节的质量安全隐患主要在于养猪场户兽药使用行为不规范，因此，本章将养猪场户兽药使用行为作为养猪场户质量安全行为的具体衡量指标开展研究。

为了保健康、促生长，几乎所有养猪场户都要使用兽药，这就牵涉到使用是否规范问题。兽药使用是否规范主要是从猪肉质量安全的角度考虑的。在进一步分析养殖场户兽药使用规范情况之前，需要首先明确兽药的用途，兽药主要包括三大用途：其一，用于预防疫病；其二，用于治疗疾病；其三，用于饲料添加剂[①]。在此基础上再讲兽药使用规范，兽药不规范使用行为主要包括三类：第一，使用禁用药；第二，没有执行药物休药期；第三，加大药物使用剂量（刘增金等，2016）。其中，对消费者危害最大的是使用禁用药，调查发现，31.57%的受访养殖场户在过去一年中使用过禁用药。

应该认识到，禁用药使用是一个非常敏感的问题，如果直接问受访者

① 饲料添加剂可以分为营养类添加剂和非营养类添加剂，后者又包括生长促进剂、驱虫保健剂、药物保藏剂和其他添加剂等，其中生长促进剂基本都是一些药物。

是否使用过禁用药，那么会有很大一部分使用过禁用药的人并不承认，同时也可能有一部分人实际上使用过禁用药，却不知道其是禁用药。基于此，本研究采取以下措施以尽可能真实反映养猪场户使用禁用药情况：一方面，问卷设计时并非直接问养殖场户是否使用禁用药，而是依据《中华人民共和国农业部公告》（第 176 号和第 193 号）中规定的禁用药清单设计选项，并添加部分营养类饲料添加剂和允许使用的兽药作为选项，让受访者从中做出选择，问卷中列出的禁用药包括了农业部相关规定中主要的禁用药种类，尤其是兴奋剂类，如盐酸克仑特罗、莱克多巴胺、沙丁胺醇；另一方面，问卷调查时向受访者说明调查结果仅用于科研项目研究，不用于其他用途，打消受访者的疑虑，以尽可能获得最真实可靠的结果。同时，还要说明的是，为保障动物产品质量安全，维护公共卫生安全，农业部近几年不断加大兽药风险评估和安全再评价工作力度，近 3 年共禁止了 8 种兽药用于食品动物，尤其是 2015 年禁止洛美沙星、培氟沙星、氧氟沙星、诺氟沙星等 4 种人兽共用抗菌药物用于食品动物。由于本研究问卷调查涉及两个阶段，这也意味着问卷题目选项中的“诺氟沙星”在 2014 年调查时还不属于禁用药，2017 年调查时已属于禁用药，本研究在界定是否使用过禁用药问题上，严格遵守现实中相关规定。

2. 养猪场户对猪肉可追溯体系的参与认知与行为

调查发现，295 位受访养猪场户表示本次调查之前知道“生猪和猪肉可追溯体系”或“可追溯猪肉”，占总样本数的 74.49%，这其中有 163 人认为自家猪肉已参与到猪场可追溯体系中，占总样本数的 41.16%。可见，养猪场户对猪场可追溯体系的认知度整体较高，这与猪肉可追溯体系建设的大力推进和宣传具有密切关系。另外，生猪耳标佩戴、养殖档案建立、检疫合格证获取是关系猪肉可追溯体系建设能否顺利推进的基础工作（刘增金，2015），尤其是生猪耳标和生猪检疫合格证是生猪和猪肉溯源的最直接和有效的凭据。调查发现，72.98%的受访养猪场户表示猪场养殖的育肥猪全部佩戴有耳标，但也有 27.02%的养猪场户的育肥猪或多或少存在未佩戴耳标或耳标脱落的情况；91.16%的受访养猪场户表示猪场建有生猪养殖档案或防疫档案；81.57%的受访养猪场户表示生猪出售时都获得动物检疫合格证[①]。总体来说，猪肉可追溯体系建设的基础工作开展较好，但也存在一定问题，尤其在耳标佩戴和检疫证获取方面，需要加强监管，严格落实。

（二）养殖场户质量安全行为影响因素的计量分析

前文式（8-1）和式（8-2）构成了联立方程组，若上述两个方程的残差项之间存在相关性，则采用单一方程估计法并不是最有效率的，但若两个方程的残差项不存在相关性，那么对式（8-1）和式（8-2）分别进行估计是可行的（陈强，2010）。鉴于此，本章首先对式（8-1）和式（8-2）残差项之间相关性进行 Hausman 检验。检验结果发现，Rho=0 的似然比检验的卡方值为 13.975，相应 P 值为 0.000 2，在 1%的显著性水平下拒绝原假设，说明式（8-1）和式（8-2）的残差项显著相关，此时对两个方程进行联立估计是必要的。本章运用 Stata13.0 选择有限信息极大似然法（LIML）对式（8-1）和式（8-2）组成的双变量 Probit 模型进行估计（格林，2011），结果见表 8-4。

表 8-4　模型估计结果

变量名称	质量安全行为		追溯体系参与认知	
	系数	Z值	系数	Z值
追溯体系参与认知	-1.528***	-12.84	—	—
耳标佩戴	—	—	0.324***	2.61
档案建立	—	—	0.338	1.40
检疫证获取	—	—	0.191	1.31
从业时间	0.008	0.73	0.013	1.12
养殖规模	-0.087	-0.57	0.419***	2.57

① 这里需要说明的是，生猪购销商收购生猪是以车次（批次）为单位，一般而言，一辆运输大车可以容纳 100～200 头生猪，一辆运输小车可以容纳 50～100 头生猪，而当前不同养猪场户的每次生猪出栏量存在很大差异，因此，每一车次的生猪可能归属好几家养猪场户，生猪购销商会在收购满一车生猪后再由动监部门开具一张动物检疫合格证，这就造成部分养猪场户表示未获得生猪检疫合格证。这种情况虽然生猪也经过检疫，但由于不同养殖场户的质量安全行为存在差异，而检疫是以批次为单位进行抽检，因此这种情况不仅给生猪和猪肉可追溯体系建设带来困难，也存在一定的质量安全隐患。

（续）

变量名称	质量安全行为		追溯体系参与认知	
	系数	Z值	系数	Z值
养殖方式	−0.212*	−1.66	−0.034	−0.25
出栏数量	−0.050	−0.34	−0.054	−0.34
专业合作社	−0.029	−0.22	−0.252*	−1.74
生猪销售方式	0.334**	2.28	0.046	0.29
生猪销售关系	−0.020	−0.14	0.135	0.85
饲料采购方式	−0.072	−0.47	−0.110	−0.67
饲料采购关系	0.079	0.52	−0.079	−0.48
兽药采购方式	−0.275*	−1.68	−0.167	−0.94
兽药采购关系	0.148	1.02	−0.025	−0.15
规定了解程度	0.040	0.29	0.137	0.91
检测水平认知	0.249	1.22	0.249	1.12
收购方监管力度	0.043	0.32	0.105	0.71
政府监管力度	0.218	1.10	0.600**	2.56
性别	0.198	1.22	0.361**	1.97
年龄	0.002	0.25	−0.017*	−1.95
学历	0.181	1.39	0.201	1.41
常数项	−0.449	−0.90	−0.675	−1.15
Wald chi^2	302.37			
Prob>chi^2	0.000 0			

注：*、**、***分别表示10%、5%、1%的显著性水平。

1. 猪肉可追溯体系是否有助于保障猪肉质量安全的实证验证结果

由模型估计结果可知，追溯体系参与认知显著影响养猪场户的兽药使用行为，同时耳标佩戴又显著影响养猪场户追溯体系参与认知，即认为自己猪场已参与到猪肉可追溯体系的养猪场户的兽药使用行为不规范（使用禁用药）的可能性，要低于认为自己猪场未参与到猪肉可追溯体系的养猪场户；耳标佩戴工作直接影响到养猪场户是否认为自己猪场参与到猪肉可追溯体系中，猪场养殖的育肥猪全部戴有耳标的养猪场户，比那些猪场的育肥猪并未全部戴有耳标的养猪场户，更倾向于认为自己猪场已参与到猪肉可追溯体系中。这很好地验证了本章研究假说，证实了认为自己猪场已参与到猪肉可追溯体系的养猪场户的质量安全行为规范程度，要显著高于认为自己猪场未参与到猪肉可追溯体系的养猪场户，耳标佩戴工作通过直接影响养猪场户的可追溯体系参与认知而间接影响其质量安全行为。上述结果也验证了猪肉可追溯体系建设确实有助于从源头保障猪肉质量安全。

2. 其他变量对养猪场户兽药使用行为的影响分析

除了追溯体系参与认知变量，养殖方式、生猪销售方式、兽药采购方式 3 个变量也显著影响养猪场户的兽药使用行为。

第一，养殖方式反向显著影响养猪场户的兽药使用行为，即采用全进全出养殖方式的养猪场户的兽药使用行为，比未采用全进全出养殖方式的养猪场户更加规范的可能性更大。相比非全进全出的猪场，采用全进全出养殖方式的猪场的管理水平相对较高，环境卫生条件更加干净整洁，生猪疫病发生率更低，疫病防治更为准确及时，因此其兽药使用行为相对更加规范。

第二，生猪销售方式正向显著影响养猪场户的兽药使用行为，即主要通过市场自由交易方式销售生猪的养猪场户的兽药使用行为，比通过协议或一体化方式销售生猪的养猪场户更加规范的可能性更大。这与预期作用方向不一致，可能的原因在于：生猪经销商与养猪场户之间是现场定级结算，而生猪屠宰企业与生猪经销商之间是宰后定级结算，定级的标准包括出肉率、膘肥瘦、含水量等。因此，在市场自由交易情境下，生猪购销商有足够动力严格控制养猪场户的质量安全行为。但在猪源紧张的情况下，生猪购销商会为了保证猪源，与养猪场户达成生猪收购协议（口头或书面协议），这其中不乏小规模猪场或散户，此时生猪购销商对养猪场户的质量安全行为要求也会有所降低，从而使得兽药使用不规范行为发生的可能性增大。

第三，兽药采购方式反向显著影响养猪场户的兽药使用行为，即主要通过市场自由交易方式采购兽药的养猪场户的兽药使用行为，比通过协议或一体化方式采购兽药的养猪场户更加规范的可能性更小。我国建立了较为严格的兽药销售管理制度，与养猪场户通过协议或一体化方式销售兽药的销售商更加正规，通常在相关政府部门登记备案并对其严格规范管理，而通过市场自由交易销售兽药的销售商中更有可能存在一些小规模、管理差的兽药店，政府对其监管薄弱，由此更有可能存在禁用药销售的情况。

3. 其他变量对养猪场户追溯体系参与认知的影响分析

除耳标佩戴变量，养殖规模、专业合作社、政府监管力度、性别、年龄 5 个变量显著影响养猪场户的追溯体系参与认知。第一，养殖规模正向显著影响养猪场户的追溯体系参与认知，即相比猪场能繁母猪年末存栏数量在 50 头以下的养猪场户，能繁母猪数量在 50 头及以上的养猪场户认为自己猪场已参与到猪肉可追溯体系中的可能性更大。第二，专业合作社反向显著影响养猪场户的追溯体系参与认知，即相比未加入专业合作社的养猪场户，加入专业合作社的养猪场户认为自己猪场已参与到猪肉可追溯体系中的可能性更小。第三，政府监管力度正向显著影响养猪场户的追溯体系参与认知，即认为政府在生猪养殖质量安全方面的检测和惩治力度强的养猪场户认为自己猪场已参与到猪肉可追溯体系中的可能性更大。第四，性别正向显著影响养猪场户的追溯体系参与认知，即男性受访者认为自己猪场已参与到猪肉可追溯体系中的可能性更大。第五，年龄反向显著影响养猪场户的追溯体系参与认知，即年龄大的受访者认为自己猪场已参与到猪肉可追溯体系中的可能性更小。

五、本章小结

本章主要利用对北京、河南、湖南三省市的 396 家养猪场户调查获得的问卷数据，实证验证猪肉可追溯体系建设是否有助于提升猪肉质量安全水平这一重大问题。研究证实了猪肉可追溯体系有助于提升猪肉质量安全水平，具体表现在，耳标佩戴工作通过直接影响养猪场户的可追溯体系参与认知而间接影响其质量安全行为，即：猪场养殖的育肥猪全部戴有耳标的养猪场户，比那些猪场的育肥猪并未全部戴有耳标的养猪场户，更倾向于认为自己猪场已参与到猪肉可追溯体系中；而认为自己猪场已参与到猪肉可追溯体系的养猪场户的兽药使用行为不规范的可能性，要低于认为自己猪场未参与到猪肉可追溯体系的养猪场户。

本章还得出其他结论：生猪养殖环节存在质量安全隐患，主要表现为兽药使用不规范，对消费者危害最大的是使用禁用药，31.57%的养猪场户在过去一年中使用过禁用药；生猪养殖环节开展猪肉可追溯体系建设的基础条件较好，但仍存在一定问题，74.49%的养殖场户表示知道“猪肉可追溯体系”或“可追溯猪肉”，并且41.16%的养殖户认为自己的猪场已参与到猪肉可追溯体系中，72.98%的养猪场户表示养殖的育肥猪全部佩戴有耳标，91.16%的养猪场户表示猪场建有生猪养殖档案或防疫档案，81.57%的养猪场户表示生猪出售时都获得动物检疫合格证。另外，除了追溯体系参与认知变量，养殖方式、生猪销售方式、兽药采购方式等变量也显著影响养猪场户的兽药使用行为。

第九章　可追溯体系建设对猪肉销售商质量安全行为的影响分析

第七章和第八章分别以生猪屠宰加工企业和生猪养殖场户为对象，通过实证研究分析了追溯体系参与行为与认知对其质量安全行为的作用机理与作用效果，证实了猪肉可追溯体系有助于提升猪肉质量安全水平。本章依旧针对猪肉可追溯体系建设是否有助于提升猪肉质量安全这一重要问题，选取猪肉销售商为研究对象，对北京、上海、济南三大城市的 16 家批发市场、32 家农贸市场的 636 位猪肉销售商开展问卷调查，系统深入地实证分析猪肉销售商质量安全行为及其影响因素，重点考察溯源追责信任、纵向协作关系对猪肉销售商质量安全行为的影响。

一、研究依据与文献综述

市场经济条件下，猪肉质量安全问题的产生归根到底是对行为主体激励不够，溯源追责对严惩和遏制猪肉生产经营者的违法违规行为具有事前预防和事后惩治作用（刘增金等，2016；陈思等，2010）。溯源追责包括两方面内涵：一是明确质量安全问题的责任人和相应法律责任，包括行政责任、民事责任和刑事责任，即法律责任在质上的界定；二是以产业链为线索，追踪溯源，明确产业链各环节利益主体的相应法律责任，即法律责任在量上的界定。溯源追踪的目的就是让质量安全问题的所有责任人都受到应有的、恰当的惩治，从而起到警示和震慑作用。溯源追责的实现对猪肉质量安全风险社会共治具有基础性作用，有助于切实加强政府监管，有助于市场声誉激励作用发挥，有助于消费者、网络媒体、社会组织等发挥监督作用。已有研究也表明，猪肉生产经营者对溯源追责能力的信任有助于规范其质量安全行为（刘增金等，2016），消费者对溯源追责的信任也有助于增加其购买猪肉的可能性（刘增金等，2016）。当前我国大力推进猪肉可追溯体系建设，这是实现溯源追责的重要途径，可以对严惩和遏制猪肉生产经营者的违法违规行为具有事前预防和事后惩治作用。然而现实中，政府监管激励和市场声誉激励对生猪产业链各环节利益主体质量安全行为规范作用的发挥，受到生猪产业链各环节利益主体对溯源能力信任水平的约束。显然，只有生猪产业链利益主体真正认识到并相信溯源的实现，猪肉可追溯体系带来的政府监管的增强和市场声誉的提高才能起到规范产业链利益主体质量安全行为的作用。但由于中国猪肉可追溯体系实施水平的不足以及可追溯体系宣传的不到位，导致部分生猪产业链各环节利益主体对溯源能力的信任水平较低，从而影响可追溯体系政府监管激励和市场声誉激励作用的发挥。

“可追溯性”是食品可追溯体系的核心概念（Meuwissen 等，2003；孔洪亮等，2004；谢菊芳，2005），欧盟将其定义为：在食品、饲料、用于食品生产的动物、或用于食品或饲料中可能会使用的物质，在全部生产、加工和销售过程中发现并追寻其痕迹的可能性。“可追溯性”的定义实质上反映了食品的溯源能力，就猪肉而言，可以将猪肉溯源能力划分为不同水平，分别是追溯到猪肉销售商、生猪屠宰加工企业、养猪场户、生猪养殖饲料和兽药使用情况，实现难度是逐步增加的。国外溯源主要强调追溯到原产地的能力，但这是建立在完善的基层档案制度基础上的，就中国国情和保障食品安全的效果来说，溯源应该主要是指追溯到养殖场户的能力。溯源意识很早就有，但探讨溯源在改进食品安全方面的作用还是随着信息不对称理论在食品安全领域的应用才得以重视，也由此推动食品可追溯体系从理论到实践不断得以发展。然而，遗憾的是，已有研究并未就“猪肉可追溯体系质量安全效应的现实效果如何”或者“猪肉可追溯体系实现溯源是否有助于规范生产经营者质量安全行为?”这样一个具有现实意义的重大问题进行探讨。刘增金等（2016）为探讨猪肉可追溯体系对保障猪肉质量安全的作用，构建了政府契约激励模型和市场声誉机制模型并进行理论探讨，利用北京市实地调查的 2 家生猪屠宰加工企业的典型案例展开实证分析。结果表明：猪肉可追溯体系通过质量安全监控力度的增强和声誉机制起到规范屠宰企业质量安全行为的作用；猪肉可追溯体系建设带来的政府监管力度和监管效率的提高有助于遏制屠宰企业的道德风险活动和机会主义行为；声誉机制在解决猪肉质量安全问题上可以和显性激励机制一样起到激励约束屠宰企业质量安全行为的作用，但声誉机制作用的发挥受到猪肉溯源水平的影响。但该研究仅以 2 家生猪屠宰加工企业为案例实证分析了猪肉可追溯体系质量安全效应的实证效果，并未更广泛深入地探讨猪肉可追溯体系对规范生猪产业链其他利益主体质量安全行为作用的实证效果。

长期以来，研究者们对生猪养殖环节、生猪屠宰加工环节的质量安全问题更加关注，而忽视猪肉销售环节的质量安全问题，但这并不意味着猪肉销售环节的质量安全问题不存在或者不严重。已有研究表明生猪产业链任一环节利益主体的质量安全行为都会影响猪肉质量安全（孙世民，2006），有学者认为猪肉销售环节的质量安全风险甚至高于生猪养殖和生猪流通环节（林朝朋，2009）。猪肉销售环节主要包括批发市场、农贸市场、超市、专营店等销售业态，已有关于猪肉销售环节质量安全问题的研究相对较少，且主要关注超市的猪肉质量安全问题（夏兆敏，2014；卢凌霄等，2014；曲芙蓉等，2011；王仁强等，2011）。超市在猪肉来源、检验检测、经营环境、质量安全承诺等方面均有严格规定，猪肉质量安全水平较高；专营店以品牌和生猪品种为竞争优势，通过供应链各环节的紧密合作加强质量安全控制，能够较好实现追溯，猪肉质量安全也有保障；反而是不太关注的批发市场和农贸市场的猪肉质量安全风险更高。然而，直接关于批发市场和农贸市场质量安全状况的研究很少。目前批发市场仍是猪肉批发环节的主力军之一，猪肉零售环节中农贸市场虽然面临着来自超市和专营店的竞争压力，但不少社区中的小型农贸市场由于便利性等原因仍有较大的生存空间。因此，研究批发市场和农贸市场的猪肉质量安全状况具有非常重要的现实意义。

已有研究表明，产业链纵向协作关系会影响农产品生产经营者的质量安全行为（钟颖琦等，2017；刘增金，2015；吴学兵等，2014；刘庆博，2013；徐家鹏，2011）。纵向协作（也称垂直协作）是指在某种产品的生产和营销垂直系统内协调各相继阶段的所有联系方式（Mighell 等，1963）。纵向协作涵盖了市场自由交易、协议（也称契约）、合作经济组织、战略联盟和纵向一体化等各种形式的纵向联系方式（Martinez，1999)。产业链纵向协作关系是指产业链上下游各环节利益主体之间的采购、生产、加工、销售、分配等利益联结方式。已有专门研究产业链纵向协作关系对产业链利益主体质量安全行为影响的文献较多，但暂未发现产业链纵向协作关系对猪肉销售商质量安全行为影响的研究。同时，产业链纵向协作关系还会影响猪肉销售商对猪肉溯源追责能力的信任。与猪肉销售商密切相关的产业链纵向协作关系包括猪肉采购关系和猪肉销售关系，是否具有固定采购关系和固定销售关系，会影响到猪肉销售商对猪肉溯源追责能力的信任程度。一般而言，具有固定采购关系和固定销售关系的猪肉销售商对猪肉溯源追责能力的信任度更高。产业链纵向协作关系对溯源追责信任的这种影响，导致溯源追责信任对猪肉销售商质量安全行为的影响具有内生性。

梳理已有文献，已有研究并未就批发市场、农贸市场猪肉销售商的质量安全行为及其影响因素展开全面的调查分析，更未聚焦关注产业链纵向协作关系、溯源追责信任对猪肉销售商质量安全行为的影响，在当前我国大力推进猪肉可追溯体系建设的背景下，也并未有研究对猪肉可追溯体系质量安全效应的现实效果展开实证验证。应该说，本研究是具有很强的创新性和现实意义的。基于此，利用在北京、上海、济南三大城市对 16 家批发市场、32 家农贸市场的 636 位猪肉销售商开展的问卷调查数据，系统深入地实证分析猪肉销售商质量安全行为及其影响因素，重点考察溯源追责信任、产业链纵向协作关系对猪肉销售商质量安全行为的影响，通过构建双变量 Probit 模型和纳入工具变量来解决溯源追责信任的内生性问题给模型估计结果带来的偏误，以更准确反映猪肉销售商质量安全行为影响因素的作用方向和作用大小，同时创新性地回答“猪肉可追溯体系质量安全效应的现实效果如何”这一问题，以期为加强猪肉销售商质量安全行为控制、寻求猪肉质量安全问题解决提供对策建议。之所以选择这三个城市展开调查研究，主要是因为：上海市和济南市分别是商务部肉类蔬菜流通追溯体系第一批和第二批试点建设城市，北京市虽然作为第三批试点建设城市，但北京市早就利用北京奥运会契机开始食品可追溯体系建设，因此三个城市猪肉可追溯体系建设起步较早，在国内处于较为领先水平，便于开展相关研究。

二、理论分析与计量模型构建

（一）理论模型构建与变量选择

理论上，政府主导的猪肉可追溯体系建设对生猪产业链各环节利益主体（包括养猪场户、生猪购销商、生猪屠宰加工企业、猪肉销售商）质量安全行为的影响主要表现在两方面：一是通过加强对生猪产业链各环节的质量安全监控力度来规范产业链各利益主体的质量安全行为；二是通过提高企业声誉来降低交易成本、抑制机会主义行为，从而起到规范各利益主体质量安全行为的作用。具体以作用于猪肉销售商质量安全行为而言：一方面，政府既是猪肉可追溯体系建设发起者、推动者，也是监管者。政府对销售商实施可追溯的外部激励，既包括给予参与可追溯体系销售商的正向激励，也包括对违规销售商实施惩罚的逆向激励。在政府的契约激励问题中，政府首先制定并公布猪肉可追溯体系的激励契约的内容，观察到政府的契约条款后，销售商决定是否加入契约，一旦销售商加入契约，就需要报告他的生产行为特征并采用相关的投入支出组合。另一方面，我国虽已在部分地区推行猪肉可追溯体系试点建设，但并未强制个体销售商参与，猪肉生产经营者自愿参与的一个重要原因是可提高屠宰企业、销售商及其产品在市场上的声誉。市场主体的声誉是在信息不对称的前提下，博弈一方参与者对另一方参与者行为发生概率的一种认知，它包含了参与双方之间重复博弈所传递的信息。只要消费者经常地重复购买生产经营者的产品或服务，就会促使利润最大化类型的生产经营者树立高质量的声誉，声誉可以作为显性激励契约的替代物。即便没有显性激励合同，但为了提高销售商市场声誉，增加未来预期收入，销售商也会注重自己的经营行为，积极参与猪肉可追溯体系，严把猪肉质量安全关。

现实中，政府监管激励和市场声誉激励对猪肉销售商质量安全行为规范作用的发挥，受到生猪产业链各环节利益主体对溯源能力信任水平的约束。显然，只有猪肉销售商真正认识到以及相信溯源的实现，猪肉可追溯体系带来的政府监管的增强和市场声誉的提高才能起到规范猪肉销售商质量安全行为的作用。因此，本研究认为溯源追责信任会影响猪肉销售商的质量安全行为。同时，已有研究认为，影响食品销售商质量安全行为的因素还包括纵向协作关系、经营基本情况、质量安全认知、外界监管情况、个体特征（陈雨生等，2014；王慧敏，2012；乔娟，2011；曲芙蓉等，2011；刘李峰等，2007）。借鉴已有研究成果，本研究将上述因素纳入对猪肉销售商质量安全行为的影响分析，同时根据研究目的还将溯源追责信任纳入分析，且认为溯源追责信任受到追溯体系参与情况、购物小票提供行为、品牌猪肉采购行为、纵向协作关系、经营基本情况、质量安全认知、外界监管情况、个体特征等因素的共同影响（图 9－1）。下面具体分析上述因素的衡量指标及作用机理。

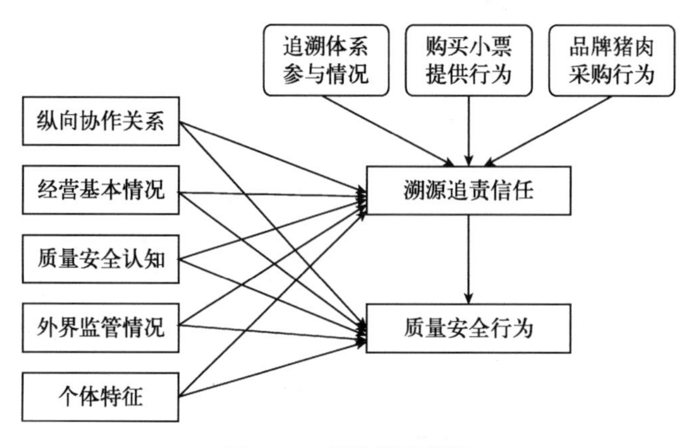

图 9－1　理论模型框架

1. 溯源追责信任，该因素包括溯源追责信任 1 个变量

“可追溯性”的定义实质上反映了食品的溯源能力，猪肉溯源能力包括分别追溯到猪肉销售商、生猪屠宰加工企业、养猪场户、生猪养殖饲料和兽药使用情况，实现难度是逐步增加的。在猪肉可追溯体系建设之前，消费者直接追溯到猪肉销售商的难度并不大，猪肉可追溯体系建设主要是提高消费者追溯到生猪屠宰加工企业、养猪场户的能力，更进一步提高了消费者追溯到猪肉销售商的能力。因此，消费者对猪肉溯源追责的信任程度通过受访者对“一旦您销售的猪肉并非因自身原因出现质量安全问题，消费者可以确切追查到您以及上一级猪肉销售商与生猪屠宰企业?”问题的回答来反映。预期猪肉溯源追责信任程度高的猪肉销售商的质量安全行为更规范。另外，猪肉可追溯体系建设的目标是实现溯源，猪肉可追溯体系参与情况很可能对猪肉销售商溯源追责信任产生影响，而购物小票是消费者的购买凭证，品牌猪肉采购行为则反映了与产业链上游利益主体的关系，追溯体系参与情况、购物小票提供行为、品牌猪肉采购行为都可能不同程度影响猪肉销售商对溯源追责能力的信任程度。因此将上述3个变量纳入对溯源追责信任的影响分析。

2. 纵向协作关系，包括采购关系、销货关系2个变量

猪肉销售商的纵向协作关系主要包括与产业链上游猪肉经销商、生猪屠宰加工企业的采购关系和与产业链下游猪肉采购者的销货关系。一方面由于不同品牌猪肉的质量安全存在差异，以及不同销售对象对猪肉质量安全的要求也存在差异；另一方面是否具有固定采购关系和固定销货关系，决定了猪肉销售商与上一级猪肉经销商、生猪屠宰加工企业以及猪肉采购者之间的利益联结方式，并最终反映在对猪肉质量安全和价格方面的要求上。通常认为，具有固定采购关系和固定销货关系的猪肉经销商、生猪屠宰加工企业以及猪肉采购者，对猪肉质量安全的控制和要求更严格。因此，将上述2个变量纳入模型。预期具有固定采购关系和固定销货关系的猪肉销售商的质量安全行为更加规范。

3. 经营基本情况，包括销售年限、销售数量、销售利润、销售业态4个变量

经营年限的差异可以反映出猪肉销售商经营经验、经营效益的不同，这可能影响销售商在采购货物过程中对猪肉质量安全的辨识经验积累和谨慎态度，从而影响销售商质量安全行为。销售数量和销售利润反映了猪肉销售商的经营能力，在市场竞争日益激烈的情况下，不同销售数量和销售利润的销售商可能会采取不同的经营策略，具体反映在对猪肉质量安全的控制方面。同时，批发市场以从事猪肉批发业务为主，农贸市场以从事猪肉零售业务为主，不同销售场所的猪肉销售商的质量安全行为也可能呈现差异。因此，将上述4个变量纳入模型分析。预期销售年限长、销售数量多、销售利润高的猪肉销售商的质量安全行为更加规范，批发市场与农贸市场的猪肉销售商的质量安全行为是否存在明显差异有待进一步验证。

4. 质量安全认知，包括关注程度、责任意识 2 个变量

质量安全认知因素通过受访者对猪肉质量安全相关的法律法规或政策的关注程度来衡量。对猪肉质量安全相关的法律法规或政策关注程度高的销售商会具有更强的遵纪守法意识，对违法违规行为及其后果有更清晰地认识，从而起到约束质量安全行为的作用。《中华人民共和国食品安全法》中明确规定：禁止采购、使用不符合食品安全标准的食品原料、食品添加剂、食品相关产品；食品经营者发现其经营的食品不符合食品安全标准，应当立即停止经营，可知猪肉销售商对于自己所销售的问题猪肉要承担相应的法律责任。因此，将上述 2 个变量纳入模型分析。预期对猪肉质量安全法律法规或政策关注程度高、认为应该为出售问题猪肉负责的猪肉销售商的质量安全行为更规范。

5. 外界监管情况，包括监控力度、惩治力度 2 个变量

外界监管一直是研究猪肉生产经营者质量安全行为不可缺少的因素。猪肉销售商具有“社会人”属性，处在复杂的社会中，其行为必然受到周围社会环境的影响；从经济学角度来说，信息不对称的存在容易导致市场失灵，而这种市场失灵需要政府的干预，同时猪肉销售商与所在批发市场和农贸市场之间实质上存在着一种委托代理关系，同样会受到所在市场的监管。因此，猪肉销售商的质量安全行为会受到来自政府、市场管理方的双重监管，猪肉质量安全监控力度和惩治力度的不同会对猪肉销售商质量安全行为产生不同影响。因此，将上述 2 个变量纳入模型分析。预期猪肉销售商感知到的来自政府和市场管理方对猪肉质量安全监控力度和惩治力度越强，猪肉销售商的质量安全行为会越规范。

6. 个体特征，包括性别、年龄、学历 3 个变量

不同性别、年龄、学历猪肉销售商的质量安全认知、经营经验以及对行业自律的认知等存在差异，这会影响猪肉销售商的质量安全行为。性别、年龄、学历变量也是多数相关研究共同考虑的因素，它们对质量安全行为产生影响的原因是综合作用的结果，性别、年龄、学历上的差异既可以反映出猪肉销售商学识和经验的不同，也会决定其对不规范质量安全行为的态度差异，其背后更深层的原因较难全面厘清。本研究将这 3 个变量纳入模型分析，不对其作用方向做预期。

（二）计量模型构建

假定模型残差项服从标准正态分布，根据前文理论分析，构建如下二元 Probit 模型：

$$Y = f_1 \text{（} T, Z, J, Z, C, P, \mu_1 \text{）} \qquad (9-1)$$

式（9－1）中，被解释变量 Y 是猪肉销售商质量安全行为控制，1 表示遇到过猪肉质量安全问题，0 表示未遇到过猪肉质量安全问题。T 是猪肉销售商溯源追责信任，“非常信任”“比较信任”用 1 表示，其他用 0 表示。其他解释变量中，Z 是纵向协作关系变量，包括采购关系、销货关系；J 是经营基本情况变量，包括经营年限、销售数量、销售利润、销售业态；C 是质量安全认知变量，包括法律法规关注程度、责任意识；G 是外界监管变量，包括质量安全监控力度、惩治力度；P 是猪肉销售商个体特征变量，包括性别、年龄、学历；μ_1 是残差项。

解释变量“溯源追责信任”可能存在内生性问题，直接采用二元 Probit 模型估计可能因遗漏变量和联立内生性而得到有偏和非一致的结果（Wooldridge，2002）。本研究后面采用的 Hausman 检验也确实发现该变量存在内生性问题。研究者们会选择合适的工具变量并采用双变量 Probit 模型估计（仇焕广等，2007），以解决内生性问题。为此，需要再设立模型，见公式（9－2）。

$$T = f_2 \text{（} IV, Z, J, Z, C, P, \mu_2 \text{）} \qquad (9-2)$$

式（9－2）中，IV 包括追溯体系参与、购物小票提供、品牌猪肉采购在内的工具变量；μ_2 是残差项。式（9－1）和式（9－2）构成了联立方程组，即构成了双变量 Probit 模型。

工具变量的选取是困难的，而选出一个强工具变量更难，但若能选出 2 个及以上显著影响猪肉销售商对溯源追责信任的变量也能有效避免弱工具变量问题，因此选取了追溯体系参与、购物小票提供、品牌猪肉采购 3 个变量进行尝试。这 3 个工具变量显然对猪肉销售商质量安全行为控制没有直接影响，但可能通过影响猪肉销售商溯源追责信任而间接影响其质量安全行为控制。另外，有限信息最大似然估计较之于两阶段最小二乘估计对弱工具变量问题更加不敏感（陈强，2010），并且结合后面的估计结果，本研究选取的2个工具变量的影响是显著的，因此，本研究选取的工具变量是有效的。

模型自变量的定义见表9-1。

表9-1 自变量定义

变量名称	含义与赋值	均值	标准差
溯源追责信任	是否相信"一旦您销售的猪肉并非因自身原因出现质量安全问题，消费者可以确切追查到您以及上一级猪肉销售商与生猪屠宰企业?"：非常信任、比较信任=1，一般信任、不太信任、很不信任=0	0.86	0.34
追溯体系参与	是否知道猪肉可追溯体系且认为已参与其中：是=1，否=0	0.56	0.50
购物小票提供	是否主动提供购物小票：是=1，否=0	0.38	0.49
品牌猪肉采购	是否同时销售两个及以上品牌猪肉：是=1，否=0	0.49	0.50
采购关系	是否有固定的采购关系：是=1，否=0	0.71	0.45
销货关系	是否有固定的销货关系：是=1，否=0	0.72	0.45
销售年限	实际数值	10.21	6.27
销售数量1	日销售量500千克以下=1，其他=0	0.57	0.50
销售数量2	日销售量在500～999千克=1，其他=0	0.34	0.47
销售利润1	销售价比采购价平均每斤净赚0.5元以下=1，其他=0	0.39	0.49
销售利润2	销售价比采购价平均每斤净赚0.5～0.9元=1，其他=0	0.35	0.48
销售业态	批发市场=1，农贸市场=0	0.81	0.40
关注程度	平时是否关注与猪肉质量安全相关的法律法规或政策：非常关注、比较关注=1，一般关注、不太关注、很不关注=0	0.39	0.49
责任意识	若出售的猪肉因养殖、流通、屠宰环节原因出现质量安全问题，您自认为是否承担责任：承担=1，不承担=0	0.53	0.50
监控力度	市场管理方和政府部门对猪肉质量安全的监控力度：非常强、比较强=1，一般、比较弱、非常弱=0	0.88	0.32
惩治力度	市场管理方和政府部门对猪肉质量安全问题责任人的惩治力度：非常强、比较强=1，一般、比较弱、非常弱=0	0.80	0.40
性别	男=1，女=0	0.47	0.50
年龄	实际数值	39.55	8.91
学历1	初中及以下=1，其他=0	0.72	0.45
学历2	高中/中专=1，其他=0	0.23	0.42

三、数据来源与样本说明

（一）数据来源

一般来说，生鲜猪肉的销售业态主要包括批发市场、超市、直营店、农贸市场等，其中批发市场分为一级批发市场（批发大厅）和二级批发市场（零售大厅）。北京、上海、济南都有农产品批发市场，每家批发市场都有专门的生鲜猪肉销售大厅，生猪屠宰加工企业每天深夜或凌晨将猪肉配送至各批发市场的批发大厅，与此同时，零售大厅的猪肉销售商开始从批发大厅进货，然后销售给超市（一般为小型超市）、农贸市场、饭店、机关或事业单位、工地和普通消费者。超市、农贸市场、专营店主要从事猪肉零售业务，直接面向饭店等企业或单位和普通消费者。

本研究数据源于两个阶段的调研，第一阶段于 2014 年 7—9 月对北京市大洋路、城北回龙观、新发地、锦绣大地、西郊鑫源 5 家批发市场和回龙观鑫地、健翔桥平安、明光寺等 6 家农贸市场的猪肉销售商进行的问卷调查。最终获得 197 份有效问卷，其中批发市场 172 份、农贸市场 25 份。第二阶段于 2017 年 9—10 月对上海市上农、江桥、江杨、西郊国际、七宝、八号桥 6 家批发市场和北桥、北新泾、川南等 22 家农贸市场的猪肉销售商进行的问卷调查，以及对济南市匡山、七里堡、八里桥、绿地、海鲜大市场 5 家批发市场和吉祥苑、七里河、全福、燕山 4 家农贸市场进行的问卷调查。最终上海市获得 227 份有效问卷，其中批发市场 147 份、农贸市场 80 份；济南市获得 212 份有效问卷，其中批发市场 193 份、农贸市场 19 份。调查人员主要为中国农业大学、上海海洋大学、山东师范大学、滨州学院的研究生和本科生，调查方式为一对一的访谈形式。

表 9-2　调查区域选择与分布情况

城市	批发市场		农贸市场	
	个数	份数	个数	份数
北京	5	172	6	25
上海	6	147	22	80
济南	5	193	4	19
合计	16	512	32	124

（二）样本说明

从性别看，受访者中女性所占比例稍多，达到52.99%，一个猪肉销售摊位通常由夫妻二人共同经营；从年龄看，绝大多数经营者都是中青年人，18～39岁人群占到44.97%，40～59岁人群占到54.25%，猪肉销售经营是一件很苦很累的工作，且工作和休息时间颠倒，年纪大的人难以承受这种高负荷工作；从学历看，受访者中多数只有初中及以下学历，达到72.48%，具有大专及以上学历的人只占5.03%，猪肉销售经营学历门槛低，主要靠体力、耐力、经验，可以获得相对较为可观的收入，因此吸引了比较多的低学历人群加入，又因其工作的苦和累，无法吸引高学历人群；从经营年限看，超过一半受访者从事猪肉销售经营年限在10年及以上，说明虽然该工作苦和累，但因其有较为可观的收入，对从业者具有较强的吸引力，有些甚至整个家族都在从事猪肉销售；从销售数量看，56.60%的摊位猪肉日销售量在500千克以下，34.12%的摊位猪肉日销售量在500～999千克，只有9.28%的摊位猪肉日销售量达到1 000千克，批发市场摊位的猪肉销售量通常高于农贸市场摊位；从销售利润看，39.47%的摊位每销售1千克猪肉平均净赚1元以下，35.22%的摊位每销售1千克猪肉净赚1～1.9元，25.31%的摊位每销售1千克猪肉可以净赚

表9-3　样本基本特征

项目	选项	样本数	比例（%）	项目	选项	样本数	比例（%）
性别	男	299	47.01	经营年限	0～4年	112	17.61
	女	337	52.99		5～9年	185	29.09
年龄	18～39岁	286	44.97		10～19年	248	38.99
	40～59岁	345	54.25		20年及以上	92	14.47
	60岁及以上	5	0.79	销售数量	500千克以下	360	56.60
学历	小学及以下	118	18.55		500～999千克	217	34.12
	初中	343	53.93		1 000千克以上	59	9.28
	高中/中专	143	22.48	销售利润	1元以下/千克	251	39.47
	大专	28	4.40		1～1.9元/千克	224	35.22
	本科及以上	4	0.63		2元及以上/千克	161	25.31

2元及以上，一般来说，农贸市场摊位每销售1千克猪肉获得的利润要高于批发市场摊位，批发市场摊位重在薄利多销。

四、模型估计结果与分析

（一）猪肉销售商质量安全行为的描述统计分析

1. 猪肉销售商质量安全行为及问题原因的描述分析

调查发现，受访的636位猪肉销售商中，31.13%的人表示近两年遇到过猪肉质量安全问题，本研究将这部分猪肉销售商界定为质量安全行为不规范或质量安全行为控制不严格。不管这种情况的发生是否出于猪肉销售商主观意愿，一旦遇到猪肉质量安全问题，就有可能对消费者身心健康带来损害，不利于市场稳定和生猪产业发展。本研究全面综合探讨分析猪肉销售商遇到猪肉质量安全问题的原因。其中，注水肉问题最为严重，22.17%的人表示遇到过注水肉问题，6.76%的人表示遇到过不新鲜卫生、变质猪肉问题，2.83%的人表示遇到过瘦肉精等禁用药残留超标问题，1.89%的人表示遇到过病死肉问题，还有3.77%表示遇到过其他猪肉质量安全问题。应该认识到，猪肉销售环节只是生猪产业链的一个环节，是问题猪肉流入市场的主要渠道，该环节本身基本不会产生新的猪肉质量安全问题，如果生猪养殖、流通、屠宰加工环节不产生生猪、猪肉质量安全问题，那猪肉销售环节基本也不会存在猪肉质量安全问题。但前期通过对生猪养殖、流通、屠宰加工环节的调查获知，这些产业链环节都或多或少存在质量安全隐患，由此增加了问题猪肉流入销售环节进而流向市场的可能性。

具体而言，以较为普遍存在的注水肉问题为例，调查发现，注水肉更可能直接产生于生猪流通环节，部分购销商购买生猪后，给生猪注射某种药物，注射之后生猪大量饮水且不易排出。屠宰企业依据目前的待宰时间规定和检验监测标准等，收购生猪后待宰12小时，没有发现异常现象和可疑药物，也没有发现猪肉水分超标（国家规定的猪肉含水量标准是小于等于77%，屠宰企业抽查结果多数在74%～76%）。在猪肉销售环节，虽不排除部分没经验的摊主将排酸过度反水的猪肉当成注水肉，但这种情况极少，有经验的摊主很容易区分排酸过度反水猪肉和注水肉，而受访者中82.39%的摊主经营猪肉的时间不低于5年。另外，也不排除多数摊主主观意愿上不愿意买到注水肉，但由于二分胴体（或白条）比分割肉更难分辨含水量大小，加之进货时间紧，还是可能买到注水肉。

深度调查发现，猪肉销售环节存在质量安全问题的深层原因主要可以归结为以下几个方面：一是猪肉质量安全监管难度大，批发市场和农贸市场的猪肉质量安全检测主要是抽检，难以做到每头检测，产业链上游的生猪养殖流通环节和生猪屠宰加工环节也只能做到抽检；二是缺乏有效的问题猪肉退回机制，由于检测不可能做到面面俱到、万无一失，因此难免给问题猪肉留下流入市场的机会，并且在抽检合格的前提下，上一级猪肉销售商或屠宰加工企业有足够理由拒收问题猪肉，未建立起问题猪肉退回机制或召回机制；三是部分销售商对问题猪肉辨识能力较差，猪肉销售是一个门槛低、但需要经验积累的行业，部分销售商从事该行业年限很短，在采购货物的短时间内，难免选购到存在一定质量安全问题的猪肉[①]；四是部分猪肉销售商有冒险销售问题猪肉的动机，由于监管难度大，在当前市场竞争日益激烈的背景下，监管漏洞的存在使部分销售商甘愿冒险采购和销售问题猪肉；五是问题猪肉有市场生存空间和销售渠道，由于户外猪肉质量安全监管难度大，导致问题猪肉多数流入饭店、酒店、小摊贩等，问题猪肉从生猪养殖源头到最终消费仍然存在一定生存空间和市场。

2. 猪肉销售商的溯源追责信任程度、产业链纵向协作关系及其与质量安全行为的交叉分析

关于猪肉销售商对溯源追责能力的信任程度，通过对是否相信“一旦您销售的猪肉并非因自身原因出现质量安全问题，消费者可以确切追查到您以及上一级猪肉销售商与生猪屠宰企业?”这一问题的回答来反映。调查发现，59.43%的受访者表示“非常相信”，26.89%的人表示“比较相信”，8.49%的人表示“一般相信”，3.93%的人表示“不太相信”，1.26%的人表示“很不相信”，可见猪肉销售商对溯源追责能力的信任程

① 不管批发市场还是农贸市场，采购的都是白条猪（二分体），如果没有经验，从表面上通常很难看出水大水小或瘦肉精等问题，但有丰富经验的销售商可以在短时间内比较容易地辨别出来。

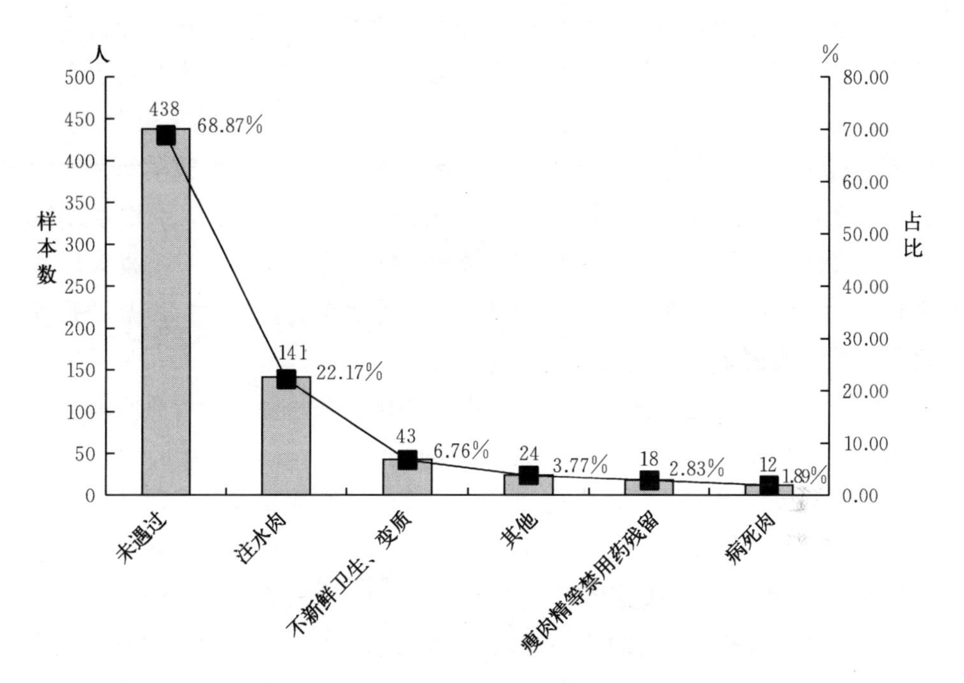

图 9-2　猪肉销售商质量安全行为控制情况

注：该题目是多选，这里的百分比是指某选项选择频数占总样本数的比例。

度较高，但也有合计 14.68%的受访者对猪肉溯源追责能力的信任程度不高，即表示“一般相信”“不太相信”和“很不相信”。

另外调查发现，猪肉销售商对猪肉可追溯体系的认知水平较高，65.57%的受访者知道“猪肉可追溯体系”或“可追溯猪肉”，55.50%的受访者认为自己的摊位已参与所在城市的猪肉可追溯体系中。同时，购物小票提供和品牌猪肉销售这两种作为猪肉销售商参与猪肉可追溯体系的重要表现行为，总是向消费者提供购物小票有助于追溯信息查询的最终实现，摊位同时销售两种及以上品牌猪肉则不利于溯源追责的实现，同时销售两种及以上品牌的猪肉容易导致白条在分割销售时无法区分到底属于哪一家生猪屠宰企业，从而给溯源带来困难。38.21%的受访者表示总是向购买猪肉的消费者提供购物小票，49.21%的受访者表示摊位同时销售两个及以上品牌的猪肉。

关于猪肉销售商与产业链上下游利益主体的纵向协作关系，具体包括与产业链上游猪肉经销商或生猪屠宰加工企业的采购关系、与产业链下游猪肉采购商或消费者的销货关系。调查发现，70.91%的受访者表示存在固定的猪肉采购关系，71.54%的受访者表示存在固定的猪肉销售关系，但其中极少有完全固定的猪肉采购关系和猪肉销售关系，在当前竞争激烈的市场条件下，完全固定的协作关系很难维系，现实中猪肉价格变动频繁，批发大厅往往有好几家销售商，彼此之间存在竞争关系，批发大厅和零售大厅销售商之间很难形成长期稳定的合作关系，猪肉销售商与消费者之间更难以有固定协作关系。

为了探讨溯源追责信任、产业链纵向协作关系与猪肉销售商质量安全行为之间的关系，首先进行描述统计上的交叉分析，详见表9-4。结果发现，随着受访者对溯源追责能力信任程度的不断提高，其未遇到过猪肉质量安全问题的比例由“很不相信”时的25.00%，依次提高到“不太相信”时的40.00%、“一般相信”时的61.11%、“比较相信”时的67.84%，直至达到“非常相信”时的73.28%。据此可以初步得出结论，溯源追责信任与猪肉销售商质量安全行为具有正相关关系，即随着猪肉销售商对溯源追责能力信任程度的提高，其表示遇到过质量安全问题的可能性在下降。另外，具有固定采购关系和不具有固定采购关系的猪肉销售商之间的质量

表9-4 产业链纵向协作关系、溯源追责信任与猪肉销售商质量安全行为的交叉分析

选项		质量安全行为				合计	
		未遇到过质量安全问题		遇到过质量安全问题			
		频数	比例（%）	频数	比例（%）	频数	比例（%）
溯源追责信任	非常相信	277	73.28	101	26.72	378	59.43
	比较相信	116	67.84	55	32.16	171	26.89
	一般相信	33	61.11	21	38.89	54	8.49
	不太相信	10	40.00	15	60.00	25	3.93
	很不相信	2	25.00	6	75.00	8	1.26
固定采购关系	没有固定关系	131	70.81	54	29.19	185	29.09
	有固定关系	307	68.07	144	31.93	451	70.91
固定销货关系	没有固定关系	131	72.38	50	27.62	181	28.46
	有固定关系	307	67.47	148	32.53	455	71.54

安全行为并未呈现明显差异，具有固定采购关系的猪肉销售商表示遇到过质量安全问题的比例，比不具有固定采购关系的猪肉销售商只高出 2.74 个百分点；但具有固定销货关系的猪肉销售商表示遇到过质量安全问题的比例，比不具有固定销货关系的猪肉销售商高出 4.91 个百分点，差异较为明显。总体而言，溯源追责信任程度、产业链纵向协作关系对猪肉销售商质量安全行为的影响是否显著，仍需计量模型分析结果的进一步验证。

（二）猪肉销售商质量安全行为影响因素的计量分析

本研究运用 Stata13.0 选择有限信息极大似然法（LIML）对式（9-1）和式（9-2）组成的双变量 Probit 模型进行估计（格林，2011），结果见表 9-5 模型一。同时为了增强模型估计结果的可靠性和说服力，在不考虑溯源追责变量内生性问题的情况下，对影响猪肉销售商质量安全行为的因素进行二元 Probit 模型估计，结果见表 9-5 模型二。

表 9-5 模型估计结果

变量名称	模型一				模型二	
	质量安全行为		溯源追责信任		质量安全行为	
	系数	Z值	系数	Z值	系数	Z值
溯源追责信任	−1.652***	−4.40	—	—	−0.383**	−2.39
追溯体系参与	—	—	0.344**	2.41	—	—
购物小票提供	—	—	−0.055	−0.39	—	—
品牌猪肉采购	—	—	−0.352**	−2.31	—	—
采购关系	0.132	1.09	0.078	0.54	0.123	0.98
销货关系	0.255**	2.10	0.261*	1.79	0.227*	1.79
销售年限	0.0003	−0.03	−0.013	−0.96	0.001	0.07
销售数量 1	−0.079	−0.38	−0.309	−0.97	−0.009	−0.04
销售数量 2	−0.057	−0.27	−0.494	−1.56	0.058	0.27
销售利润 1	0.134	0.80	−0.305	−1.37	0.286*	1.72
销售利润 2	−0.049	−0.31	−0.265	−1.28	0.040	0.25
销售业态	−0.114	−0.69	0.309	1.47	−0.174	−1.00
关注程度	0.026	0.21	0.430**	2.45	−0.058	−0.45

（续）

变量名称	模型一				模型二	
	质量安全行为		溯源追责信任		质量安全行为	
	系数	Z值	系数	Z值	系数	Z值
责任意识	−0.083	−0.77	−0.030	−0.22	−0.085	−0.75
监控力度	0.111	0.64	0.411**	2.05	−0.004	−0.02
惩治力度	−0.360**	−2.14	0.370**	2.16	−0.584***	−3.89
性别	0.091	0.81	−0.182	−1.26	0.108	0.93
年龄	−0.026***	−3.46	0.001	0.09	−0.029***	−3.81
学历1	−0.386	−1.56	−0.376	−0.87	−0.348	−1.37
学历2	−0.280	−1.10	−0.408	−0.93	−0.241	−0.92
常数项	2.321***	4.68	1.067	1.60	1.460***	3.11
Pseudo R^2	—				0.096 1	
Wald chi^2/LR chi^2	237.13				75.77	
Prob>chi^2	0.000 0				0.000 0	

注：*、**、***分别表示10%、5%、1%的显著性水平。

为了检验“溯源追责信任”变量的内生性，本研究进行了Hausman检验，即检验式（9-1）和式（9-2）的残差项是否显著相关。检验结果发现，Rho=0的似然比检验的卡方值为3.473 3，相应P值为0.046 2，在5%的显著性水平下拒绝原假设，说明该变量存在较强的内生性。模型一中Wald似然值相应的P值为0.000，说明模型整体显著性很好。模型二中伪R^2值为0.096 1，LR似然值相应的P值为0.000 0，说明模型拟合优度和整体显著性都很好。模型估计结果足以支撑进一步的分析。

1. 内生性问题对溯源追责信任变量的影响造成的偏误

由模型估计结果可知，不管模型一还是模型二，溯源追责信任变量反向显著影响猪肉销售商质量安全行为，即对溯源追责能力信任程度高的销售商遇到过猪肉质量安全问题的可能性更小，这与预期作用方向一致，但该变量发生作用的原因有两个方面：一是对溯源追责信任程度高的销售商担心消费者的溯源追责，从而受到惩罚，所以其质量安全行为更加规范；二是溯源追责能力强，意味着部分猪肉销售商不小心采购到问题猪肉之后，可以及时有效地将问题猪肉退回给上一级猪肉经销商或屠宰加工企业，从而不必将问题猪肉销售出去。

为了检验不考虑溯源追责信任变量内生性给估计结果带来的偏误，本研究将模型一、模型二的估计结果进行了比较。其中，对猪肉销售商质量安全行为影响变化最大的变量是溯源追责信任，见表 9-6。模型一考虑了变量内生性问题，溯源追责信任变量在 1%的显著性水平下影响猪肉销售商质量安全行为，从边际效果来看[①]，在其他条件不变的情况下，相比对溯源追责能力信任程度低的猪肉销售商，对溯源追责能力信任程度高的猪肉销售商遇到过猪肉质量安全问题的概率平均低 0.555 4；而在模型二中，溯源追责信任变量在 5%的显著性水平下影响猪肉销售商质量安全行为，在其他条件不变的情况下，相比对溯源追责能力信任程度低的猪肉销售商，对溯源追责能力信任程度高的猪肉销售商遇到过猪肉质量安全问题的概率平均低 0.140 3。总体来说，不考虑溯源追责信任变量内生性会给估计结果带来偏误，会大大低估溯源追责信任变量对猪肉销售商质量安全行为的影响，但不会改变该变量的作用方向。

同时可知，追溯体系参与和品牌猪肉销售两个变量显著影响猪肉销售商对溯源追责能力的信任程度，这一方面说明本研究选择的工具变量是合适的，另一方面也说明参与猪肉可追溯体系以及摊位只销售一种品牌猪肉有助于提高销售商对溯源追责能力的信任程度，也间接起到规范销售商质量安全行为的作用。上述结果充分验证了一点：我国猪肉可追溯体系建设通过提高猪肉销售商对溯源追责能力的信任水平，使猪肉可追溯体系产生的政府监管激励和市场声誉激励得以规范猪肉销售商的质量安全行为，这体现出我国猪肉可追溯体系质量安全效应的现实效果较好，确实在保障猪肉质量安全方面发挥积极作用。另外，销货关系、关注程度、监控力度、惩治力度变量显著影响猪肉销售商对溯源追责能力的信任程度，在此不做详细解释。

---

① 在二元 Probit 模型和双变量 Probit 模型中，边际概率比估计系数、发生比率更能直观表现解释变量对被解释变量影响作用的大小，且更易于理解，边际概率可以通过计算公式求解或 Stata 软件直接实现。

表 9-6 变量内生性问题对估计结果的影响

变量	考虑内生性问题		不考虑内生性问题	
	边际概率	Z值	边际概率	Z值
溯源追责信任	−0.555 4***	−4.40	−0.140 3**	−2.39

注：*、**、***分别表示10%、5%、1%的显著性水平。

2. 其他变量对猪肉销售商质量安全行为的影响

鉴于模型一充分考虑了溯源追责信任变量内生性问题给估计结果带来的偏误，因此利用模型一的估计结果来分析各变量对猪肉销售商质量安全行为的影响。由估计结果可知，除了溯源追责信任变量对猪肉销售商质量安全行为的影响显著，还有销货关系、惩治力度和年龄变量显著影响猪肉销售商的质量安全行为。

首先，销货关系变量正向显著影响猪肉销售商质量安全行为，即有固定销货关系的销售商遇到过猪肉质量安全问题的可能性更大，作用方向与预期不一致。深入调查发现原因在于，存在固定销货关系的猪肉销售商通常是与饭店、酒店、小摊贩等签订书面或口头协议，销售商一般允许存在固定销货关系的销售对象可以欠款，且问题猪肉一般被低价销售，由于户外猪肉消费监管难度大，问题猪肉最终多数流入上述场所。同时，销货关系正向显著影响猪肉销售商对溯源追责能力的信任，即有固定销货关系的销售商对溯源追责能力的信任程度更高。这是易于理解的，具有固定销货关系的猪肉销售商与产业链下游利益主体的联系方式更紧密，通常签订书面协作协议或口头协议，使猪肉溯源追责更容易实现。据此应该认识到，销货关系还通过直接影响溯源追责信任来间接影响猪肉销售商质量安全行为，但这种间接影响作用方向是反向的，且影响有限。

其次，认为市场管理方和政府对猪肉质量安全问题责任人惩治力度强的销售商，遇到过猪肉质量安全问题的可能性更小。当前批发市场和农贸市场的猪肉质量安全检测制度基本可以保证不出现面上质量安全问题，但却难以保证万无一失，对质量安全问题责任人采取强有力的惩治能对猪肉销售商起到较好的震慑作用，但部分地区和场所对责任人的惩治力度较弱，轻则没收销毁猪肉并处以一定罚金，重则撤销摊位、赶出市场，极少给予重金处罚并追究刑事责任，这在一定程度上对猪肉销售商违法违规行为起到纵容作用。由于并未建立起良好的猪肉销售商信用评价与登记在案制度，且猪肉销售行业进入门槛低，猪肉质量安全问题责任人即便被赶出市场，但可以换一个地区、换一个场所继续经营。

再次，年龄越大的销售商遇到过猪肉质量安全问题的可能性越小。年龄变量的影响应该是综合作用的结果，可归结为以下两方面原因：一方面猪肉销售是一个低进入门槛、需要经验积累的行业，年龄大的销售商的经营经验更多，辨别问题猪肉的能力更强，稳定的客户群体也在不断增多，可以借此取得较为不错的收益，不愿意再去冒险销售问题猪肉；另一方面年龄大的销售商受到来自道德层面的约束更强，更不愿意做出售问题猪肉这样一件“昧良心”的事。

五、本章小结

本章利用在北京、上海、济南三大城市对 16 家批发市场、32 家农贸市场的 636 位猪肉销售商开展的问卷调查数据，系统深入地实证分析猪肉销售商质量安全行为及其影响因素，创新性地回答“猪肉可追溯体系质量安全效应的现实效果如何”这一问题，主要得出以下主要结论。

首先，猪肉销售环节是问题猪肉流入市场的最后关口，需要加强质量安全监管。受访猪肉销售商中，31.13%的人表示近两年遇到过猪肉质量安全问题，其中注水肉问题最为严重，22.17%的人表示遇到过注水肉问题，其他还包括不新鲜卫生变质猪肉、瘦肉精等禁用药残留、病死肉等问题。猪肉销售商对溯源追责的信任程度较高，合计 86.32%的销售商对“一旦您销售的猪肉并非因自身原因出现质量安全问题，消费者可以确切追查到您以及上一级猪肉销售商与生猪屠宰企业”表示“非常相信”和“比较相信”；猪肉销售商对猪肉可追溯体系的认知水平较高，65.57%的受访者知道“猪肉可追溯体系”或“可追溯猪肉”，55.50%的受访者认为自己的摊位已参与所在城市的猪肉可追溯体系中，只有 38.21%的受访者表示总是向购买猪肉的消费者提供购物小票，且只有 50.79%的受访者表示摊位只销售一个品牌的猪肉，不提供购物小票以及摊位同时销售两种及以上品牌猪肉的行为给猪肉溯源实现带来困难。

其次，溯源追责信任变量反向显著影响猪肉销售商质量安全行为，即对溯源追责能力信任程度高的销售商遇到过猪肉质量安全问题的可能性更小；溯源追责信任变量具有内生性，如果不考虑溯源追责信任变量内生性会给估计结果带来偏误，会大大低估溯源追责信任变量对猪肉销售商质量安全行为的影响，但不会改变该变量的作用方向；追溯体系参与和品牌猪肉销售两个变量显著影响猪肉销售商对溯源追责能力的信任程度，说明参与猪肉可追溯体系以及摊位只销售一种品牌猪肉有助于提高销售商对溯源追责能力的信任程度，也间接起到规范销售商质量安全行为的作用，这进一步验证了我国猪肉可追溯体系建设发挥质量安全保障作用的机理及质量安全效应的现实效果。

最后，除了溯源追责信任变量对猪肉销售商质量安全行为的影响显著，纵向协作关系因素中的销货关系变量、外界监管因素中的惩治力度变量、个体特征因素中的年龄变量都显著影响猪肉销售商质量安全行为。具体而言：具有固定销货关系的销售商遇到过猪肉质量安全问题的可能性更高，同时有固定销货关系的销售商对溯源追责能力的信任程度也更高，即销货关系还通过直接影响溯源追责信任来间接影响猪肉销售商质量安全行为，但这种间接影响作用方向是反向的，且影响有限；认为市场管理方和政府对猪肉质量安全问题责任人惩治力度强的销售商遇到过猪肉质量安全问题的可能性更小，年龄越大的销售商遇到过猪肉质量安全问题的可能性越小。

第十章　基于食品安全的中国猪肉可追溯体系建设运行机制优化探究

中国猪肉可追溯体系建设已进行多年，整体而言仍未实现有效溯源，也未能达成通过可追溯体系保障猪肉质量安全的目标。本章首先选择欧盟、美国、日本等发达国家和地区，总结其建立动物标识及动物可追溯体系的经验做法与启示，最终提出促进我国动物标识及动物产品可追溯体系建设的政策建议。其次主要基于对产业链条上 396 位养猪场户、6 家生猪屠宰加工企业、636 位猪肉销售商的实地调查，实证分析猪肉可追溯体系溯源实现难的根源，并提出对策建议。

一、国外动物标识及动物产品可追溯体系建设的经验启示

中国是一个动物产品消费量巨大的国家，2015 年居民人均肉类消费量为 26.2 千克，人均禽类消费量为 8.4 千克，人均水产品消费量 11.2 千克，人均蛋类消费量 9.5 千克，人均奶类消费量 12.1 千克，保障动物产品的质量安全至关重要。然而，近些年动物产品的质量安全状况却不尽如人意，大大冲击了整个动物产品行业。建立和完善既能与国际接轨又适合我国国情的动物标识及动物产品可追溯体系，有助于缓解信息不对称，是实现动物产品全程监管以及动物卫生监督执法工作由传统模式向现代管理模式转变的有效手段，同时更是提高重大动物疫病防控能力、保障动物产品质量安全的重要途径，还是我国发展健康养殖业，实现农业现代化的必然要求。

国外农业发达国家基本都已建立起农产品（食品）可追溯体系（系统）。为应对疯牛病，英国于 1997 年提出农产品质量安全可追溯的概念，自此世界各国对农产品可追溯体系建设高度重视，并采取了相应措施。具

体来看，英国则是追溯理念的发源地和开拓者，欧盟是推动食品可追溯体系的重要力量；北美洲的美国和加拿大是可追溯体系的积极实践者；亚洲的日本、韩国和中国，大洋洲的澳大利亚、新西兰，南美洲的巴西、智利，以及南非等非洲国家都建立了相对完善的食品可追溯体系（王东亭等，2014）。此外，国际物品编码协会、国际标准化组织、国际食品法典委员会等国际组织也制定了相应标准和实施手册，对全球农产品、食品乃至商品可追溯体系的发展起到推动作用。

在动物标识方面，法国、德国和意大利等国家于 1998—2001 年联合实施了家畜电子标识项目，涉及 6 个国家的 100 万头家畜，为实现动物从出生到屠宰相关信息的追踪提供依据。美国成立了由畜牧兽医专业人员及相关协会组织等组成的家畜标识开发小组，共同参与制定了家畜标识与可追溯工作计划，利用 RFID 电子标签，实现对畜产品生产过程信息的追踪。日本在肉牛养殖中强制实施从销售点到农场的可追溯系统，消费者可以通过包装盒上牛的身份号码，获取牛肉生产全程的信息。澳大利亚则颁布了使用电子标签技术的国家畜产品认证计划。可追溯系统在家畜产品上的成功应用，为实现物联网技术在其他食品领域的广泛应用提供了良好基础。

应该说，发达国家在动物产品溯源和动物标识方面，已经建立了相当完备的体系和运行机制。研究表明，发达国家有着完备的法律法规，而且这些国家的政府与行业在相关领域展开了充分合作，这是发达国家在食品、特别是动物性食品溯源体系建设取得成功的重要原因。已有关于国外食品可追溯体系建设经验的研究较多（郭世娟等，2016；修文彦等，2008；赵荣等，2012），涉及欧盟、美国、日本等各大洲的发达国家和地区，但少有研究针对我国动物标识及动物产品可追溯体系建设现状，系统全面地提出深入推进我国可追溯体系建设的启示和对策建议。因此，本研究主要选择欧盟、美国、日本等发达国家和地区，总结其建立动物标识及动物可追溯体系的经验做法与启示，最终提出促进我国动物标识及动物产品可追溯体系建设的政策建议。

（一）中国动物标识及动物产品可追溯体系建设现状

中国食品可追溯体系建设最早由农业部和商务部推动，主要包括农业部的动物标识及动物产品可追溯体系、农垦农产品质量追溯系统以及商务部的“放心肉”工程、肉类蔬菜流通追溯体系等重点工程。其中，动物标识及动物产品可追溯体系是一个涉及从国家立法到行业组织、从中央到地方、从动物生产到产品加工，从物流管理到计算机网络的多部门、多行业和多学科的系统工程。该体系主要由四个环节和三个系统组成：四个环节包括数字标识（牲畜二维码耳标）、识读设备（移动智能识读器）、数据中心（中央和省两级数据中心）、传输网络（中国移动 GPRS 无线传输网络）；三个系统是畜禽标识申购与发放管理系统（标识申请、标识生产、标识发放）、动物养殖过程监管系统（标识佩戴、产地检疫、运输监督、宰前检疫）和动物产品质量安全追溯系统（标识转换、标识注销、检疫出证）。目前畜禽标识申购与发放管理系统已全面建成并有效运转，动物监管系统初步建立，动物产品质量安全追溯系统尚未建立。

动物标识及动物产品可追溯体系的完整链条包括：畜禽标识申购与发放、动物养殖过程监管和动物产品质量安全追溯。目前，大部分省份的追溯工作停留在动物标识的在线申请审批及生产签收阶段，后续追溯工作较为滞后。可追溯体系的畜禽标识申购与发放管理系统运转良好。集中动物饲养、运输、屠宰过程信息的动物监管系统初步建立，但上传信息较少。在动物屠宰环节对动物标识编号进行注销和信息转换，形成动物产品标识，实现对动物产品的可追溯管理的动物产品质量安全追溯系统尚未建立。可追溯体系框架基本构建，宏观管理体制初步建立，运行机制初步理顺，但可追溯体系设计和定位仍不明确，管理机构和职能仍有交叉，经费和技术保障问题较多，可追溯体系建设仍处在初期阶段。总的来说，动物标识及动物产品可追溯体系建设已取得阶段性进展，在动物疫病防控、动物产品质量安全监管和畜牧业生产统计等方面发挥了重要作用。

农业部的动物标识及动物产品可追溯体系对我国全面推进全产业链动物产品可追溯体系具有基础性作用。虽然当前动物标识及动物产品可追溯体系因存在诸多问题而制约了全产业链溯源的实现以及质量安全保障作用的发挥，但这绝不是否定动物标识及动物产品可追溯体系建设的理由。农业部动物标识及动物产品可追溯体系建设的基础性作用主要体现在两个方面：一是就目前国内知名度较高、运行较好的农业部农垦农产品质量追溯系统项目建设和商务部肉类蔬菜流通追溯体系试点建设而言，畜禽标识对两大体系溯源实现起到基础作用，畜禽标识和动物检疫合格证都对溯源的实现具有重要作用，二者相互完善，谁也不可能取代谁。比如，耳标绑定一头猪，生猪检疫合格证绑定养殖场，猪肉检疫合格证绑定屠宰企业，三者缺一不可。二是2013年颁布的《国务院机构改革和职能转变方案》中将商务部的生猪定点屠宰监督管理职责划入农业部，溯源的实现主要决定于归属农业部门监管的屠宰企业是否积极参与实施，而屠宰企业能不能做好还取决于养殖环节的规模化和标准化程度以及销售环节的纵向协作紧密度。虽然要真正实现全产业链溯源单靠农业部门的动物标识及动物产品可追溯体系建设难以完成，但绝对离不开农业部门在动物标识及动物产品可追溯体系建设方面的努力。

（二）国外动物标识及动物产品可追溯体系建设的良好做法

1. 欧盟的良好做法

欧盟各国人口规模相对稳定，地理气候条件适宜，适合发展畜禽养殖业。欧盟的动物源性食品安全监管已步入规范化和法制化轨道。为应对疯牛病欧盟逐步建立起食品可追溯系统，并于2000年发布了《食品安全白皮书》，明确规定了农产品生产经营者责任，提出建立覆盖“从农田到餐桌”的可追溯系统。该系统包括动物健康与保健、动物饲养方法、污染物及农药残留、新型食品、添加剂、香精、辐射、包装、饲料生产、农场主和食品生产者的责任及各种农田措施。可追溯性已贯穿欧盟整个食品供应链，涵盖了从原料供应商到加工企业再到销售商的每一环节，特别对牛类动物产品的可追溯要求更为全面和严格。在从业人员管理方面，已有条例规定，动物饲养人员或以动物为原料的初级产品的生产经营人员必须记录留档。对于溯源信息的监管，欧盟强调以法律形式明确各主体责任。依据法律，在食品追溯信息监管的各个环节，从普通的食品和饲料生产经营者到各成员国主管部门，都被赋予了明确的角色和职责。溯源信息还必须向公众开放，以增强信息透明度。为此，欧盟在各种可追溯系统中都设置了消费者查询功能，并公布由食品安全管理局实施的人类与动物健康安全风险结果，欧盟处理各种食品安全事件的过程和结果也对公众保持透明。

另外，欧盟规定养殖企业和农民需对饲养牲畜的详细过程进行记录，包括饲料的种类及来源、牲畜患病情况、使用兽药的种类及来源等信息，养殖方必须向收购牲畜的屠宰场提供上述信息。分割后的牲畜肉块也必须带有强制标识，标识内容包括出生地、屠宰场批号、分割厂批号、追溯号等。欧盟于2000年制定了（EC）1760/2000号条例，该条例要求所有上市销售的牛肉产品标签上必须标明牛的出生地、饲养地和屠宰加工厂。此后，欧盟又出台了该条例的实施细则，制订了牛肉和牛肉制品标签申请的具体条款，主要涉及可追溯、禁止用的标签信息、原始标识的简单化、分组的大小、碎牛肉、审批程序、检查、第三国家获批、批准、记录、交流、过渡条款、条例的撤销及生效等内容。2014年，欧委会宣布出台新的食品安全标准，规定从2015年4月起，肉类产品的标签上需标注饲养地和屠宰地。

2. 美国的良好做法

美国畜牧业发达，畜牧业生产呈带状分布。美国畜牧业管理法规比较健全，从种畜禽、饲料、兽药（疫苗）生产、饲养到加工、运输环节，都有法可依。美国在2002—2003年间先后通过《公共卫生安全和生物恐怖准备与反应行为》及《食品安全跟踪条例》，明确要求企业建立食品追溯制度，包括农业生产追溯、包装加工追溯和运输销售追溯3类制度，并要求从事食品运输配送及进口的企业必须建立食品流通全记录并备案待查。另外，美国食品药品监督管理局（FDA）针对食品追溯做出了多项具体规定：一是规定种植养殖和加工企业以及其他与食品生产有关的企业必须建立食品安全可追溯制度，并明确企业建立可追溯制度的实施期限，无论哪个环节出现问题都可追溯到责任者；二是要求制造、加工、包装、运输、分销、接收、保存或进口食品的国内人员及某些生产经营用于在美国消费的动物食品的国外企业必须建立档案记录，要求记录食品的上一环节的直接供货方及下一环节的直接收货方；三是要求所有涉及食品运输、配送和进口的企业必须建立和保存有关食品流通的全过程记录。

美国是世界上较早开展动物标识管理的国家，早在18世纪末19世纪初，美国的牲畜标记就已在大宗动物生产行业交易中登记在案。1930年，美国颁布和实施了《易腐农产品法案》，该法案规定了条码标签及电子系统的应用，使可追溯技术发生巨大变化。美国在动物编码技术方面也进行了系统研究，主要通过条形码加数字来编码动物耳标，将传统肉眼识别与电子识别结合起来，以提高识别的精确度，这逐渐成为提高生产效率、减少生产成本的有效方法，管理机构也可降低监管成本。美国于 2007 年推出《国家动物标识系统（NAIS）程序标准和技术参考》2.1 版，随后在联邦层级强制实施 NAIS，其核心的编码系统包括牧场、畜群及动物个体三者的标识码，覆盖猪、牛、马、鸡以及水产等多种动物，记录动物生长期间的移动情况、追踪其养殖场地及牲畜与外来动物接触情况，并要求在动物疾病发生 48 小时内追溯到 70%的可疑动物信息。2013 年美国又推出《动物疾病追溯通用标准》2.1 版，其中详细规定了动物编码体系和标识装置。

3. 日本的良好做法

日本历来重视发展肉牛、奶牛等大家畜养殖业。2001 年疯牛病肆虐，为重塑食品安全的国家形象，增强国内消费者信心，日本开始推行食品可追溯体系，并一直走在世界前列。日本的食品可追溯系统主要由政府推动建立，最先从肉类动物及其制品入手。政府着重在肉牛生产供应体系中全面引入可追溯系统，全国从销售场所到农场强制实施可追溯，消费者可通过网络输入包装盒上的牛肉追溯码，获取他们所购买牛肉的生产信息。日本于 2003 年发布了《食品可追溯指南》，后经两次修改和完善，该《指南》明确了食品可追溯的定义和建立不同产品可追溯系统的基本要求，规定了农产品生产、加工和流通企业建立可追溯系统应当注意的事项。日本要求厂家提供“能看见面容的食品”，日本农协收集记录了主要农产品的生产者、农田所在地、使用的农药和肥料情况、收获和出售日期等信息，为每种农产品分配一个“身份证”号码，供消费者查询。在零售阶段，多数超市都安装了食品追溯信息查询终端，消费者可以通过电脑或者手机查到食品的来源地甚至生产者相貌等信息。

在动物标识方面，日本已将无线射频识别技术直接应用于生猪饲养、销售的管理过程。2002 年，日本建立起肉牛身份认证制度，实现了肉牛信息随时可查。日本于 2006 年制定了《牛肉生产履历法》，确定建立国家动物溯源信息系统，规定国内的牛出生后必须设定识别号码，由家畜改良中心集中管理每一头牛的号码、出生年月日、品种、移动记录等信息。养殖阶段，日本通过了《牛只个体识别情报管理特别措施法》，强制在生产阶段对全日本大约450万头牛进行耳标标识；流通阶段，食用肉中间商、零售商及烤肉店等特定料理营业商等须保持翔实的流通记录，并且料理营业商有义务在菜单上标识牛肉的标识码；同时，在生产和流通阶段都有不定期的DNA抽检。2008年，日本强制对本国牛肉生产实施追溯制度，之后逐步扩大到其他食品。日本为每种农产品所记录的信息分配一个“身份证”编码，整理成数据库并发布到网站上供消费者查询。

（三）国外动物标识及动物产品可追溯体系建设的启示

1. 强化和完善动物标识及动物产品可追溯体系顶层设计

强化和完善动物标识及动物产品可追溯体系顶层设计至关重要，这也是农业发达国家可追溯体系的建设经验。不明确可追溯体系的顶层设计，很可能导致人财物力的浪费以及可追溯体系作用的减弱。“可追溯性”被认为是食品可追溯体系的核心概念，就其实质内涵而言，应该包括溯源和召回两方面内容，其中在溯源方面国外非常强调“原产地”的概念，同时一旦出现食品安全事件，问题产品的召回机制也能切实发挥作用。这应该是国内动物标识及动物产品可追溯体系建设需要借鉴的地方。单就动物产品的溯源能力而言，可将溯源能力划分为追溯到销售商、屠宰加工企业、养殖场户、养殖饲料和兽药使用情况等几个水平，实现难度是逐步增加的（刘增金，2015）。动物产品可追溯体系建设的直接目标是实现溯源，对此应该没有异议，需要进一步明确的是基于中国国情与动物产品质量安全保障作用权衡考虑，到底应该实现什么水平的溯源。理论上，动物产品溯源的深度、广度和精确度越高，越有助于质量安全问题的解决，但针对中国国情，目前要大范围实现对畜禽使用兽药、饲料的追溯还很难，即便要追溯到养殖场户难度也很大。国际上建设动物产品可追溯体系的理念在于强调原产地溯源，但这是建立在国外系统全面的基层档案制度的前提下。借鉴国际经验，并结合中国国情，中国动物产品可追溯体系建设应以保障动物产品质量安全为最终目的，以实现有效溯源为直接目标，其中有效溯源的界定应该指市场上的动物产品追溯到养殖场户的能力。

2. 大力发展规模化、标准化养殖与屠宰

长远来看，规模化、标准化养殖与屠宰应该是中国实现有效溯源的关键和必由之路。我国动物产品可追溯体系无法实现有效溯源的主要原因之一在于养殖与屠宰的规模化和标准化程度不高。规模养殖便于加强质量监控，降低信息不对称程度，也可减少散养带来的质量安全隐患，从源头上降低质量安全风险。加拿大畜牧业生产集约化程度很高，其中畜牧业生产及畜产品加工基本上采用大规模、集约化经营管理模式，在农业系统中机械化程度最高。奶牛场的挤奶、消毒及粪便清理等工作都采用机械自动化，极大提高了劳动效率和生产效益。同样，作为农业生产强国，巴西对畜牧业养殖采取大力扶持政策，许多国际资金财团通过购买股份和投资合并等方式控制巴西的大型一体化集团，资本国际化正推动巴西肉类加工生产高度集约化。巴西屠宰加工企业设施设备的机械化程度较高，配套设施较为齐全，标准化质量管理体系不断完善（朱咏梅等，2011）。澳大利亚大型屠宰厂占主流，如昆士兰州是全澳最大的肉牛、肉羊生产地区，而屠宰加工厂仅 10 多个。我国畜牧业养殖和屠宰的规模化、标准化程度还整体偏低，散养户仍较多，小规模屠宰厂大量存在，屠宰加工企业生产能力过剩，这给可追溯体系建设以及保障畜禽产品质量安全带来极大压力，应该大力发展规模化标准化养殖和屠宰。

3. 加强动物标识和基层档案制度的建立和管理

动物标识和基层档案制度是农业发达国家可追溯体系得以良好运行的基石。法国作为欧盟农业生产大国，就建立了较为完善的畜产品可追溯体系，逐步形成了涵盖牧场到餐桌的全程可追溯制度体系，主要包括生产信息记录制度、动物标识制度、认证标识制度、全程检查纠正制度（王季军，2008）。其中，《牲畜的追踪认证规定》中就明确要求，每个动物必须佩戴耳标，建立身份护照。另外，法国还要求农牧场和屠宰加工、运输、零售企业必须建立生产经营信息台账，及时准确记录相关信息。所有与产品有关的供应链各环节的记录信息，分别存储在国家资料中心以及省和大区资料信息库。我国应借鉴发达国家可追溯体系建设经验，建立动物标识责任制和基层档案制。建立动物标识责任制，形成标识申请审批、生产配送、发放领用、戴标补标及标识注销全流程的部门及人员责任制。建立基层档案制，具体包括建立两个层面的档案制，一是畜禽养殖环节县级层面对养殖场户相关信息的档案建立，并实现与省级、中央数据中心的信息共享；二是畜禽购销环节地市级层面对畜禽收购商相关信息的档案建立，并实施信用评级制度，不断将信用不好的收购商驱逐出该行业，一方面可以加强对流入屠宰环节畜禽的质量安全控制，另一方面也可以降低消费端信息追溯查询至养殖环节的难度。

4. 积极扶持紧密型纵向协作关系

紧密型纵向协作模式在降低交易程度的同时，也可大大降低动物产品溯源实现的难度。欧盟畜牧业的产业链纵向协作模式以“家庭农场＋专业合作社＋合作社企业”为主，超过 90％的奶农都是奶业合作社的成员。澳大利亚养殖户与产业链下游屠宰加工企业之间最主要的纵向协作模式是合作经济组织和联盟。与很多发达国家一样，澳大利亚的生猪多由养殖农场和大中型养殖基地提供，养殖户出于经济利益和规避市场风险的考虑结成各种合作经济组织，以此连接下游屠宰加工环节。由于公司与代表养殖户的合作经济组织有着良好的契约关系，二者之间发生信息不对称的可能性大大降低，公司可以将对养殖户的监督成本转嫁给合作经济组织，提高对养殖户的监督力度。随着养殖行业的发展，联盟正逐渐成为更主要的模式，由于经上下游整合而成的联盟形式可以更好地实现公司对养殖过程的全程控制，可从源头上更好地保障猪肉质量安全，因此合作经济组织又向更为紧密的联盟发展过渡（季晨等，2008）。目前，我国畜禽产品产业链条长、利益关系复杂，增加产业链各环节之间交易成本的同时，也给溯源追责带来很大困难和隐患。我国应大力扶持和发展紧密型纵向协作关系，这可以加强产业链利益主体间的信息交流共享，各环节主体应将质量安全作为信息交流共享的重点，构建信息快速响应机制，以便在出现质量安全问题时能够及时沟通和解决问题。

5. 不断提升从业人员专业素质和制定实施完善的质量标准体系

可追溯体系建设是一个系统工程，需要专业人才队伍的支撑，这也是我国动物标识及动物产品可追溯体系建设中遇到的一大难题。国外农业发达国家从养殖业主到专业服务人员普遍具备较高的社会诚信度和专业素养，能够认真贯彻落实国家的各项法律法规和政策措施，是实现优质高效畜产品生产以及顺利推进可追溯体系建设的保证。比如，澳大利亚新南威尔士州的兽医基本都是大学毕业生经严格考试才能成为职业兽医，收入水平高，是社会就业的热门行业。我国畜牧兽医人员的整体文化水平和科技素质不高，并且工作量大、收入不高，社会地位较低。建议通过招收大学专科甚至本科毕业生和在职培训等途径，逐步提高畜牧兽医人员的入门门槛，提高其职业技能和社会诚信水平；并通过提高工资薪金等激励政策，切实提高从业人员收入水平，打造稳定的基层队伍。另外，可追溯体系建设还需要制定实施完善的质量标准体系，发达国家已建立了比较完善的质量标准体系，分为强制性标准和非强制性标准两类。一套完善的质量标准体系可以降低信息不对称程度，同时也可为消费者提供一种辨别食品质量安全优劣的信号，消费者可以放心地根据食品标签做出购买选择。可追溯体系本身并未对食品质量安全标准做出要求，建立在食品质量标准体系基础上的可追溯体系可以对保障食品质量安全起到锦上添花的作用。制定并实施一个适合我国食品质量安全现状的监控体系和标准体系刻不容缓，也是加快我国可追溯体系建设的重要方面。

二、基于产业链利益主体行为的猪肉可追溯体系溯源实现难的原因

中国作为猪肉生产和消费大国，确保猪肉质量安全是关系国计民生的大事。然而，猪肉质量安全事件时有发生，严重损害人们身心健康和生猪行业健康发展。信息不对称被认为是猪肉安全问题产生的主要原因（王东亭等，2014），猪肉可追溯体系作为质量安全信息的披露工具，可以实现猪肉生产全程质量安全信息的跟踪与追溯，为政府和消费者提供关于猪肉质量安全的真实可靠信息，有助于信息不对称问题的解决或缓解（郭世娟等，2016）。中国建立和实施食品可追溯体系的呼声和政策支持越来越强，自 2007 年以来中央 1 号文件多次明确提出推进食品可追溯体系建设。在政府和企业的共同驱动下，中国猪肉可追溯体系建设取得了一些成绩，可追溯体系在一些地区得到快速发展，但不少地区还存在追溯信息不可查、不全面、不可信等问题，没能实现有效溯源，大大制约了可追溯体系在解

决或缓解信息不对称方面的效果。由于中国猪肉可追溯体系相比欧美发达国家起步较晚，目前尚处于起步阶段，发展中存在问题在所难免，关键是找出问题原因，才好对症下药。

猪肉可追溯体系的技术研发和实践经验表明，虽然上述问题仍有某些技术方面原因，但更重要的根源在经济管理层面。猪肉可追溯体系建设的直接目标是实现猪肉溯源，最终目的是保障猪肉质量安全（修文彦等，2008)。溯源实现不仅有助于保障猪肉质量安全，更有助于降低问题产品召回的难度和成本（赵荣等，2012；林学贵，2012)，同时也可通过规范养猪场户、生猪购销商、生猪屠宰加工企业的病死猪处理行为（陈生斗，2007)，来显著降低环保压力。猪肉可追溯体系实现有效溯源的关键在于质量安全信息能否在生猪产业链各环节之间实现有效传递。当前中国猪肉可追溯体系发展的难点在于：面对产业链条长、利益相关主体多而独立的中国生猪产业发展的主要态势，如何在政府主导下建立起能够实现有效溯源且以保障猪肉质量安全为目的的猪肉可追溯体系。这就需要厘清影响信息获取、收集、录入并保障信息真实有效的关键节点在哪儿，以及影响各关键节点信息动态传递、溯源的深层根源是什么。

目前国内关于猪肉可追溯体系的实证研究很多，主要包括可追溯体系的技术实现、经验借鉴以及某一主体的行为研究等（刘增金，2015；朱咏梅等，2011；等等)。已有研究多从消费端寻找猪肉可追溯体系难以推广的原因，少有基于生产端的研究，也主要聚焦影响猪肉可追溯体系推广的影响因素以及供应链核心企业的投资意愿等（谢菊芳，2004)。基于整个产业链视角对猪肉可追溯体系溯源难的实证研究还未见到。应当看到，猪肉可追溯体系是一个复杂的系统工程，能否实现有效溯源不只取决于某一核心企业或某几个参与主体的行为，而是取决于整个产业链相关主体的选择，产业链各环节之间彼此牵制，利益关系错综复杂，大大影响了猪肉可追溯体系有效溯源的实现。已有研究缺少基于全产业链对猪肉溯源实现难问题及其背后错综复杂原因的深入剖析。基于此，本研究基于全产业链视角，利用对产业链各环节利益主体（主要包括养猪场户、生猪屠宰加工企业、猪肉销售商等）的实地调研，实证分析猪肉可追溯体系溯源实现难问题的具体表现及根源，在此基础上，对影响猪肉可追溯体系溯源实现难问题的关键因素展开深入分析，最终有针对性地提出促进我国猪肉可追溯体系建设的对策建议。

（一）数据来源说明

生猪养殖环节数据资料源于对北京、河南、湖南三省市的养猪场户进行的问卷调查。最终获得有效问卷 396 份，其中，北京 183 份、河南 98 份、湖南 115 份。调研分为两个阶段：一是借助生猪产业技术体系北京市创新团队的平台，于 2014 年 3 月至 8 月对北京市大兴、平谷、房山、顺义、通州、昌平 6 个郊区养猪场户的问卷调查；二是借助农业部农村经济研究中心固定合作观察点平台，于 2017 年 12 月对河南省驻马店、郑州、安阳、漯河、南阳、濮阳、洛阳、平顶山、信阳、焦作、开封 11 个地级市以及湖南省衡阳、郴州、永州、邵阳、长沙、娄底、株洲、岳阳、常德、怀化、湘潭 11 个地级市养猪场户的问卷调查。调研采取一对一的访谈方式。

一般而言，生猪屠宰加工企业购入生猪后，按照国家规定的操作规程和技术要求屠宰，大部分生猪被加工成白条，少部分被加工成分割肉。屠宰企业生产的产品中，白条根据不同等级被销往批发市场、超市、直营店、农贸市场、机关或事业单位、餐饮集团和外埠市场等，其中以批发市场和超市为主，销往超市的白条质量等级普遍较高，销往批发市场的白条各质量等级都有。生猪屠宰加工环节数据资料源于对北京市的顺鑫鹏程、资源、燕都立民、北郎中以及上海市的爱森、松林等 6 家生猪屠宰加工企业进行调研，主要通过座谈和问卷调查的方式获得相关资料。

猪肉销售环节数据资料源于对北京、上海、济南三个城市的猪肉销售商进行的问卷调查，最终获得有效问卷 636 份，其中，北京 197 份、上海 227 份、济南 212 份。调研分为两个阶段：第一阶段于 2014 年 7—9 月对北京市大洋路、城北回龙观、新发地、锦绣大地、西郊鑫源 5 家批发市场和回龙观鑫地、健翔桥平安、明光寺等 6 家农贸市场的猪肉销售商进行的问卷调查。第二阶段于 2017 年 9—10 月对上海市上农、江桥、江杨、西郊国际、七宝、八号桥 6 家批发市场和北桥、北新泾、川南等 22 家农贸市场的猪肉销售商进行的问卷调查，以及对济南市匡山、七里堡、八里桥、绿地、海鲜大市场5家批发市场和吉祥苑、七里河、全福、燕山4家农贸市场进行的问卷调查。调研采取一对一的访谈方式。

（二）猪肉可追溯体系溯源实现难问题的具体表现

1. 养殖环节的耳标佩戴、档案建立、检疫证获取等溯源基础工作开展较好，但还部分存在耳标佩戴、档案建立、检疫证获取落实不到位等问题

猪肉可追溯体系建设离不开政府和生猪产业链各环节利益主体的共同努力，养猪场户的积极参与在可追溯体系建设中具有基础作用。只有养猪场户做好耳标佩戴、养殖档案或防疫档案建立以及动物检疫合格证获取工作，才能保证猪肉可追溯体系从生猪养殖环节到猪肉销售环节最终到消费终端查询的实现。

第一，耳标佩戴和档案建立情况。

《畜禽标识和养殖档案管理办法》中明确规定：畜禽养殖者应当向当地县级动物疫病预防控制机构申领畜禽标识，新出生畜禽在出生后30天内加施畜禽标识；畜禽标识严重磨损、破损、脱落后，应当及时加施新的标识，并在养殖档案中记录新标识编码；没有加施畜禽标识的，不得出具检疫合格证明。通过全程信息管理、定点厂家生产、防伪二维码、体系内发放等手段，在技术和流程上尽量防止仿制和违规使用。各乡镇机构将耳标发放到猪场和防疫员，同时建立耳标发放登记，规模猪场户自行佩戴耳标，对于确实不具备标识佩戴能力的散养户，防疫员协助完成耳标佩戴。调查发现，72.98%的受访养猪场户的育肥猪在销售时全部戴有耳标，但其中82.83%是在生猪销售时才佩戴耳标。另外，《畜禽标识和养殖档案管理办法》中明确规定畜禽养殖场应建立养殖档案，虽未规定畜禽散养户建立养殖档案，但鼓励其建立防疫档案，作为动物卫生监督机构开具生猪检疫合格证的依据之一。各区县畜牧主管部门作为登记备案的实施主体，组织规模养殖场开展畜禽登记备案和养殖档案管理工作，规范畜牧生产经营行为，并定期入场核查养殖档案填写情况。调查发现，91.16%的养猪场户建有养殖档案或防疫档案，其中83.08%使用的版本是畜牧兽医部门印发的。

第二，生猪检疫合格证获取情况。

生猪养殖环节的动物检疫合格证是生猪检疫合格的唯一证明，也是当前猪肉可追溯体系实现溯源的主要依据之一，除了生猪销售时会由动监部门开具动物检疫合格证，猪肉在出屠宰厂时还会再由动监部门开具动物检疫合格证，二者加上猪肉销售环节的小票构成当前猪肉可追溯体系建设实现溯源的主要依据。因此，生猪销售时未获得生猪检疫合格证的行为，给猪肉可追溯体系建设带来很大困难。调查发现，81.57%的受访者明确表示生猪销售时获得动物检疫合格证并交给生猪收购方，18.43%的受访者表示或多或少存在未获得动物检疫合格证的情况。

2. 生猪屠宰加工环节的生猪入厂验收、录入内部系统、生猪胴体标识等溯源关键性工作开展有序，但还存在激光灼刻等主要技术和设备难以实施等问题

生猪屠宰加工环节与猪肉溯源实现直接相关的几项工作包括：生猪入厂验收、录入内部系统、生猪胴体标识。

第一，生猪入场验收情况。

生猪入场前由农业部门安排长期驻厂的官方检疫人员检查各种票据，需要证物相符才能卸车，即要保证生猪检疫合格证与生猪耳标号相一致且没有疫病，由于一车次（批次）的生猪往往来自好几家养猪场户，因此查验证物相符很有必要，但工作量也较大，需要官方检疫人员有较强的责任心和耐心。在对生猪屠宰加工企业的调查中了解到，实际操作中每车次一般都会查验，但一个车次中并不见得每一圈（车辆上会用铁围栏分成几个圈，一个圈中只可能为一家养猪场户的生猪）都会查验。生猪卸车后会被赶入指定待宰圈中，由于生猪屠宰加工企业与生猪购销商之间实行宰后定级结算，因此屠宰企业有足够动力将生猪批次号与生猪购销商一一对应起来，这对溯源的实现具有非常重要的作用。

第二，录入内部系统情况。

企业溯源管理系统主要包括两个关键节点，一是生猪收购阶段和屠宰阶段的溯源管理系统，二是猪肉销售阶段的溯源管理系统。在生猪收购和屠宰阶段，需要将猪源编号（包括生猪购销商、养猪场户、合作社和养殖基地编号）和其他生猪溯源信息录入企业内部系统。在猪肉销售阶段，需要将销售点编号和猪肉类型等信息录入企业内部系统。上述相关信息还需按照相关政府部门要求上传到政府可追溯系统平台。接下来的问题在于如何将生猪的猪源编号与猪肉的销售点编号一一对应起来。屠宰企业主要通过胴体标识将二者一一对应起来。当前北京市猪肉可追溯体系建设通过终端追溯查询系统（比如超市的零售终端追溯查询系统）可以查询到生猪屠宰企业，这主要归功于屠宰企业猪肉销售阶段的溯源管理系统，但暂时还不能实现通过终端追溯查询系统对生猪收购相关信息的查询，主要是由于屠宰企业在生猪的猪源编号和猪肉的销售点编号连接方面的建设水平不同，很难统一要求。并且由于猪肉销售时已完成白条定级，屠宰企业与生猪购销商也已完成结算，屠宰企业没有足够动力将生猪的猪源编号与猪肉的销售点编号一一对应起来。

第三，胴体标识情况。

胴体标识是指将猪源标号和个体顺序号标识在胴体（剥皮之后的二分体，每一半都有标识）上。传统的标识方法是盖蓝色或红色印章，但存在易涂抹、不卫生等问题。“放心肉”工程建设采用了激光灼刻技术，即采用现代信息技术，使用激光灼刻设备，在屠宰生产线相应环节，对二分体片猪肉及部分分割肉品表皮进行肉类流通追溯码、肉品品质检验合格验讫章等内容的灼刻标识。其中，激光灼刻设备可具备不少于300万条灼刻数据的存储能力，可自动存储已灼刻完成的数据并完成数据上传；激光灼刻码是采用激光灼刻方式灼刻到片猪肉上的一组数字或二维码组成的标识信息，需要符合商务部肉类蔬菜流通追溯体系的编码规则。商务部门为试点生猪屠宰加工企业配置了激光灼刻设备，经过历时2年的试点，激光灼刻检疫标识技术已比较成熟地应用于生猪胴体，具有印章辨别清晰、防伪功能强等特点，但也存在盖章效率低的问题。

3. 猪肉销售环节直接关系溯源实现的动物检疫合格证索取、购物小票提供情况因销售业态的不同而存在差异，总体而言，各种销售业态的动物检疫合格证索取情况较好，但购物小票提供情况不容乐观

猪肉可追溯体系建设对猪肉批发环节（批发市场和配送中心）的总体要求是：以屠宰厂交易凭证（或猪肉检疫合格证和肉品品质检验合格证）、肉类蔬菜流通服务卡为肉品来源依据，以批发市场交易凭证、肉类蔬菜流通服务卡为肉品流向依据（卡单同行），确保来源信息与流向信息相关联，上连屠宰企业、货主，下接零售摊位经营户。对猪肉零售环节的总体要求是：以批发市场交易凭证（或猪肉检疫合格证和肉品品质检验合格证）、肉类蔬菜流通服务卡为肉品来源依据（卡单同行），以零售摊位交易凭证（即购物小票）为肉品流向依据，确保来源信息与流向信息相关联，上连批发市场和配送中心，下接消费者。消费者可以根据购物小票上的追溯码和查询方式实现追溯信息查询。

第一，批发市场的检疫合格证索取、购物小票提供情况。

由于猪肉检疫合格证是猪肉检疫合格的重要证明，市场管理方对猪肉检疫合格证的检查力度也很大，因此猪肉销售商一般都会主动向上一级经销商索要猪肉检疫合格证。批发市场批发大厅的猪肉经销商会向生猪屠宰加工企业主动索要猪肉检疫合格证，零售大厅的猪肉销售摊主同样会在进货时向批发大厅的猪肉经销商索要和采购白条相应数量的猪肉检疫合格证。在受访零售大厅猪肉销售摊主中，只有 2.15％的人表示不索要猪肉检疫合格证。购物小票是猪肉溯源的凭证，购买者可通过小票上的追溯码查询所购买猪肉的相关信息。在购物小票提供方面，42.18％的受访者表示总是主动向购买者提供购物小票，18.36％表示经常向购买者提供购物小票，22.27％表示偶尔向购买者提供购物小票，另有 17.19％从不向购买者提供购物小票。批发市场一般要求零售大厅的猪肉销售摊主主动向购买者提供购物小票，也提倡购买者主动索要购物小票，同时猪肉销售商为了加大对自己摊位的宣传，也有动力主动提供购物小票，因此批发市场的购物小票提供情况整体较好。

第二，农贸市场的检疫合格证索取与购物小票提供情况。

猪肉可追溯体系遵循商务部规定的技术规范和标准，商务部肉类流通追溯体系建设中规定一般一次猪肉交易产生一个追溯码，但零售环节不产生新码，而是沿用其上一个环节产生的追溯码。由于猪肉可追溯体系建设主要在批发市场和超市进行试点，试点建设的农贸市场还很少，这意味着农贸市场猪肉销售摊主对猪肉采购凭证（尤其是猪肉检疫合格证）的索取对于溯源的实现具有重要作用。调查发现，在受访的 124 位农贸市场猪肉销售摊主中，只有 4 位未获取猪肉检疫合格证，其中有一家摊位是双汇加盟店，其进货时有配送票（即白条追溯卡，包括重量、价格、产地等信息），可以较好地实现溯源。农贸市场一般建立购销台账，往往由农贸市场管理方代为建立并统一管理。另外，在购物小票提供方面，21.77%的受访者表示总是主动向购买者提供购物小票，20.16%的人表示经常向购买者提供购物小票，38.71%的人表示偶尔向购买者提供购物小票，另有19.36%的人表示从不向购买者提供购物小票。可以看出，农贸市场的购物小票提供情况较差，多数猪肉销售摊主并不能做到主动提供购物小票。

第三，超市和专营店的检疫合格证索取与购物小票提供情况。

相比农贸市场，超市在猪肉质量安全控制方面更为严格，在猪肉检疫合格证索取与购物小票提供方面也更加规范。超市通过与猪肉供应商建立紧密合作关系来保证猪肉检疫合格证的获得，另外超市通常都是通过现场称重并打印购物小票或通过预包装盒的形式来保证交易的顺利完成，而在购物小票或预包装盒上则会有追溯码和查询方式等信息，消费者可以在超市里的终端追溯查询机中输入购物小票或预包装盒上的追溯码查询到所购买猪肉的相关信息。由于专营店中的加盟店通常与猪肉供应企业之间签订加盟协议，专营店中的直营店更是属于一体化经营模式，因此猪肉供应企业在对加盟店和直营店的猪肉供应方面基本是可控的，猪肉检疫合格证可以保证与货同行，但在购物小票提供方面因专营店类型的不同而呈现差异，部分加盟专营店并不能做到主动提供购物小票。

（三）猪肉可追溯体系溯源实现难问题产生的内在因果逻辑

1. 生猪养殖环节溯源实现难的原因

第一，耳标佩戴和档案建立太烦琐、养猪场户对相关规定的认知度低是耳标佩戴、档案建立工作开展不顺的主要原因。

由于耳标佩戴麻烦，且在生猪养殖过程中经常出现耳标破损、脱落的情况，因此不少养猪场户在生猪出售时才佩戴耳标，或者对于后来破损、脱落的耳标干脆不再重新佩戴。这种情况不仅给猪肉可追溯体系建设造成很大困难，还产生病死猪乱丢乱弃、甚至销售的隐患。同样，有的养猪场户出于“太烦琐、浪费时间和精力”等原因，只是出于加强猪场管理目的简单记录生猪养殖基本情况，甚至干脆不建立养殖或防疫档案。另外调查发现，耳标佩戴和档案建立不规范的情况与养猪场户对耳标佩戴和档案建立规定的了解程度较低具有一定关系，只有43.43%和30.05%的人表示“比较了解”和“非常了解”耳标佩戴和档案建立相关规定，18.69%的人表示“一般了解”，5.56%的人表示“很不了解”，2.27%的人表示“不太了解”。

第二，生猪购销商的投机取巧行为是生猪检疫合格证获取工作推进不顺利的重要原因。

调查发现，18.43%的受访者表示生猪销售时或多或少存在未获得动物检疫合格证的情况。该情况的出现除了确实有部分生猪未获得动物检疫合格证就上市之外，更主要原因在于：生猪购销商收购生猪是以车次（批次）为单位，一辆生猪运输车一般可容纳100～200头生猪，而不同养猪场户的每次生猪出栏量存在很大差异，根据调查，75.76%的养猪场户平均每次的生猪出栏量不足100头，46.97%的养猪场户平均每次的生猪出栏量不足50头，因此每一车次的生猪可能归属好几家养猪场户，生猪购销商会在收购满一车生猪后再由动监部门开具一张动物检疫合格证，这造成部分养猪场户表示未获得生猪检疫合格证。这种情况虽然并非未获得动物检疫合格证，但也给猪肉溯源的实现带来较大困难，因为从动物检疫合格证上并不能看出生猪具体来自哪几个养殖场户。

2. 生猪屠宰加工环节溯源实现难的原因

第一，生猪养殖环节猪场每次生猪出栏量普遍过少给生猪屠宰加工环节实施可追溯造成很大困难。

猪场每次的生猪出栏量关系到生猪屠宰加工环节溯源实现的难度。调查发现，46.97%的受访者表示其猪场平均每次的生猪出栏量不足50头，28.79%的受访者表示其猪场平均每次的生猪出栏量在50～99头，只有24.24%的受访者猪场平均每次的生猪出栏量达到100头及以上。一辆生猪运输车一般可容纳100～200头生猪，即便小型运输车辆也可至少容纳六七十头生猪，猪场每次生猪出栏量普遍过少除了带来生猪质量安全风险隐患，还给生猪屠宰加工环节实施可追溯造成很大困难。调查发现，猪场平均每次生猪出栏量与养猪规模和养殖方式密切相关。能繁母猪数量在50头及以上、采用全进全出养殖方式的猪场平均每次的生猪出栏量达到100头的可能性更大。

第二，猪肉分级、分割的存在极大增加了生猪屠宰加工环节猪肉溯源实现的难度。

在生猪屠宰企业溯源管理过程中，生猪圈号和批次号的顺序是溯源实现的关键。从生猪入厂到上屠宰轨道再到猪肉出厂，生猪（或猪肉）若能保持生猪圈号和批次号的顺序不乱，将大大降低溯源管理的难度，但现实中还较难实现，主要源于猪肉分级和分割的存在，这大大增加了溯源难度，且给大型屠宰企业追溯体系建设带来的难度更大。由于收购生猪的膘肥、体重、含水量、外伤等的差异，需要对生猪进行宰后定级结算，这也是屠宰企业对生猪收购商的一种激励手段。同时猪肉购销商对猪肉等级要求也存在差异，比如超市往往采购级别较高的猪肉。因此，不管是生猪收购阶段还是猪肉销售阶段，猪肉分级都是必需的，屠宰企业一般将白条定为 7 级。猪肉分级使得猪肉出售时批次顺序被打乱，增加了溯源难度。另外为了获取更大利润，屠宰企业还会对部分白条进行分割销售。一般而言，为了准确实现溯源，应以溯源编号为单位进行产品分割，并进行包装标识，但现实中一个批次的生猪量太少，难以满足大型屠宰企业的开工要求和屠宰进度，因此往往多批次生猪一起分割，这使得同一部位但属于不同批次的分割肉归在一起，从而大大增加了溯源难度。

第三，激光灼刻设备效率不高以及产业链下游溯源实现难对生猪屠宰加工企业实施可追溯的积极性具有重大阻碍作用。

目前激光灼刻检疫标识技术已比较成熟地应用于生猪胴体，然而政府配置的激光灼刻设备因操作较为烦琐、灼刻较慢而不能满足大型屠宰企业的屠宰进度要求，因此只有部分猪肉是激光灼刻，更多的时候激光灼刻设备被闲置，这大大降低了企业参与猪肉可追溯体系的积极性。此外，猪肉溯源的实现不仅取决于生猪屠宰加工环节，还取决于猪肉销售环节，在该问题上屠宰企业并不具有完全的主动权。如果不能保证猪肉销售环节溯源的有效实现，并且该情况被屠宰企业知晓，将大大降低屠宰企业参与可追溯体系的积极性。主要原因在于，中国猪肉可追溯体系并未对质量安全标准提出新要求，追溯体系带来的产品差异化主要体现在对企业声誉的影响上，追溯体系可通过消费终端追溯查询在一定程度上维护和提高企业声誉，对于一个建立长期经营目标、希望增加未来预期收入的企业来说，追溯体系会通过声誉机制起到规范其质量安全行为和获得额外利益的作用。虽然中国已在部分地区推行猪肉可追溯体系试点建设，但并未强制个体企业参与，猪肉生产经营者自愿参与的一个重要原因在于可以提高企业及其产品在市场上的声誉。以鹏程为例，作为一家年实际生猪屠宰量达到200万头左右的国有企业，由于产业链纵向协作程度相对松散，其屠宰加工的猪肉销往批发市场、超市、农贸市场、专营店等多种场所，企业负责人非常清楚销售环节猪肉可追溯体系建设可能存在的问题（如消费者购买的猪肉查询结果显示生产厂家是鹏程，但实际上是另外一家企业），这导致参与可追溯体系并不会给鹏程带来显著的声誉提高，反而可能承担其他企业质量安全违法违规行为带来的“株连效应”，这影响了企业参与猪肉可追溯体系的积极性。

第四，消费终端追溯查询无法体现企业之间溯源水平的差异阻碍了生猪屠宰加工企业实施可追溯的积极性。

当前北京市几家大型屠宰企业都已参与到猪肉可追溯体系中，由于政府希望通过免费给企业配置设备等来抑制猪肉价格的上涨，并且政府将试点企业统一纳入政府可追溯系统平台，即便个别企业在猪肉溯源的深度、广度和精确度方面做得更好，但在消费者看来，各企业生产的猪肉在溯源水平方面基本是无差异的。并且，消费者并不习惯于主动查询猪肉可追溯信息，通过对北京市、上海市和济南市1 507位消费者的调查发现，在购买过可追溯猪肉的188位受访者中，只有60人表示查询过猪肉追溯信息，查询比例过低，这与调查中了解到的购买场所零售终端查询机无法运行或运行不畅、消费者不具有追溯查询意识等情况存在密切关系。因此，企业并不能从参与可追溯体系中获得猪肉销量和价格的明显提高，也不能获得声誉的提高，这大大降低了屠宰企业实施可追溯的积极性。

第五，畜禽屠宰监管职能交接工作有序开展，但商务部门并未就猪肉可追溯体系建设相关工作交接给农业部门，可追溯体系建设仍存在多部门监管、资源难以整合的问题。

以北京市为例，根据《国务院机构改革和职能转变方案》要求，2013年11月，北京市机构编制委员会办公室下发京编办函〔2013〕9号文，将原由市商委承担的生猪定点屠宰管理职责划入市农业局，增设“畜禽屠宰与兽药管理处”，承担家禽家畜定点屠宰的监督管理、兽药质量及兽药残留监测和兽药药政等工作职能。市动物卫生监督所增设“屠宰监督科”，承担屠宰检疫和屠宰环节监督执法，畜禽定点屠宰企业违禁物质、药物残留、肉品品质和疫病防控的监督执法，非法屠宰的监督执法以及大案、要案和跨区域案件的查处、督察等工作职能。但在职能交接过程中，市商委并未就猪肉可追溯体系建设相关工作进行交接。对此，市农业局曾专题与市商委进行沟通，希望能将“北京市肉菜放心工程”项目中安装在生猪定点屠宰企业进场、屠宰、检验检疫、无害化处理、出场等环节的视频监控设备进行交接或信息共享，实现生猪屠宰各环节远程实时在线监控，确保畜禽产品质量安全。商务部门认为此系统是商务部项目投资建设，且牵扯固定资产划拨等诸多事宜，并未予以交接或开放视频资源共享。另外，按照食品安全两段式监管职责分工，农产品进入流通与加工环节后由食药部门进行监管，猪肉原料相关档案记录则由食药部门进行规范。由市商委承担的生猪定点屠宰管理职责划入市农业局之后仍面临猪肉可追溯体系建设“多头管理”的问题，难以实现有限资源的整合。

3. 猪肉销售环节溯源实现难的原因

第一，市场管理方台账检查力度不高、政府配置的电子秤年久失修导致部分批发市场猪肉销售商不索要猪肉检疫合格证和不提供购物小票。

一般而言，批发市场都要求猪肉销售摊主建立购销台账，猪肉检疫合格证要全部附在台账上。然而批发市场管理方对台账检查力度并不同，调查发现，有的批发市场每天挨家检查购销台账，若发现未登记购销台账的情况，则一次罚款100元，而多数批发市场是采取抽查方式，也未有惩罚措施，这样容易出现猪肉销售摊主采购猪肉时不索要猪肉检疫合格证的情况。另外，批发市场的购物小票提供情况整体较好，但有的批发市场存在政府统一发放的电子秤长久失修导致无法运行、而新配置的电子秤则无法打印追溯码的情况，有的批发市场则出现电子秤不能打印购物小票、只能根据客户需要开具收据的情况。

第二，成本和个人隐私考虑是农贸市场和加盟专卖店猪肉销售商普遍不提供购物小票的主要原因。

调查发现，农贸市场的购物小票提供情况较差，多数猪肉销售摊主并不能做到主动提供购物小票，这与摊位的电子秤不能打印小票以及摊主担心暴露个人信息有密切关系，并且出于成本考虑，猪肉销售摊主并不会主动采购可以打印小票的电子秤或者维修不能打印小票的电子秤。另外，专营店的购物小票提供情况因专营店类型的不同而呈现差异，对于加盟专营店而言，加盟主对加盟店的控制力远不如企业对直营店分店的控制力，加盟主往往出于成本和个人隐私考虑而选择不配置可以打印购物小票的电子秤。

第三，猪肉销售商摊位上同时销售两种及以上品牌猪肉的行为给猪肉销售环节实施可追溯造成很大困难。

猪肉销售商的猪肉品牌选择行为对可追溯体系建设具有至关重要的作用，具体表现在摊位上是否同时销售两种及以上品牌的猪肉，同时销售两种及以上品牌的猪肉容易导致白条在分割销售时无法区分到底属于哪一家生猪屠宰企业，从而给溯源带来困难。批发市场通常会与多家屠宰企业签订《场厂挂钩协议》，虽然批发大厅的销售商只被允许销售一家屠宰企业的猪肉，但对零售大厅的销售商没有要求。调查发现，49.21%的受访零售大厅猪肉销售商表示摊位上同时销售两种及以上品牌的猪肉。农贸市场猪肉销售商的猪肉直接来自批发市场和屠宰企业，为了降低交易成本，农贸市场摊主多倾向于只销售一个品牌的猪肉。调查发现，只有30.65%的受访农贸市场猪肉销售商表示摊位上同时销售两种及以上品牌的猪肉。超市摊位上是否同时销售两种及以上品牌的猪肉与经营模式具有密切关系。联营模式和直销模式基本不可能出现同时销售两种及以上品牌猪肉的情况，该情况只可能发生在自营模式中。在与屠宰企业交易过程中，虽然出价方是屠宰企业，但超市仍然具有较强的议价能力，超市在是否选择销售哪一家屠宰企业的猪肉问题上有很大回旋余地，部分超市会选择同时销售两三家屠宰企业的猪肉。专营店基本不可能出现同时销售两种及以上品牌猪肉的情况，尤其是直营店。加盟店与加盟主之间签订书面协议，协议中通常都会规定加盟店只能销售加盟主提供的猪肉，但现实中加盟主对加盟店的控制力度因加盟店分布散以及企业人力有限而受到较大限制，因此也存在部分加盟店同时销售加盟主提供的猪肉和其他品牌猪肉的情况。

（四）猪肉可追溯体系溯源实现难问题的关键因素分析

总的来说，猪肉可追溯体系建设的最主要利益相关者（即确定型利益相关者）包括养猪场户、生猪屠宰加工企业、猪肉销售商、消费者、政府。上述利益相关者之间的关系具体包括：消费者与可追溯猪肉生产经营者之间的利益关系；政府与生猪产业链各环节利益主体、消费者之间的利益关系；生猪屠宰加工企业与生猪产业链上游的养猪场户和生猪购销商以及与产业链下游的猪肉销售商之间的信息传递关系。据此归纳出猪肉可追溯体系运行机制包含的子机制，具体包括评价反馈机制、信息传递机制和监督管理机制。评价反馈机制反映的是消费者与可追溯猪肉生产经营者之间的利益关系，指消费者对可追溯猪肉的需求程度与对可追溯猪肉是否满足其需求的评价，以及对可追溯猪肉的购买和消费行为。信息传递机制反映的是生猪屠宰加工企业与生猪产业链上游的养猪场户和生猪购销商以及与产业链下游的猪肉销售商之间的信息传递关系，指猪肉追溯信息在生猪产业链各环节的跟踪与查询，具体可以划分为溯源在生猪产业链各环节之间的实现和溯源在消费零售终端查询环节的实现两个阶段。监督管理机制反映的是政府与生猪产业链各环节利益主体、消费者之间的关系，具体包括对生猪产业链各环节利益主体的监督管理和对消费者的宣传引导两对关系。

在上述确定型利益相关者中，消费者是直接受益者，体现出对猪肉可追溯体系建设的需求拉动；政府是主导推动者，体现出猪肉可追溯体系建设的政府推动力量；养猪场户、生猪屠宰加工企业、猪肉销售商则是猪肉可追溯体系建设的直接参与者，体现了产业链利益主体的竞争与协作，其中养猪场户是被动参与者，生猪屠宰加工企业和猪肉销售商是主动参与者，养猪场户的参与行为对猪肉可追溯体系建设具有基础性作用，生猪屠宰加工企业和猪肉销售商的参与行为对猪肉可追溯体系建设具有更加关键的作用。通过前文对猪肉可追溯体系建设溯源实现难问题产生原因的描述分析发现，生猪每次出栏量普遍过少以及猪肉分级、分割的存在是影响生猪屠宰加工环节溯源实现难的主要因素，也是影响猪肉可追溯体系建设全局的关键因素；而猪肉销售商摊位上同时销售两种及以上品牌猪肉的行为则是影响猪肉销售环节溯源实现难的主要因素，也是影响猪肉可追溯体系建设全局的关键因素。接下来对养猪场户每次生猪出栏量、生猪屠宰企业猪肉分级分割、猪肉销售商摊位出售猪肉品牌数量的影响因素展开深入分析。

1. 养猪场户每次生猪出栏量的影响因素

养猪场户每次生猪出栏量用养猪场户对“您所在猪场平均每次的生猪出栏量是多少”这一问题的回答来反映。基于前文分析得知，猪场每次生猪出栏量小于 50 头会给猪肉可追溯体系溯源实现带来很大困难，因此将猪场平均每次生猪出栏量小于 50 头赋值为 1，猪场平均每次生猪出栏量大于等于 50 头赋值为 0，并分析其影响因素。这是典型的二分选择问题，适合选用二元 Logit 模型。构建如下模型：

$$\ln\left[\frac{P\ (Y=1)}{1-P\ (Y=1)}\right]=a+bX+\varepsilon$$

其中，$Y=1$ 表示猪场平均每次生猪出栏量小于 50 头，$Y=0$ 表示猪场平均每次生猪出栏量大于等于 50 头；a 为常数项；X 表示包括养殖基本情况、合作社参与、纵向协作关系、质量安全监管、个人基本特征、家庭基本特征等因素在内的解释变量；b 为解释变量 X 前相应的系数；ε 为残差项。

模型自变量定义与描述性统计如表 10－1 所示。

表 10－1　自变量定义

变量名称	含义与赋值	均值	标准差
从业时间	场长从业时间（实际数值，单位：年）	13.52	6.12
养殖规模	猪场能繁母猪年末存栏数量：50 头及以上＝1，50 头以下＝0	0.51	0.50
养殖方式	猪场是否采用全进全出养殖方式：是＝1，否＝0	0.44	0.50
专业合作社	是否加入农民专业合作社：是＝1，否＝0	0.35	0.48
生猪销售方式	生猪销售时通常采用什么方式：市场自由交易＝1，协议或一体化＝0	0.56	0.50
生猪销售关系	和生猪收购方是否有固定合作关系：是＝1，否＝0	0.41	0.49
收购方监管力度	生猪收购方在生猪养殖质量安全方面的检测和惩治力度如何：非常强、比较强＝1，一般、比较弱、非常弱＝0	0.65	0.48
政府监管力度	政府在生猪养殖质量安全方面的检测和惩治力度如何：非常强、比较强＝1，一般、比较弱、非常弱＝0	0.85	0.36
性别	男性＝1，女性＝0	0.81	0.39

（续）

变量名称	含义与赋值	均值	标准差
年龄	实际数值，单位：周岁	49.49	8.33
学历	高中/中专及以上=1，高中/中专以下=0	0.56	0.50
风险态度	喜欢风险小收益稳定=1，其他=0	0.62	0.49
政治面貌	家中是否有成员是党员村干部或在政府部门任职：是=1，否=0	0.40	0.49
养殖收入比重	养猪收入占家庭收入的比例：80%及以上=1，80%以下=0	0.50	0.50

运用Stata13.0进行估计的结果如表10-2所示。模型Pseudo R^2 为0.2710，LR chi^2 为148.39，其相应P值为0.0000，可知模型的拟合优度和整体显著性都很好。

表10-2　模型估计结果

变量名称	系数	Z值	边际概率
从业时间	−0.015	−0.68	−0.004
养殖规模	−2.368***	−8.86	−0.529
养殖方式	−0.535**	−2.08	−0.132
专业合作社	0.240	0.89	0.060
生猪销售方式	0.091	0.35	0.023
生猪销售关系	−0.024	−0.10	−0.006
收购方监管力度	−0.189	−0.68	−0.047
政府监管力度	−0.441	−1.08	−0.110
性别	−0.176	−0.52	−0.044
年龄	0.022	1.34	0.005
学历	−0.284	−1.08	−0.070
风险态度	0.714***	2.59	0.174
政治面貌	0.260	0.86	0.064
养殖收入比重	−0.532*	−1.81	−0.131
常数项	−0.859	−0.89	
Pseudo R^2	0.2710		
LR chi^2	148.39		
Prob>chi^2	0.0000		

注：*、**、***分别表示10%、5%、1%的显著性水平。

根据表10-2的模型估计结果可知，养殖规模、养殖方式、风险态度、养殖收入比重等4个变量显著影响养猪场户每次生猪出栏量。

第一，养殖规模变量反向显著影响受访养猪场户平均每次的生猪出栏量，即能繁母猪数量在50头及以上的规模猪场平均每次的生猪出栏量达到50头的可能性更大。从影响的边际效果看，当其他条件不变时，相比能繁母猪数量在50头以下的养猪场户，能繁母猪数量在50头及以上的规模猪场平均每次的生猪出栏量达到50头的概率平均高0.529。

第二，养殖方式变量反向显著影响受访养猪场户平均每次的生猪出栏量，即采用全进全出养殖方式的猪场平均每次的生猪出栏量达到50头的可能性更大。从影响的边际效果看，当其他条件不变时，相比非全进全出养殖方式的养猪场户，采用全进全出养殖方式的猪场平均每次的生猪出栏量达到50头的概率平均高0.132。

第三，风险态度变量正向显著影响受访养猪场户平均每次的生猪出栏量，即喜欢风险小收益稳定的养猪场户平均每次的生猪出栏量小于50头的可能性更大，这可能与养猪场户的出栏积极性有关，对于喜欢风险小收益稳定的相对保守型的养猪场户，一旦育肥猪达到出栏重量，就倾向于出栏销售，哪怕达到出栏重量的育肥猪数量不多，该类养猪场户厌恶继续等待可能带来的市场价格风险，即便这也可能蕴含着更高市场价格和更高收益。从影响的边际效果看，当其他条件不变时，相比激进型的养猪场户，保守型的养猪场户平均每次的生猪出栏量达到50头的概率平均低0.174。

第四，养殖收入比重反向显著影响受访养猪场户平均每次的生猪出栏量，即养猪收入占家庭收入比例在80%及以上的养猪场户平均每次的生猪出栏量达到50头的可能性更大。从影响的边际效果看，当其他条件不变时，相比养猪收入占家庭收入比例在80%以下的养猪场户，养猪收入占家庭收入比例在80%及以上的养猪场户猪场平均每次的生猪出栏量达到50头的概率平均高0.131。

2. 生猪屠宰企业猪肉分级分割的影响因素

第一，生产端养猪场户管理水平和质量安全行为的不同导致生猪质量客观上存在差异。

生猪屠宰加工企业为了保证货源以及降低收购成本，需要生猪购销商先行收购生猪，然后再与屠宰企业交易。当生猪购销商都很难保证稳定货源时，便出现专门负责寻找货源的生猪经纪人角色，每成功收购一头猪购销商一般会给予经纪人5元左右的报酬。生猪经销商与养猪场户之间是现场定级结算，而生猪屠宰企业与生猪经销商之间是宰后定级结算。目前我国生猪规模化和标准化养殖水平还不高，较长时期内规模猪场和散养户并存，养猪场户的管理水平会存在较大差异，由此导致不同猪场养殖的生猪在体型、出肉率、膘肥瘦、含水量、药物残留等方面不一样，生猪质量客观上存在差异。企业的生产经营活动都是以营利为目的，追求利润最大化。因此，为了降低收购成本以及激励养猪场户规范养殖，生猪屠宰加工企业与生猪购销商或养猪场户采取宰后定级结算，一般将白条分为七八个等级，每个等级之间收购价格相差0.2元左右。

此外，由于质量安全监管等方面还存在不足，在利益刺激下，部分养猪场户还存在质量安全违法违规行为，主要表现为兽药使用行为不规范。一般观点认为，猪肉质量安全隐患多产生于生猪养殖环节，生猪养殖环节的主要利益相关者是养猪场户，该环节可能产生的猪肉质量安全隐患主要是病死猪销售、生猪注水、禁用药使用和药物残留超标等。通过调查分析结果可知，生猪养殖环节的质量安全隐患主要在于养猪场户兽药使用行为不规范。为了保健康、促生长，兽药的使用是几乎所有养猪场户都要面临的，这其中就牵涉到使用是否规范问题。兽药使用是否规范主要是从猪肉质量安全角度考虑的。在进一步分析养殖场户兽药使用规范情况之前，需要首先明确兽药的用途，主要包括三大用途：其一，用于预防疫病；其二，用于治疗疾病；其三，用于饲料添加剂。在此基础上再讲兽药使用规范，兽药不规范使用行为主要包括三类：第一，使用禁用药；第二，没有执行药物休药期；第三，加大药物使用剂量（刘增金等，2016）。其中，对消费者危害最大的是使用禁用药，调查发现，31.57%的受访养猪场户在过去一年中使用过禁用药。

第二，消费端猪肉购买者对猪肉质量等级的需求存在差异。

生鲜猪肉的销售业态主要包括批发市场、超市、直营店、农贸市场等，其中批发市场分为一级批发市场（批发大厅）和二级批发市场（零售大厅）。北京、上海、济南都有农产品批发市场，每家批发市场都有专门的生鲜猪肉销售大厅，生猪屠宰加工企业每天深夜或凌晨将猪肉配送至各批发市场的批发大厅，与此同时，零售大厅的猪肉销售商开始从批发大厅进货，然后销售给超市（一般为小型超市）、农贸市场、饭店、机关或事业单位、摊点、工地和个体消费者。超市、农贸市场、专营店主要从事猪肉零售业务，直接面向饭店等企业或单位和普通消费者。调查发现，在所有猪肉购买者中，超市、机关或事业单位和个体消费者对猪肉质量等级要求较高，多数农贸市场、小饭店、摊点、工地等则对猪肉质量等级要求相对较低，由此直接导致批发市场零售大厅内的销售商内部对所采购猪肉的质量等级要求也存在差异。因此，生猪屠宰加工企业为了实现利润最大化，必然进行市场细分，消费端猪肉购买者对猪肉质量等级的需求存在差异也由此促使屠宰企业对猪肉分级。同时，鉴于排骨、五花、腿肉、里脊等不同部位猪肉的价格存在较大差异，屠宰企业通常会对部分屠宰的生猪进行分割，但考虑到屠宰效率和给猪肉销售商让利，屠宰企业通常不会对全部猪肉都进行分割。

此外，猪肉销售商的质量安全行为在现实中确实存在差异。调查发现，受访的636位猪肉销售商中，31.13%的人表示近两年遇到过猪肉质量安全问题。其中，注水肉问题最为严重，22.17%的人表示遇到过注水肉问题，6.76%的人表示遇到过不新鲜卫生、变质猪肉问题，2.83%的人表示遇到过瘦肉精等禁用药残留超标问题，1.89%的人表示遇到过病死肉问题，还有3.77%表示遇到过其他猪肉质量安全问题。应该认识到，猪肉销售环节只是生猪产业链的一个环节，是问题猪肉流入市场的主要渠道，该环节本身基本不会产生新的猪肉质量安全问题，如果生猪养殖、流通、屠宰加工环节不产生生猪、猪肉质量安全问题，那猪肉销售环节基本也不会存在猪肉质量安全问题。但前期通过对生猪养殖、流通、屠宰加工环节的调查获知，这些产业链环节都或多或少存在质量安全隐患，由此增加了问题猪肉流入销售环节进而流向市场的可能性。

3. 猪肉销售商摊位出售猪肉品牌数量的影响因素

猪肉销售商摊位出售猪肉品牌数量用猪肉销售商对“您所在摊位是否同时销售两种及以上企业品牌的猪肉”这一问题的回答来反映。基于前文分析得知，摊位同时销售两种及以上企业品牌的猪肉会给猪肉可追溯体系溯源实现带来很大困难，因此将摊位同时销售两种及以上企业品牌的猪肉赋值为1，否则赋值为0，并分析其影响因素。这是典型的二分选择问题，同样适合选用二元Logit模型。构建如下模型：

$$\ln\left[\frac{P\ (Y=1)}{1-P\ (Y=1)}\right]=a+bX+\varepsilon$$

其中，$Y=1$表示摊位同时销售两种及以上企业品牌的猪肉，$Y=0$表示摊位没有同时销售两种及以上企业品牌的猪肉；a为常数项；X表示包括经营基本情况、纵向协作关系、销售业态、质量安全关注程度、质量安全监管、个人基本特征等因素在内的解释变量；b为解释变量X前相应的系数；ε为残差项。

模型自变量定义与描述性统计如表10-3所示。

表10-3　自变量定义

变量名称	含义与赋值	均值	标准差
采购关系	是否有固定的猪肉采购关系：是=1，否=0	0.71	0.45
销货关系	是否有固定的猪肉销货关系：是=1，否=0	0.72	0.45
销售年限	实际数值	10.21	6.27
销售数量1	日销售量500千克以下=1，其他=0	0.57	0.50
销售数量2	日销售量在500～999千克=1，其他=0	0.34	0.47
销售利润1	销售价比采购价平均每斤净赚0.5元以下=1，其他=0	0.39	0.49
销售利润2	销售价比采购价平均每斤净赚0.5～0.9元=1，其他=0	0.35	0.48
销售业态	批发市场=1，农贸市场=0	0.81	0.40
质量安全关注程度	平时是否关注与猪肉质量安全相关的法律法规或政策：非常关注、比较关注=1，一般关注、不太关注、很不关注=0	0.39	0.49
质量安全监控力度	市场管理方和政府部门对猪肉质量安全的监控力度：非常强、比较强=1，一般、比较弱、非常弱=0	0.88	0.32
质量安全惩治力度	市场管理方和政府部门对猪肉质量安全问题责任人的惩治力度：非常强、比较强=1，一般、比较弱、非常弱=0	0.80	0.40
性别	男=1，女=0	0.47	0.50
年龄	实际数值	39.55	8.91
学历1	初中及以下=1，其他=0	0.72	0.45
学历2	高中/中专=1，其他=0	0.23	0.42

运用Stata13.0进行估计的结果如表10-4所示。模型Pseudo R^2 为0.1006，LR chi^2 为88.69，其相应P值为0.0000，可知模型的拟合优度和整体显著性都很好。

表10-4　模型估计结果

变量名称	系数	Z值	边际概率
采购关系	−0.441**	−2.26	−0.110
销货关系	0.283	1.42	0.070
销售年限	0.004	0.26	0.001
销售数量1	−0.409	−1.29	−0.102
销售数量2	0.319	0.99	0.080
销售利润1	0.769***	2.98	0.190
销售利润2	0.211	0.86	0.053
销售业态	0.318	1.17	0.079
质量安全关注程度	−0.337*	−1.70	−0.084
质量安全监控力度	0.201	0.67	0.050
质量安全惩治力度	−0.661***	−2.60	−0.163
性别	0.078	0.43	0.020
年龄	−0.027**	−2.35	−0.007
学历1	−0.080	−0.19	−0.020
学历2	0.133	0.31	0.033
常数项	1.085	1.56	
Pseudo R^2	0.1006		
LR chi^2	88.69		
Prob>chi^2	0.0000		

注：*、**、***分别表示10%、5%、1%的显著性水平。

通过表10-4的模型估计结果可知，采购关系、销售利润、质量安全关注程度、惩治力度、年龄等5个变量显著影响销售商摊位出售猪肉品牌数量。

第一，采购关系变量反向显著影响销售商摊位出售猪肉品牌数量，即有固定猪肉采购关系的销售商摊位同时销售两种及以上企业品牌猪肉的可能性更小。这一点非常易于理解，从影响的边际效果看，当其他条件不变时，相比没有固定猪肉采购关系的销售商，有固定猪肉采购关系的销售商摊位同时销售两种及以上企业品牌猪肉的概率平均低 0.110。

第二，销售利润变量正向显著影响销售商摊位出售猪肉品牌数量，即猪肉销售价比采购价平均每斤净赚 0.5 元以下的销售商摊位同时销售两种及以上企业品牌猪肉的可能性更大。可能的原因在于，猪肉销售价比采购价平均每斤净赚 0.5 元以下的销售商更倾向于薄利多销，面向的客户群体多是小超市、农贸市场、饭店等，以批发业务为主，个体消费者的零售业务相对较少，个体消费者通常对猪肉质量最为挑剔，而在信息不对称问题较为严重的猪肉零售市场，猪肉销售价比采购价平均每斤净赚 0.5 元及以上的销售商需要企业品牌作为猪肉质量安全的甄别信号，并且为了降低交易成本和便于质量安全有效控制，他们通常只会选择一个企业品牌的猪肉，选择了某一企业品牌之后通常也不会轻易变化。从影响的边际效果看，当其他条件不变时，相比猪肉销售价比采购价平均每斤净赚 0.5 元及以上的销售商，猪肉销售价比采购价平均每斤净赚 0.5 元以下的销售商摊位同时销售两种及以上企业品牌猪肉的概率平均高 0.190。

第三，质量安全关注程度变量反向显著影响销售商摊位出售猪肉品牌数量，即平时关注与猪肉质量安全相关的法律法规或政策的销售商摊位同时销售两种及以上企业品牌猪肉的可能性更小。同时，质量安全惩治力度变量也反向显著影响销售商摊位出售猪肉品牌数量，即认为市场管理方和政府部门对猪肉质量安全问题责任人的惩治力度强的销售商摊位同时销售两种及以上企业品牌猪肉的可能性更小。质量安全关注程度变量与质量安全惩治力度变量影响销售商摊位出售猪肉品牌数量的作用机理应该基本一致，原因在于，平时更加关注与猪肉质量安全相关的法律法规或政策、认为市场管理方和政府部门对猪肉质量安全问题责任人的惩治力度强的销售商，反映出他们的质量安全意识更强，会更加倾向于确保摊位猪肉的质量安全，而企业品牌作为一种猪肉质量安全的甄别信号，且为了降低交易成本和对质量安全有效控制，这部分销售商通常只会选择一个企业品牌的猪肉。从影响的边际效果看，当其他条件不变时，平时更加关注与猪肉质量安全相关的法律法规或政策的销售商摊位同时销售两种及以上企业品牌猪肉的销售商摊位同时销售两种及以上企业品牌猪肉的概率平均低 0.084，认为市场管理方和政府部门对猪肉质量安全问题责任人的惩治力度强的销售商摊位同时销售两种及以上企业品牌猪肉的概率平均低 0.013。

第四，年龄变量反向显著影响销售商摊位出售猪肉品牌数量，即年轻受访者摊位上同时销售两个及以上企业品牌的可能性更大，主要原因在于：被调查批发市场的猪肉批发大厅一般都有十家左右的一级经销商，他们分别经销不同定点屠宰企业的猪肉，不同一级经销商的猪肉价格和质量存在较大差异，年龄较大的经营者往往具有更丰富的经验，而经验对于猪肉销售商是非常重要的，他们会根据经验选择经销商和屠宰企业，并且倾向于建立长期合作关系，这样也可以减少交易成本，因此这部分销售商倾向于选择只销售一个企业品牌的猪肉。从影响的边际效果看，当其他条件不变时，受访者年龄每增加 1 岁，其选择同时销售两个及以上企业品牌的概率平均降低 0.007。

三、本章小结

本章首先立足中国动物标识及动物产品可追溯体系建设现状，主要选择欧盟、美国、日本等发达国家和地区，总结其在动物产品溯源和动物标识管理方面的经验做法与启示。研究发现：我国动物标识及动物产品可追溯体系建设已取得阶段性进展，对全面推进全产业链动物产品可追溯体系具有重要基础性作用，但仍存在设计和定位仍不明确、管理机构和职能仍有交叉、经费和技术保障问题较多等问题，应借鉴欧美日等发达国家和地区的经验，在强化和完善可追溯体系顶层设计、规模化和标准化养殖屠宰、动物标识和基层档案制度建立管理、鼓励紧密型纵向协作关系、提升从业人员专业素质和制定实施完善的质量标准体系等方面予以借鉴。

其次基于对产业链条上 396 位养猪场户、6 家生猪屠宰加工企业、636 位猪肉销售商的实地调查，实证分析猪肉可追溯体系溯源实现难的根源，并提出对策建议。研究发现：猪肉可追溯体系要真正实现溯源仍存在很大难度，生猪养殖环节的耳标佩戴、档案建立和生猪检疫合格证获取，生猪屠宰加工环节的入场验收、录入系统和胴体标识，猪肉销售环节的猪肉检疫合格证索取和购物小票的提供，是猪肉可追溯体系的关键节点。生猪每次出栏量过少，猪肉的分级、分割，销售商摊位上同时销售两种及以上品牌猪肉等则是猪肉溯源难的主要原因。进一步研究发现：养殖规模、养殖方式、风险态度、养殖收入比重等 4 个变量显著影响养猪场户每次生猪出栏量；生产端养猪场户管理水平和质量安全行为的不同导致生猪质量客观上存在差异，消费端猪肉购买者对猪肉质量等级的需求存在差异；采购关系、销售利润、质量安全关注程度、惩治力度、年龄等 5 个变量显著影响销售商摊位出售猪肉品牌数量。

第十一章　主要结论与对策建议

本研究以信息不对称理论、供应链管理理论、产业组织理论、利益相关者理论等为主要理论基础，在厘清我国猪肉可追溯体系发展历程与现状以及生猪产业链各环节发展现状的基础上，构建基于监管与声誉耦合激励的猪肉可追溯体系质量安全效应研究的理论框架与方法体系，从理论和实证两个方面，基于监管与声誉耦合激励的视角，通过构建契约激励模型和声誉机制模型以及计量模型，研究猪肉可追溯体系的质量安全效应，以期为猪肉可追溯体系的有效运行和猪肉质量安全的保障提出有针对性的对策建议。因此，作为本研究的最后一章，本章主要内容是对前文研究结果进行归纳总结，最终提出如何建设符合中国国情的猪肉可追溯体系的政策建议。

一、主要结论

第一，中国猪肉可追溯体系建设以政府主导模式发展更为迅猛，猪肉可追溯体系建设在取得较大成绩的同时也存在一系列问题。

中国猪肉可追溯体系存在政府主导的猪肉可追溯体系和企业主导的猪肉可追溯体系两种运行模式，相比企业主导模式，政府主导模式的猪肉可追溯体系更能满足大众需求。政府主导模式的猪肉可追溯体系主要包括由农业部推动的农垦农产品质量追溯系统建设和由商务部推动的肉类蔬菜流通追溯体系建设，二者在建设目标和最终目的上是一致的，都是为了实现溯源和保障猪肉质量安全；企业主导模式的猪肉可追溯体系发展较慢。北京和上海作为国际化大都市，猪肉可追溯体系建设在国内处于领先水平。北京市猪肉可追溯体系建设同样以政府主导模式为主，大致经历了 2008 年北京奥运会以前的探索阶段和 2009 年至今的快速发展阶段，作为商务部“放心肉”服务体系试点地区和商务部第三批肉类蔬菜流通追溯体系试点建设城市，北京市猪肉可追溯体系取得了较大成果。上海市猪肉可追溯体系建设同样以政府主导模式为主，大致经历了 2010 年世博会以前的探索阶段和 2010 年至今的快速发展阶段。作为商务部第一批肉类蔬菜流通追溯体系试点建设城市，上海市猪肉可追溯体系建设处于全国先进水平，取得了显著成效，为全国其他地区猪肉可追溯体系建设积累诸多经验。但我国猪肉可追溯体系建设仍不同程度面临着追溯信息不可查、不全面、不可靠等问题。

第二，我国猪肉质量安全问题风险在产业链各环节都存在，溯源追责能力建设不足是产生猪肉质量安全问题的重要原因。

研究发现，生猪养殖环节未发现病死猪销售情况，但存在将病死猪扔掉的情况；同时存在使用禁用药物、未严格执行休药期及增加兽药使用剂量的情况；存在生猪购销商对生猪注水的风险。生猪屠宰加工企业的质量安全监测存在隐患，可能导致问题猪肉流入市场；生猪屠宰加工企业会对病死猪或病害猪进行无害化处理，但面临无害化处理方式能否可持续的压力；猪肉批发市场通过“场厂挂钩”基本可以保证猪肉来源可查、质量可控，但也存在注水肉销售、不新鲜猪肉销售等问题；超市和直营店的猪肉质量安全相对可控，农贸市场存在注水肉销售、不新鲜猪肉销售等问题。进一步研究发现，在生猪养殖与流通环节中，监管力度和惩治力度弱以及溯源追责能力差是养猪场户质量安全行为不规范的主要原因。在生猪屠宰加工环节中，政府监管力度不强以及难以真正实现溯源追责对部分屠宰企业的质量安全违法违规行为起到纵容作用。在猪肉销售环节中，问题猪肉溯源机制与召回机制不完善，加剧了问题猪肉流入市场现象的发生；消费者缺乏溯源追责意识和习惯。

第三，消费者对可追溯猪肉的认知度还有待提高，消费者对可追溯猪肉的购买行为与意愿都受到追溯信息信任的影响。

研究发现，消费者对可追溯食品的认知度整体不高，只有不到三分之一的消费者知道可追溯食品或食品可追溯体系，购买可追溯猪肉的更少。电视、网络、食品标签是消费者了解可追溯食品相关信息的 3 种主要渠道。消费者对猪肉追溯信息发布方的整体信任度不高，只有不到一半的消费者认为当前市场上猪肉追溯信息的发布方是最真实可靠的，消费者对可追溯猪肉的消费信心整体较高，超过六成消费者相信购买带有追溯标签猪肉比不带追溯标签猪肉的质量安全更有保障。信息源信任变量正向显著影响消费者对可追溯猪肉的消费信心，消费信心变量正向显著影响消费者对可追溯猪肉的购买行为，信息源信任通过直接影响消费者对可追溯猪肉的消费信心，起到间接影响消费者可追溯猪肉购买行为的效果。同样，在模拟市场情境下，信息源信任变量通过影响消费者的消费信心，进而影响消费者对可追溯猪肉的购买意愿。

研究还发现，在模拟市场情境下，追溯信息信任、投标价格、放心程度、家庭年收入、认知、性别、户籍、年龄、购买成员、小孩情况等变量显著影响消费者对可追溯猪肉的支付意愿。对追溯信息越信任的消费者对可追溯猪肉越愿意支付额外价格。在 8 个不同猪肉追溯信息模拟情景下，消费者对追溯到“生猪养殖环节＋政府发布＋手机/网站查询”的猪肉追溯信息组合最为信任，且平均支付意愿达到 7.98 元/千克；并且通过计算不同模拟情景下消费者支付意愿水平差异发现，消费者愿意为追溯到生猪养殖环节比追溯到生猪屠宰环节分别额外多支付 1.22 元/千克与 1.33 元/千克、消费者愿意为政府发布的可追溯信息比生产经营者发布分别额外多支付 3.98 元/千克与 2.82 元/千克、消费者愿意为手机/网站查询方式要比购买场所查询机查询分别额外多支付 0.98 元/千克与 0.9 元/千克。另外，不同情景下追溯信息信任对消费者可追溯猪肉支付意愿的影响也有所差异。

第四，猪肉可追溯体系建设通过政府监管机制和市场声誉机制可以起到规范生猪产业链利益主体质量安全行为的作用，但现实中对屠宰企业质量安全行为规范作用的发挥受到猪肉溯源水平的制约。

生猪屠宰加工企业对整个生猪发展起到至关重要的作用。研究发现，猪肉可追溯体系建设对猪肉质量安全行为的保障作用很大程度上通过对生猪屠宰加工企业质量安全行为的影响反映出来，具体通过质量安全监控力度的增强和声誉机制起到规范屠宰企业质量安全行为的作用；猪肉可追溯体系建设带来的政府监管力度和监管效率的提高有助于遏制屠宰企业的道德风险活动和机会主义行为，声誉机制在解决猪肉质量安全问题上可以和显性激励机制一样起到对屠宰企业质量安全行为的激励约束作用；生猪屠宰加工企业的质量安全行为会影响整个市场的猪肉质量安全状况，这主要与屠宰企业的质量安全检测力度密切相关，通过对屠宰企业的调研发现，猪肉可追溯体系建设确实起到规范屠宰企业质量安全行为的作用，但作用的发挥在不同企业之间呈现出差异，现实中声誉机制对屠宰企业质量安全行为规范作用的发挥受到猪肉溯源水平的影响。

第五，猪肉可追溯体系有助于规范养猪场户的质量安全行为，但作用的发挥受到养猪场户追溯体系参与认知以及生猪耳标佩戴的影响。

研究证实了猪肉可追溯体系有助于提升猪肉质量安全水平，具体表现在，耳标佩戴工作通过直接影响养猪场户的可追溯体系参与认知而间接影响其质量安全行为，即：猪场养殖的育肥猪全部戴有耳标的养猪场户，比那些猪场的育肥猪并未全部戴有耳标的养猪场户，更倾向于认为自己猪场已参与到猪肉可追溯体系中；而认为自己猪场已参与到猪肉可追溯体系的养猪场户的兽药使用行为不规范的可能性，要低于认为自己猪场未参与到猪肉可追溯体系的养猪场户。此外，研究发现生猪养殖环节存在质量安全隐患，主要表现为兽药使用不规范，对消费者危害最大的是使用禁用药，近三分之一的养猪场户在过去一年中使用过禁用药；74.49%的养殖场户表示知道“猪肉可追溯体系”或“可追溯猪肉”，并且41.16%认为自己的猪场已参与到猪肉可追溯体系中，72.98%的养猪场户表示养殖的育肥猪全部佩戴有耳标，91.16%的养猪场户表示猪场建有生猪养殖档案或防疫档，81.57%的养猪场户表示生猪出售时都获得动物检疫合格证。

第六，猪肉可追溯体系有助于规范猪肉销售商的质量安全行为，但作用的发挥受到猪肉销售商对溯源追责信任程度的影响。

猪肉销售环节是问题猪肉流入市场的最后关口，需要加强质量安全监管。研究发现，近三分之一受访猪肉销售商表示近两年遇到过猪肉质量安全问题，其中注水肉问题最为严重，22.17%的人表示遇到过注水肉问题，其他还包括不新鲜卫生变质猪肉、瘦肉精等禁用药残留、病死猪肉等问题。猪肉销售商对溯源追责的信任程度较高，合计86.32%的销售商对“一旦您销售的猪肉并非因自身原因出现质量安全问题，消费者可以确切追查到您以及上一级猪肉销售商与生猪屠宰企业”表示“非常相信”和

“比较相信”；猪肉销售商对猪肉可追溯体系的认知水平较高，65.57%的受访者知道“猪肉可追溯体系”或“可追溯猪肉”，55.50%的受访者认为自己的摊位已参与所在城市的猪肉可追溯体系中，只有38.21%的受访者表示总是向购买猪肉的消费者提供购物小票，且只有50.79%的受访者表示摊位只销售一个品牌的猪肉。不提供购物小票以及摊位同时销售两种及以上品牌猪肉的行为给猪肉溯源实现带来困难。

进一步研究发现，对溯源追责能力信任程度高的销售商遇到过猪肉质量安全问题的可能性更小；溯源追责信任变量具有内生性，如果不考虑溯源追责信任变量内生性会给估计结果带来偏误，会大大低估溯源追责信任变量对猪肉销售商质量安全行为的影响，但不会改变该变量的作用方向；参与猪肉可追溯体系以及摊位只销售一种品牌猪肉有助于提高销售商对溯源追责能力的信任程度，也间接起到规范销售商质量安全行为的作用，这进一步验证了我国猪肉可追溯体系建设发挥质量安全保障作用的机理及质量安全效应的现实效果。此外，除了溯源追责信任变量对猪肉销售商质量安全行为的影响显著，纵向协作关系因素中的销货关系变量、外界监管因素中的惩治力度变量、个体特征因素中的年龄变量都显著影响猪肉销售商质量安全行为。

第七，欧美日等发达国家和地区动物产品可追溯体系建设方面的经验值得我国借鉴，我国猪肉可追溯体系要真正实现溯源仍存在很大难度。

我国动物标识及动物产品可追溯体系建设已取得阶段性进展，对全面推进全产业链动物产品可追溯体系具有重要基础性作用，但仍存在设计和定位不明确、管理机构和职能有交叉、经费和技术保障问题较多等问题，应借鉴欧美日等发达国家和地区的经验，在强化和完善可追溯体系顶层设计、规模化和标准化养殖屠宰、动物标识和基层档案制度建立管理、鼓励紧密型纵向协作关系、提升从业人员专业素质和制定实施完善的质量标准体系等方面予以借鉴。实证研究的结果发现：猪肉可追溯体系要真正实现溯源仍存在很大难度，生猪养殖环节的耳标佩戴、档案建立和生猪检疫合格证获取，生猪屠宰加工环节的入场验收、录入系统和胴体标识，猪肉销售环节的猪肉检疫合格证索取和购物小票的提供，是猪肉可追溯体系的关键节点。生猪每次出栏量过少，猪肉的分级、分割，销售商摊位上同时销售两种及以上品牌猪肉等则是猪肉溯源难的主要原因。进一步研究发现：养殖规模、养殖方式、风险态度、养殖收入比重等变量显著影响养猪场户每次生猪出栏量；生产端养猪场户管理水平和质量安全行为的不同导致生猪质量客观上存在差异，消费端猪肉购买者对猪肉质量等级的需求存在差异；采购关系、销售利润、质量安全关注程度、惩治力度、年龄等变量显著影响销售商摊位出售猪肉品牌数量。

二、对策建议

第一，加强源头控制和法律宣传，从根本上杜绝猪肉质量安全问题。

从源头上加强质量安全控制对保证猪肉质量安全具有根本性作用。市场上存在的禁用药残留猪肉、病死猪肉、注水肉等问题猪肉主要是因为没有做好源头控制。加强源头控制，首先严格贯彻落实耳标佩戴、档案建立及生猪检疫合格证制度，这是实现溯源追责的基础；其次需要严厉打击病死猪收购贩卖行为，并与病死猪无害化处理补贴政策和保险政策的实施紧密配合；再次需要严格执行产地检疫制度，杜绝没有原产地检疫检验合格证明的生猪的运输和屠宰。同时，鉴于养猪场户对生猪耳标佩戴和档案建立规定、禁用饲料添加剂和兽药规定、兽药休药期规定、猪肉可追溯体系等的认知水平不高，政府需要充分利用网络、电视、宣传栏、会议培训等渠道，加大相关法律法规、政策措施的宣传力度，增强养猪场户以及生猪购销商的法律意识和法制观念。

第二，完善定点屠宰和病死猪无害化处理补贴政策。

首先，实施生猪定点屠宰制度有助于更好实现对生猪屠宰加工过程的监督管理，应该进一步完善定点屠宰，结合生猪质量安全评级标准，建立信用评级制度，逐步淘汰信用评级差的定点屠宰企业，既可以实现生猪屠宰加工环节的有效监控，也可以充分发挥企业已有产能，充分调动企业生产积极性，避免恶性价格竞争。其次，应该在国家健全完善生猪等动物疫病防控体系的基础上，健全完善动物疫病防控体系，配置完善的人财物力，为有效实施病死猪无害化处理配置相应的人财物力。尽快实现病死猪无害化处理补贴和生猪保险补贴的全覆盖，杜绝养殖场户丢弃和出售病死猪。

第三，加大检测力度和惩治力度，探索建立猪肉销售商登记在案和信用评价制度。

生猪和猪肉检测力度和惩治力度较低是猪肉质量安全问题仍存在的重要原因。首先，政府应该从生猪养殖与流通环节到猪肉销售环节的整个产业链条加强质量安全检测力度，特别是对生猪含水量的检测标准进行重新评估，确立更加严格和有效的检测手段和标准，并且尽可能从抽检比例和抽检频率上加大检测力度。其次，政府应该加大对问题猪肉生产经营者的惩治力度，积极开展食品安全法制宣传教育工作，加强对各个食品领域、各个环节的警示宣传教育，消除猪肉生产经营厂家、商家的侥幸心理，使他们对违法犯罪惩处的后果有充分认识。再次，政府应该鼓励支持并牵头建立覆盖全国范围的猪肉销售商登记在案和信用评价制度，可与猪肉可追溯体系建设相结合，率先在北京、上海等大城市试点推行，将批发市场、农贸市场、超市等场所的猪肉质量安全检测和惩治情况与猪肉销售商的信用挂钩，并实现相关信用信息在全国范围内的共享与查询，让信用等级差的销售商失去市场生存空间。同时，在猪肉质量安全检测和惩治问题上，政府要树立社会共治理念，充分发动社会监管力量，充分利用第三方的质量安全检测和消费者的举报，形成食品安全社会共治的大格局。

第四，建立健全猪肉可追溯体系，加强可追溯体系顶层设计。

政府应该继续加大猪肉可追溯体系建设力度，这有助于溯源追责的实现。我国猪肉可追溯体系建设的当务之急是加强顶层设计，即针对国情，同时为了达到保障猪肉质量安全的效果，到底应该建设什么样的猪肉可追溯体系。当前国内从政界到学界对猪肉可追溯体系建设的最终目的意见较为统一，即为了保障猪肉质量安全，但猪肉可追溯体系建设的直接目标却不是很明确，一般理解是为了实现溯源，但需要进一步明确基于中国国情与质量安全保障作用权衡考虑应该实现什么水平的溯源。理论上溯源深度、广度、精确度越高，越有助于质量安全问题解决，然而针对中国国情，目前要大范围实现对兽药、饲料的追溯还很难，即便是实现消费终端追溯直接追溯到养殖场户的难度也很大。针对我国国情和借鉴发达国家经验，猪肉可追溯体系建设应以保障猪肉质量安全为最终目的，以实现有效溯源为直接目标，有效溯源应该指市场上的猪肉追溯到养殖场户的能力。鉴于我国猪肉可追溯体系建设实际，从保障猪肉质量安全角度，借鉴发达国家建设经验，我国猪肉可追溯体系建设强调消费终端追溯查询到原产地非常重要且更具有现实意义，但前提是必须建立动物标识责任制和基层档案制。

第五，生猪规模化和标准化养殖是实现猪肉有效溯源的必由之路。

猪场每次的生猪出栏量不高、生猪和猪肉的分级和分割、摊位同时出售两种及以上企业品牌的猪肉等情况的普遍存在，成为阻碍中国猪肉可追溯体系溯源实现的绊脚石，也影响到产业链利益主体参与猪肉可追溯体系的积极性和猪肉质量安全保障作用的发挥，而导致上述问题产生的一个主要原因是生猪规模化和标准化养殖发展力度不够。当前我国还存在不少生猪散养户，即便是规模猪场，由于部分猪场并非采用全进全出养殖方式，每次的生猪出栏量也不高，并且由于管理水平不同，生猪体型、肥瘦、含水量等的差异必然存在，这也导致生猪屠宰加工企业不得不对生猪和猪肉分级，并进一步导致猪肉销售商因只需求某一等级的猪肉而出现同时出售多个企业品牌猪肉的情况。因此，政府应在充分考虑生猪规模化养殖可能产生的环境问题前提下，尽可能鼓励生猪规模化、标准化养殖，这也是发达国家猪肉可追溯体系建设的经验。

第六，建立动物标识责任制和基层档案制是实现有效溯源的必然要求。

动物标识和档案对溯源实现具有基础性作用。中国较早就对畜禽养殖的标识加施和档案建立做出了规定，但在具体落实中还存在诸多问题。结合中国可追溯体系实施情况，目前实现消费终端追溯直接查询到养殖场户信息还很难。从保障动物产品质量安全的角度，并借鉴发达国家可追溯体系建设经验，强调原产地概念非常重要且更具有现实意义，但前提是必须建立动物标识责任制和基层档案制。建立动物标识责任制，即是形成标识申请审批、生产配送、发放领用、戴标补标及标识注销全流程的部门及人员责任制。建立基层档案制，具体包括建立两个层面的档案制，一是畜禽养殖环节县级层面对养殖场户相关信息的档案建立，并实现与省级、中央数据中心的信息共享；二是畜禽购销环节地市级层面对畜禽收购商相关信息的档案建立，并实施信用评级制度，不断将信用不好的收购商驱逐出该行业，一方面可以加强对流入屠宰环节畜禽的质量安全控制，另一方面也可以降低消费端信息追溯查询至养殖环节的难度。

第七，政府应在继续加强政府猪肉可追溯系统平台建设的前提下，鼓励部分猪肉生产经营者积极探索适合企业自身的猪肉溯源管理模式。

当前阶段，政府将所有参与猪肉可追溯体系的生产经营者统一纳入政府猪肉可追溯系统平台并实现对外追溯信息查询，然而由于生产经营者猪肉溯源建设水平的差异，政府“一视同仁”的结果是消费者无法察觉到不同生产经营者在猪肉溯源水平方面的差异，从而使猪肉溯源水平高的生产经营者无法获得应有的声誉提高，更无法提高猪肉销售价格和销量，使其缺乏继续深化猪肉可追溯体系建设的动力。因此，政府一方面应借鉴“先富带动后富”的思路，在继续完善猪肉可追溯系统平台建设的前提下，鼓励猪肉生产经营者积极探索适合企业自身的猪肉溯源管理模式，从政策资金上予以支持，在资金利用方面应给予企业较大的自主选择权，比如在溯源管理设备配置方面，广泛听取企业意见，同时也应加强设备使用监管；另一方面应承认猪肉生产经营者在猪肉溯源建设水平上的差异，并使这种差异在政府猪肉可追溯系统平台对外追溯信息查询中得以体现。

第八，政府应鼓励加强生猪屠宰加工与猪肉销售环节利益主体之间的纵向协作，建立健全不同销售业态溯源管理方面的制度体系。

生猪屠宰加工企业对猪肉可追溯体系建设溯源的实现具有全局性关键作用，但其参与猪肉可追溯体系的积极性受到产业链上游养猪场户和产业链下游猪肉销售商行为的影响，尤其是受到后者的影响更大。如果猪肉销售环节不能保证猪肉溯源的实现，那么猪肉可追溯体系建设可能给生猪屠宰加工企业带来的声誉提高等益处将成为空谈。影响猪肉销售环节不能保证猪肉溯源实现的主要原因可归结为，生猪屠宰加工企业与猪肉销售商之间较为松散的纵向协作关系以及对猪肉销售环节溯源管理缺乏有效监管。因此，政府一方面应鼓励猪肉销售商发展与生猪屠宰加工企业之间的紧密型纵向协作模式，另一方面在建立健全猪肉销售环节不同销售业态猪肉溯源管理制度体系的同时，加强对猪肉销售环节溯源管理的监管力度，加强对猪肉销售场所的购销台账建立、购物小票提供以及猪肉分割情况的监管，并将上述各项工作上升为制度规范。

第九，加强公众溯源追责宣传，提高消费者溯源追责习惯及猪肉生产经营溯源追责信任，充分发挥社会组织的监督和宣教作用。

一方面，当前消费者对可追溯猪肉的认知水平普遍不高，追溯查询意识和习惯更是有待提高，猪肉溯源意识的缺失不利于可追溯猪肉的价值体现。若消费者仅是将猪肉可追溯体系建设看作政府提供的一种质量安全认证，盲目地相信或不相信而不去选择查询相关追溯信息，那么猪肉生产经营者的声誉将无法得到提高，尤其是生猪屠宰加工企业声誉的提高，这显然不利于猪肉可追溯体系建设的深入推进。因此，政府应该充分利用电视、网络、食品标签等各种信息渠道加强猪肉可追溯体系宣传力度，尽可能提高消费者的追溯查询意识和习惯，这将有利于实现猪肉可追溯体系建设的良性循环。另一方面，当前市场上食品质量安全相关信息纷繁复杂、真伪难辨，食品可追溯体系为消除信息的不对称提供了良好的途径，但信息源的多样化导致消费者对信息源的信任呈现差异，反而加剧了信息不对称的程度，不利于信息不对称问题的解决。就猪肉可追溯体系建设而言，政府应该规范追溯信息消费终端查询，建立统一追溯信息查询平台，由消费者更加信任的政府规范发布猪肉质量安全追溯信息，实现消费者便利查询，从而增强消费者对可追溯猪肉的消费信心，提升消费者对可追溯猪肉的购买意愿，最终达到促进猪肉可追溯体系建设和猪肉质量安全问题解决的目的。另外，政府还应对猪肉可追溯体系建设适时进行评估，鼓励公众参与，提高全民对猪肉溯源的信任。同时，还需要网络媒体联合科研机构与行业协会，对猪肉生产经营者进行有效监督，对公众进行正确科普宣传。

第十，明确政府监管职能，避免多头管理和过度监管，实现资源整合和优化配置。

政府作为猪肉可追溯体系建设的发起者和推动者，加强政府对猪肉可追溯体系的监管是必要的，但政府在猪肉可追溯体系建设过程中应明确监管职能，当前阶段应明确各政府部门职能分工，加强政府部门之间的协调与合作，确定权责利，尽可能降低决策失误的沉没成本和危机事件之后的责任逃避。同时从发达国家的监管经验来看，设立统一的监管机构是比较行之有效的措施，这也应该是未来中国猪肉可追溯体系建设的发展方向，可在北京、上海率先试点，确定一个主要负责猪肉可追溯体系建设的部门，明确权责，划拨必要的人财物力，并要求其他相关部门给予积极配合，从而实现猪肉可追溯体系建设上资源的优化配置，达到建设效果和目标。另外，政府在具体干预手段的运用上应该更加灵活，在不降低对参与企业支持力度的同时，允许企业积极探索适合自身的猪肉溯源管理模式，在资金利用方面应给予企业较大的自主选择权，比如在溯源管理设备配置方面，广泛听取企业意见，同时也应加强设备使用监管。猪肉可追溯体系建设的直接目标在于实现猪肉溯源，最终目的则是保障猪肉质量安全，政府在猪肉可追溯体系建设方面投入了大量财政资金，政府有必要适时对猪肉可追溯体系建设进行绩效评估。考虑到政府能力的局限性，政府应该充分调动公众参与猪肉可追溯体系建设和评估的积极性，搭建政府与公众之间的信息交流平台，对公众反馈的问题积极给予回应和解决，不断增强公众对猪肉可追溯体系建设的信心和对猪肉溯源能力的信任，这不仅有利于猪肉可追溯体系建设的顺利推进，更具有稳定社会和经济秩序的深远意义。

三、进一步研究展望

本研究对中国猪肉可追溯体系建设做了大量原创性探讨。中国猪肉可追溯体系要实现有效溯源（即溯源追责能力，可追溯查询到养殖环节责任人的能力，以切实保障生猪和猪肉质量安全），标准化一定是发展趋势和必由之路。当前中国生猪产业已朝着规模化方向发展，但这对于实现有效溯源是不够的，还需要生猪产业和猪肉可追溯体系的标准化。生猪产业标准化是根本，也会影响猪肉可追溯体系标准化，但其实现不是一蹴而就的，需要生产技术和管理方式的进步，当务之急是实现猪肉可追溯体系的标准化。

本研究对猪肉可追溯体系标准化内涵的理解在于：猪肉可追溯体系标准化建设包括追溯技术规范的标准化，追溯实施过程的标准化，追溯纵向协作的标准化，追溯技术规范的标准化是基础，追溯实施过程的标准化是核心，追溯纵向协作的标准化是保障。其中，追溯技术规范的标准化主要是指猪肉可追溯体系在系统平台建设、数据库建立、追溯信息标识与录入存储、追溯信息的终端查询等方面的技术规定；追溯实施过程的标准化包括猪肉可追溯体系的顶层设计与系统建立，生猪养殖与流通环节的耳标佩戴、档案建立、检疫证获取等，生猪屠宰加工环节的录入系统、胴体标识等，猪肉销售环节的检疫证索取、小票提供、信息查询等，这些行为都受到产业链纵向协作关系的影响；追溯纵向协作的标准化反映在养猪场户的生猪平均出栏量等，生猪屠宰加工企业的猪肉分级分割等，猪肉销售商的摊位猪肉品牌数量等，这些行为都体现了与产业链上下游利益主体之间的纵向协作关系。

近些年，非洲猪瘟疫情的发生对我国生猪产业发展造成重大冲击，新冠肺炎疫情又使生猪产业发展雪上加霜。当前，急需厘清以下几个问题：第一个问题，主要是探讨非洲猪瘟对生猪产业链和猪肉可追溯体系建设带来的影响。第二个问题，包括追溯技术规范的标准化，追溯实施过程的标准化，追溯纵向协作的标准化，其中，追溯技术规范的标准化是基础，追溯实施过程的标准化是核心，追溯纵向协作的标准化是保障，重点探讨追溯实施过程和纵向协作的标准化。第三个问题，包括政府监管机制、市场声誉激励、利益分配机制、评价反馈机制，重点探讨一种可追溯体系建设激励机制设计方案的内容与效果等。基于此，下一步将遵循以下思路深入推进研究：为了实现猪肉可追溯体系标准化，需要首先厘清生产的标准化和协作的标准化存在的问题及原因，然后基于社会共治理念，通过政府、市场、公众的契约激励、声誉激励、价格激励寻求解决对策。

参　考　文　献

A. 恰亚诺夫. 农民经济组织［M］. 萧正洪，译. 北京：中央编译出版社，1996.

卜凡. 消费者对不同质量安全信息的可追溯食品需求与影响因素研究［D］. 无锡：江南大学，2013.

陈超，罗英姿. 创建中国肉类加工食品供应链模型的构想［J］. 南京：南京农业大学学报，2003，26（1）：89-92.

陈贵瑛，潘吉. 建立质量追溯体系实施缺陷产品召回［J］. 装备制造技术，2009（12）：77-99.

陈强. 高级计量经济学及 Stata 应用［M］. 北京：高等教育出版社，2010.

陈生斗，宋丹阳，陈晨，等. 法国、荷兰畜产品质量追溯体系的发展及其启示［J］. 世界农业，2007（1）：43-47.

陈思，罗云波，江树人. 激励相容：我国食品安全监管的现实选择［J］. 中国农业大学学报（社会科学版），2010，27（3）：168-175.

陈秀娟，秦沙沙，尹世久，等. 基于消费者对产地信息属性偏好的可追溯猪肉供给侧改革研究［J］. 中国人口·资源与环境，2016，26（9）：92-100.

陈雨生，房瑞景，尹世久，等. 超市参与食品安全追溯体系的意愿及其影响因素——基于有序 Logistic 模型的实证分析［J］. 中国农村经济，2014（12）：41-49，68.

仇焕广，黄季焜，杨军. 政府信任对消费者行为的影响研究［J］. 经济研究，2007（6）：65-74，153.

方凯，王厚俊，单初. "公司＋合作社＋农户"模式下农户参与质量可追溯体系的意愿分析［J］. 农业技术经济，2013（6）：63-72.

方琦. 营销沟通中信息源可信度研究［J］. 皖西学院学报，2009（1）：75-78.

方炎，高观，范新鲁，等. 我国食品安全追溯制度研究［J］. 农业质量标准，2005（2）：37-39.

费亚利. 政府强制性猪肉质量安全可追溯体系研究［D］. 成都：四川农业大学，2012.

付丹丹. 质量安全认证和信息可追溯双重体系下消费者信任与购买意愿研究［D］. 南昌：南昌航空大学，2016.

高原，王怀明. 消费者食品安全信任机制研究：一个理论分析框架［J］. 宏观经济研究，

2014 (11): 107 - 113.

龚强，陈丰. 供应链可追溯性对食品安全和上下游企业利润的影响 [J]. 南开经济研究，2012 (6): 30 - 48.

郭世娟，李华，牛芗洁，等. 发达国家和地区畜禽产品追溯体系建设的做法与启示 [J]. 世界农业，2016 (12): 4 - 10.

韩杨，乔娟. 食品安全追溯体系形成机理及研究进展 [J]. 农业质量标准，2009 (4): 46 - 49.

韩杨. 中国食品可追溯体系的利益主体研究——基于北京市的实证调查分析 [D]. 北京: 中国农业大学，2009.

贺小刚，邓浩，吕斐斐，等. 期望落差与企业创新的动态关系——冗余资源与竞争威胁的调节效应分析 [J]. 管理科学学报，2017，20 (5): 13 - 34.

贺小刚，连燕玲，吕斐斐. 期望差距与企业家的风险决策偏好——基于中国家族上市公司的数据分析 [J]. 管理科学学报，2016，19 (8): 1 - 20.

洪巍，吴林海. 食品安全网络舆情网民参与行为调查 [J]. 华南农业大学学报（社会科学版），2014，13 (2): 102 - 108.

侯博. 基于实验经济学方法的消费者对可追溯食品信息属性的偏好研究 [D]. 南京: 南京农业大学，2016.

黄宗智. 华北小农经济与社会变迁 [M]. 北京: 中华书局，1985.

纪诗奇. 受众信息传播行为的影响因素: 模型的构建与实证研究 [J]. 情报杂志，2013，32 (3): 30 - 36.

季晨，杨兴龙，王凯. 澳大利亚猪肉产业链管理的经验及启示——基于质量安全的视角 [J]. 世界农业，2008 (4): 55 - 58.

蒋雪灵，孟岩，于巾渌，等. 会展农产品质量安全溯源体系建设及运行研究 [J]. 中国人口·资源与环境，2017，27 (S2): 227 - 230.

金玉芳，董大海. 消费者信任影响因素实证研究——基于过程的观点 [J]. 管理世界，2004 (7): 93 - 99，156.

井淼，张梦远，王方华. 产品伤害危机中信息来源对消费者购买决策的影响 [J]. 系统管理学报，2013，22 (1): 53 - 59.

科特勒. 营销管理 [M]. 梅清豪，译. 上海: 上海人民出版社，2003.

孔洪亮，李建辉. 全球统一标识系统在食品安全跟踪与追溯体系中的应用 [J]. 食品科学，2004 (6): 188 - 194.

李亮，卢捷琦，季建华. 信息共享研究中的信任问题 [J]. 上海管理科学，2015 (3): 60 - 64.

李清光，王晓莉. 低成本背景下食品可追溯体系难以推广的原因分析——以可追溯猪肉

为例 [J]. 中国人口·资源与环境，2015，25 (7)：120-127.
李艳云，吴林海，浦徐进，等. 影响食品行业社会组织参与食品安全风险治理能力的主要因素研究 [J]. 中国人口·资源与环境，2016，26 (8)：167-176.
连燕玲，贺小刚，高皓. 业绩期望差距与企业战略调整——基于中国上市公司的实证研究 [J]. 管理世界，2014 (11)：119-132，188.
梁杰，谢恩，沈灏. 绩效反馈、绩效预期与企业战略变化 [J]. 软科学，2015，29 (2)：72-76.
林朝朋. 生鲜猪肉供应链安全风险及控制研究 [D]. 长沙：中南大学，2009.
林学贵. 日本的食品可追溯制度及启示 [J]. 世界农业，2012 (2)：38-42.
刘李峰，武拉平，张照新. 价格、质量对超市农产品经营影响的实证研究——来自消费者角度的证据 [J]. 中国农村观察，2007 (1)：24-35，80.
刘妙品，南灵，李晓庆，等. 环境素养对农户农田生态保护行为的影响研究——基于陕、晋、甘、皖、苏五省 1 023 份农户调查数据 [J]. 干旱区资源与环境，2019，33 (2)：53-59.
刘庆博. 纵向协作与宁夏枸杞种植户质量控制行为研究 [D]. 北京：北京林业大学，2013.
刘圣中. 可追溯机制的逻辑与运用：公共治理中的信息、风险与信任要素分析 [J]. 公共管理学报，2008，5 (2)：33-39，123.
刘万利，齐永家，吴秀敏. 养猪农户采用安全兽药行为的意愿分析——以四川为例 [J]. 农业技术经济，2007 (1)：80-87.
刘增金，乔娟，沈鑫琪. 偏好异质性约束下食品追溯标签信任对消费者支付意愿的影响——以猪肉产品为例 [J]. 农业现代化研究，2015，36 (5)：834-841.
刘增金，乔娟，王晓华. 品牌可追溯性信任对消费者食品消费行为的影响：以猪肉产品为例 [J]. 技术经济，2016，35 (5)：104-111.
刘增金，乔娟，张莉侠. 溯源能力信任对养猪场户质量安全行为的影响——基于北京市 6 个区县 183 位养猪场户的调研 [J]. 中国农业资源与区划，2016 (11)：105-112.
刘增金，乔娟，张莉侠. 猪肉可追溯体系质量安全效应研究——基于生猪屠宰加工企业的视角 [J]. 中国农业大学学报，2016 (10)：127-134.
刘增金，乔娟，李秉龙. 消费者对可追溯食品购买意愿的实证分析——基于消费者购买决策过程模型的分析 [J]. 消费经济，2013，29 (1)：43-47.
刘增金，乔娟，沈鑫琪. 偏好异质性约束下食品追溯标签信任对消费者支付意愿的影响——以猪肉产品为例 [J]. 农业现代化研究，2015，36 (5)：834-841.
刘增金，乔娟，王晓华. 品牌可追溯性信任对消费者食品消费行为的影响——以猪肉产品为例 [J]. 技术经济，2016，35 (5)：104-111.

刘增金，乔娟，王晓华．生猪养殖场户参与猪肉可追溯体系的行为与意愿分析——基于北京市 6 个区养殖场户的问卷数据 [J]. 农林经济管理学报，2018，17 (1)：72-81.

刘增金，乔娟，吴学兵．纵向协作模式对生猪养殖场户参与猪肉可追溯体系意愿的影响 [J]. 华南农业大学学报（社会科学版），2014，13 (3)：18-26.

刘增金，乔娟，张莉侠，等．消费者对可追溯猪肉的购买意愿及其影响因素分析——基于北京市 495 位消费者的问卷调查 [J]. 上海农业学报，2016，32 (3)：126-133.

刘增金，乔娟．消费者对可追溯食品的购买行为及影响因素分析——基于大连市和哈尔滨市的实地调研 [J]. 统计与信息论坛，2014，29 (1)：100-105.

刘增金，王萌，贾磊，等．溯源追责框架下猪肉质量安全问题产生的逻辑机理与治理路径——基于全产业链视角的调查研究 [J]. 中国农业大学学报，2018，23 (11)：206-221.

刘增金，俞美莲，乔娟．信息源信任对消费者食品购买行为的影响研究——以可追溯猪肉为例 [J]. 农业现代化研究，2017，38 (5)：755-763.

刘增金．基于质量安全的中国猪肉可追溯体系运行机制研究——以北京市为例 [D]. 北京：中国农业大学，2015.

卢凤君，叶剑，孙世民．大城市高档猪肉供应链问题及发展途径 [J]. 农业技术经济，2003 (2)：43-45.

卢凌霄，张晓恒，曹晓晴．内外资超市食品安全控制行为差异研究——基于采购与销售环节 [J]. 中国食物与营养，2014，20 (8)：46-51.

吕青，王海波，顾邵平．可追溯体系及其在水产品安全控制中的作用 [J]. 渔业现代化，2006 (3)：7-9.

迈克尔・R. 所罗门，卢泰宏，杨晓燕．消费者行为学 [M]. 8 版．北京：中国人民大学出版社，2009.

乔娟，刘增金．产业链视角下病死猪无害化处理研究 [J]. 农业经济问题，2015 (2)：102-109，112.

乔娟，韩杨，李秉龙．中国实施食品安全追溯制度的重要性与限制因素分析 [J]. 中国畜牧杂志，2007，43 (6)：10-13.

乔娟，李秉龙，韩杨，等．北京市食品追溯体系的利益主体与监管机制研究 [M]. 北京：中国农业出版社，2011.

乔娟．基于食品质量安全的批发商认知和行为分析——以北京市大型农产品批发市场为例 [J]. 中国流通经济，2011 (1)：76-80.

秦沙沙．基于不同属性的可追溯猪肉消费者偏好与消费市场模拟研究 [D]. 无锡：江南大学，2016.

曲芙蓉，孙世民，彭玉珊．供应链环境下超市良好质量行为实施意愿的影响因素分析——基于山东省456家超市的调查数据［J］. 农业技术经济，2011（11）：64-70.
萨吉．针对中国网络购物消费者的信任行为研究［D］. 北京：清华大学，2013.
沙鸣，孙世民．供应链环境下猪肉质量链节点的重要程度分析：山东等16省（市）1 156份问卷调查数据［J］. 中国农村经济，2011（9）：49-59.
尚旭东，乔娟，李秉龙．消费者对可追溯食品购买意愿及其影响因素分析——基于730位消费者的实证分析［J］. 生态经济，2012（7）：28-32.
师严涛．农产品可追溯系统研究［D］. 北京：中国农业大学，2006.
史燕伟，徐富明，罗教讲，等．行为经济学中的信任：形成机制及影响因素［J］. 心理科学进展，2015，23（7）：1236-1244.
宋媚，张朋柱，范静．基于G2B共享信息中介的异源信息信任形成研究［J］. 系统工程理论与实践，2015（5）：1177-1186.
孙世民，陈会英，李娟．优质猪肉供应链合作伙伴竞合关系分析：基于15省（市）的761份问卷调查数据和深度访谈资料［J］. 中国农村观察，2009（6）：2-13，94.
孙世民，李娟，张健如．优质猪肉供应链中养猪场户的质量安全认知与行为分析：基于9省份653家养猪场户的问卷调查［J］. 农业经济问题，2011（3）：76-81，111.
孙世民，彭玉珊．论优质猪肉供应链中养殖与屠宰加工环节的质量安全行为协调［J］. 农业经济问题，2012（3）：77-83，112.
孙世民，张媛媛，张健如．基于Logit-ISM模型的养猪场（户）良好质量安全行为实施意愿影响因素的实证分析［J］. 中国农村经济，2012（10）：24-36.
孙世民．基于质量安全的优质猪肉供应链建设与管理探讨［J］. 农业经济问题，2006（4）：70-74，80.
汪丁丁．行为社会科学基本问题［J］. 学术月刊，2017，49（5）：2.
王东亭，饶秀勤，应义斌．世界主要农业发达地区农产品追溯体系发展现状［J］. 农业工程学报，2014，30（8）：236-250.
王锋，张小栓，穆维松，等．消费者对可追溯农产品的认知和支付意愿分析［J］. 中国农村经济，2009（3）：68-74.
王慧敏．基于质量安全的猪肉流通主体行为与监管体系研究：以北京市为例［D］. 北京：中国农业大学，2012.
王继军．法国畜产品质量追溯的做法与思考［J］. 中国农垦，2008（8）：42-45.
王建华，葛佳烨，朱湄．食品安全风险社会共治的现实困境及其治理逻辑［J］. 社会科学研究，2016（6）：111-117.
王仁强，孙世民，曲芙蓉．超市猪肉从业人员的质量安全认知与行为分析——基于山东等18省（市）的526份问卷调查资料［J］. 物流工程与管理，2011，33（8）：64-66.
王秀清，孙云峰．我国食品市场上的质量信号问题［J］. 中国农村经济，2002（5）：

27－32.

王一舟，王瑞梅，修文彦．消费者对蔬菜可追溯标签的认知及支付意愿研究——以北京市为例［J］．中国农业大学学报，2013，18（3）：215－222.

王有鸿，费威．追溯水平在食品供应链网络中的效应研究［J］．经济与管理，2012，26（9）：71－87.

王芸，吴秀敏，赵智晶．农户持续参与建立农产品可追溯体系的意愿及其影响因素——基于四川137个农户的调查分析［J］．农村经济，2012（9）：36－39.

威廉·H. 格林．计量经济分析［M］．张成思，译．北京：中国人民大学出版社，2011.

文晓巍，李慧良．消费者对可追溯食品的购买与监督意愿分析：以肉鸡为例［J］．中国农村经济，2012（5）：41－52.

吴林海，卜凡，朱淀．消费者对含有不同质量安全信息可追溯猪肉的消费偏好分析［J］．中国农村经济，2012（10）：13－23，48.

吴林海，龚晓茹，陈秀娟，等．具有事前质量保证与事后追溯功能的可追溯信息属性的消费偏好研究［J］．中国人口·资源与环境，2018，28（8）：148－160.

吴林海，秦毅，徐玲玲．企业投资食品可追溯体系的决策意愿与影响因素研究［J］．中国人口·资源与环境，2013，23（6）：129－137.

吴林海，王红纱，刘晓琳．可追溯猪肉：信息组合与消费者支付意愿［J］．中国人口·资源与环境，2014，24（4）：35－45.

吴林海，王红纱，朱淀，等．消费者对不同层次安全信息可追溯猪肉的支付意愿研究［J］．中国人口·资源与环境，2013，23（8）：165－176.

吴林海，王淑娴，Wuyang Hu. 消费者对可追溯食品属性的偏好和支付意愿：猪肉的案例［J］．中国农村经济，2014（8）：58－75.

吴林海，王淑娴，徐玲玲．可追溯食品市场消费需求研究——以可追溯猪肉为例［J］．公共管理学报，2013，10（3）：119－128，142－143.

吴林海，徐玲玲，王晓莉．影响消费者对可追溯食品额外价格支付意愿与支付水平的主要因素：基于Logistic、Interval Censored的回归分析［J］．中国农村经济，2010（4）：77－86.

吴林海，钟颖琦，洪巍，等．基于随机n价实验拍卖的消费者食品安全风险感知与补偿意愿研究［J］．中国农村观察，2014（2）：60－72.

吴林海，朱淀，徐玲玲．果蔬业生产企业可追溯食品的生产意愿研究［J］．农业技术经济，2012（10）：120－127.

吴天真．核心企业主导下的食品可追溯体系信息共享机理研究［D］．北京：中国农业大学，2015.

吴秀敏．我国猪肉质量安全管理体系研究——基于四川消费者、生产者行为的实证分析

[D]. 杭州：浙江大学，2006.
吴学兵，乔娟. 养殖场（户）生猪质量安全控制行为分析 [J]. 华南农业大学学报（社会科学版），2014，13（1）：20-27.
吴学兵，乔娟，刘增金. 养猪场（户）纵向协作形式选择及影响因素分析：基于北京市养猪场（户）的调研数据 [J]. 中国农业大学学报，2014，19（3）：229-235.
吴学兵，乔娟，宁攸凉. 生猪屠宰加工企业纵向协作形式选择分析——基于对北京市6家屠宰加工企业的调查 [J]. 农村经济，2013（7）：52-55.
吴学兵. 基于质量安全的生猪产业链纵向关系研究 [D]. 北京：中国农业大学，2014.
西奥多·舒尔茨. 改造传统农业 [M]. 梁小民，译. 北京：商务印书馆，1999.
夏晓平，李秉龙. 品牌信任对消费者食品消费行为的影响分析——以羊肉产品为例 [J]. 中国农村观察，2011（4）：14-26.
夏兆敏，孙世民. 优质猪肉供应链质量行为协调的演进机制：熵理论的视角 [J]. 农业经济问题，2013，34（9）：92-97，112.
夏兆敏. 优质猪肉供应链中屠宰加工与销售环节的质量安全行为协调机制研究 [D]. 泰安：山东农业大学，2014.
谢菊芳. 猪肉安全生产全程可追溯系统的研究 [D]. 北京：中国农业大学，2005.
谢康，刘意，赵信. 媒体参与食品安全社会共治的条件与策略 [J]. 管理评论，2017，29（5）：192-204.
修文彦，任爱胜. 国外农产品质量安全追溯制度的发展与启示 [J]. 农业经济问题，2008（S1）：206-210.
徐芬，陈红华. 基于食品召回成本模型的可追溯体系对食品召回成本的影响 [J]. 中国农业大学学报，2014（2）：233-237.
徐家鹏. 蔬菜种植户产销环节纵向协作与质量控制研究 [D]. 武汉：华中农业大学，2011.
徐玲玲，李清光，山丽杰. 猪肉可追溯体系建设存在问题与影响因素——基于猪肉供应链的实证分析 [J]. 中国人口·资源与环境，2016，26（4）：142-147.
杨秋红，吴秀敏. 农产品生产加工企业建立可追溯系统的意愿及其影响因素——基于四川省的调查分析 [J]. 农业技术经济，2009（2）：69-77.
杨欣. 猪肉供应链安全跟踪追溯系统分析与设计 [D]. 长春：吉林大学，2009.
叶俊焘. 猪肉加工企业质量安全追溯系统后向控制绩效研究 [J]. 农业经济问题，2012（3）：84-91.
尹世久，高杨，吴林海. 构建中国特色食品安全社会共治体系 [M]. 北京：人民出版社，2017.
尹世久，徐迎军，陈雨生. 食品质量信息标签如何影响消费者偏好——基于山东省843个

样本的选择实验 [J]. 中国农村观察，2015 (1)：39-49，94.
应瑞瑶，侯博，陈秀娟，等. 消费者对可追溯食品信息属性的支付意愿分析：猪肉的案例 [J]. 中国农村经济，2016 (11)：44-56.
余津津. 国外声誉理论研究综述 [J]. 经济纵横，2003 (10)：60-63.
詹姆斯.C. 斯科特. 农民的道义经济学：东南亚的反叛与生存 [J]. 社科新视野，2002 (5)：47.
张蓓. 农产品伤害危机后消费者信任与购买意愿研究——基于广东省的实证分析 [J]. 调研世界，2014 (6)：29-35.
张明华，温晋锋，刘增金. 行业自律、社会监管与纵向协作：基于社会共治视角的食品安全行为研究 [J]. 产业经济研究，2017 (1)：89-99.
张文胜，王硕，安玉发，等. 日本"食品交流工程"的系统结构及运行机制研究：基于对我国食品安全社会共治的思考 [J]. 农业经济问题，2017，38 (1)：100-108，112.
张振，乔娟，黄圣男. 基于异质性的消费者食品安全属性偏好行为研究 [J]. 农业技术经济，2013 (5)：95-104.
张振，乔娟. 影响我国猪肉产品国际竞争力的实证分析 [J]. 国际贸易问题，2011 (7)：39-48.
赵荣，陈绍志，乔娟. 美国、欧盟、日本食品质量安全追溯监管体系及对中国的启示[J]. 世界农业，2012，395 (3)：1-4，25，82.
赵荣，乔娟，陈雨生. 消费者对可追溯性食品的购买行为研究——基于北京市海淀区消费者调查的分析 [J]. 技术经济，2009，28 (1)：53-56.
赵荣. 中国食用农产品质量安全追溯体系激励机制研究 [D]. 北京：中国农业大学，2011.
赵智晶，吴秀敏. 消费者追溯猪肉信息的行为研究——基于成都市 395 名消费者的实证分析 [J]. 农业技术经济，2013 (6)：73-82.
郑也夫. 信任论 [M]. 北京：中国广播电视出版社，2001.
郑毓煌. 奇妙的对比效应 [J]. 清华管理评论，2013 (5)：58-64.
钟颖琦，吴林海，黄祖辉. 影响猪肉安全和猪肉质量的生产行为及其影响因素分析 [J]. 中国食品安全治理评论，2017 (2) .
周洁红，陈晓莉，刘清宇. 猪肉屠宰加工企业实施质量安全追溯的行为、绩效及政策选择：基于浙江的实证分析 [J]. 农业技术经济，2012 (8)：29-37.
周应恒，彭晓佳. 江苏省城市消费者对食品安全支付意愿的实证研究——以低残留青菜为例 [J]. 经济学（季刊），2006 (3)：1319-1342.
周应恒，王晓晴，耿献辉. 消费者对加贴信息可追溯标签牛肉的购买行为分析——基于上海市家乐福超市的调查 [J]. 中国农村经济，2008 (5)：22-32.

朱淀，蔡杰，王红纱．消费者食品安全信息需求与支付意愿研究——基于可追溯猪肉不同层次安全信息的 BDM 机制研究［J］．公共管理学报，2013，10（3）：129－136，143.

朱冬静，王凯．信任视角下消费者可追溯猪肉购买意愿实证分析——基于结构方程模型［J］. 江苏农业科学，2017，45（4）：311－314.

朱虹．消费信任发生机制探索——一项基于中国本土的实证研究［J］. 南京社会科学，2011（9）：23－29.

朱咏梅，顾绍平，周翀，等．巴西猪肉屠宰加工业管理研究［J］. 中国牧业通讯，2011（12）：60－62.

Abidoye B O，Bulut H，Lawrence J D，et al. US Consumers' Valuation of Quality Attributes in Beef Products [J]. Journal of Agricultural and Applied Economics，2011，43（1）：1－12.

Angulo A M，Gil J M，Tamburo L. Food Safety and Consumers' Willingness to Pay for Labelled Beef in Spain [J]. Journal of Food Products Marketing，2005，11（3）：89－105.

Antle J M. Choice and Efficiency in Food Safety Policy [M]. Washington，D. C.：AEI Press，1995：25－26.

Antle J M. Efficient food safety regulation in the food manufacturing sector [J]. American Journal of Agricultural Economics，1996，78（5）：1242－1247.

Arnould E J，Thompson C J. Consumer Culture Theory（CCT）：Twenty Years of Research [J]. Journal of Consumer Research，2005，31（4）：868－882.

Asioli D，Boecker A，Canavari M. On the Linkages between Traceability in the Italian Fishery Supply Chain [J]. Food Control，2014（46）：10－17.

Bai J，Zhang C，Jiang J. The Role of Certificate Issuer on Consumers' Willingness to Pay for Milk Traceability in China [J]. Agricultural Economics，2013，44（4－5）：537－544.

Boger S. Quality and Contractual Choice：A Transaction Cost Approach to the Polish Hog Market [J]. European Review of Agricultural Economics，2001，28（3）：241－261.

Caswell J A，Mojduszka E M. Using informational labeling to influence the market for quality in food products [J]. American Journal of Agricultural Economics，1996，78（5）：1248－1258.

Caswell J A，Padberg D I. Toward a more comprehensive theory of food labels [J]. American Journal of Agricultural Economics，1992，74（2）：460－468.

Caswell J R，Hooker N H. How quality management meat systems are affecting the food industry [J]. Review of Agricultural Economics，1998，20（2）：547－575.

Caswell J. How labeling of safety and process attributes affects markets for food [J]. Agricultural and Resource Economics Review，1998，27（2）：151－158.

Cepin M. Method for assessing reliability of a network considering probabilistic safety assessment [C]. Proceedings of the International Conference "Nuclear Energy for New Europe 2005"，Bled，Slovenia，September5－8，2005.

Çohen J L，Arato A. Civil Society and Political Theory [M]. Cambridge：MIT Press，1992.

Cyert R M，March J G. A Behavioral Theory of the Firm [M]. Englewood Cliffs，NJ：Prentice Hall，1963：121－138.

Dickson D L，Bailey D. Meat traceability：Are U. S. consumer willing to pay for it [J]. Journal of Agriculture and Resource Economics，2002，27（2）：348－364.

Donnelly K A M，Karlsen K M，Olsen P. The Importance of Transformations for Traceability：A Case Study of Lamb and Lamb Products [J]. Meat Science，2009，83（1）：68－73.

Dyer J H，Nobeoka K. Creating and managing a high－performance knowledge－sharing network：the Toyota case managing [J]. Strategic management journal，2000，21（3）：345－367.

Fama E F. Agency Problems and the Theory of the Firm [J]. Journal of Political Economy，1980（88）：288－307.

Fearne A，Martinez M G. Opportunities for the coregulation of food safety：Insights from the United Kingdom [J]. Choices：The Magazine of Food，Farm and Resource Issues，2005，20（2）：109－116.

Fugate B，Sahin F，Mentzer J T. Supply chain management coordination mechanisms [J]. Journal of business logistics，2006，27（2）：129－162.

Gavetti G. Toward a Behavioral Theory of Strategy [J]. Organizationence，2012，23（1）：267－285.

Golan E，Krissoff B，Kuchler F，et al. Traceability in the US food supply：economic theory and industry studies [M]. US Department of Agriculture，Economic Research Service，2004.

Golan E，Krissoff B，Kuchler F，et al. Traceability in the US food supply：dead end or superhighway [J]. Choices，2003，18（2）：17－20.

Golan et al. Food traceability：One ingredient in a safe and efficient food supply [J]. Prepared Foods，2005，174（1）：59－70.

Greve H R. Performance，aspirations，and risky organizational change [J]. Administrative Science Quarterly，1998（43）：58－86.

Greve H R. A Behavioral Theory of Expenditures and Innovations: Evidence from Shipbuilding [J]. Academy of Management Journal, 2003 (6): 685-702.

Han J, Trienekens J H, Tan T, et al. Vertical coordination, quality management and firm performance of the pork processing industry in China [J]. international agri-food chains and networks, management and organization, Wageningen, the Netherlands: Wageningen Academic Publishers, 2006: 319-332.

Han S H, Nguyen B, Lee T J. Consumer-based chain restaurant brand equity, brand reputation, and brand trust [J]. International Journal of Hospitality Management, 2015, 50 (9): 84-93.

Heyder M, Holmann-Hespos T, Theuvsen L. Agribusines firm reactions to regulations: The case of investments in traceability systems [C] //A Paper Prepared for Presentation at the 3rd International European Forum on "System Dynamics and Innovation in Food Networks" Innsbruck-Igls, Austria, 2010, 1 (2): 16-20.

Hobbs J E. Information asymmetry and the role of traceability systems [J]. Agribusiness, 2004, 20 (4): 397-415.

Holleran E, Bredahl M E, Zaibet L. Private Incentives for Adopting Food Safety and Quality Assurance [J]. Food Policy, 1999, 24 (6): 669-683.

Holmstrom Tirole. The theory of the firm [M]. in: Handbook of Industrial Organization Vol1. Amsterdam: North-Holland, 1989: 61-133.

Iyer D N, Miller K D. Performance feedback, slack, and the timing of acquisitions [J]. Academy of Management Journal, 2008 (51): 808-822.

Janssen M, Hamm U. Product Labelling in the Market for Organic Food: Consumer Preferences and Willingness-to-pay for Different Organic Certification Logos [J]. Food Quality and Preference, 2012, 25 (1): 9-22.

Kardes F R. Consumer Behavior and Management Decision [M]. New Jersey: Addison-Wesley, 1998.

Kreps D. Corporate Culture and Economic Theory [M]. In Perspectives on Positive Political Economy, edited by James Alt and Kenneth Shepsle. Cambridge: Cambridge University Press, 1990, 90-143.

Laffont J J, Tirole J A. Theory of Incentives in Procurement and Regulation [M]. Cambridge: The MIT Press, 1991.

Liddell S, Bailey D V. Market opportunities and threats to the US pork industry posed by traceability systems [J]. The International Food and Agribusiness Management Review, 2001, 4 (3): 287-302.

Loureiro M L，Umberger W J. A choice experiment model for beef：What US consumer responses tell us about relative preferences for food safety，country－of－origin labeling and traceability [J]. Food policy，2007，32 (4)：496－514.

Loureiro M，McCluskey J，Mittelhammer R. Are Stated preferences good predictors of market behavior? [J]. Land Economics，2003，79 (1)：44－55.

Marian G M，Andrew F，Julie A C，Spencer H. Co－regulation as a possible model for food safety governance：Opportunities for public－private partnerships [J]. Food Policy，2007，32 (3)：299－314.

Martinez M G，Epelbaum F M B. The role of traceability in restoring consumer trust in food chains [M] //Hoofar J，Jordan K，Butler F，et al. Food Chain Integrity：A Holistic Approach to Food Traceability，Safety，Quality and Authenticity. Cambridge：Woodhead Publishing，2011：294－302.

Martinez S W. Vertical coordination in the pork and broiler industries：implication for pork and chicken products [R]. Washington，D. C.：U. S. Department of Agriculture，1999.

Meuwissen M P M，Velthuis A G J，Hogeveen H，et al. Traceability and Certification in Meat Supply Chains [J]. Journal of Agribusiness，2003，21 (2)：167－181.

Mighell R L，Jones L A. Vertical coordination in Agriculture [R]. Washington，D. C.：U. S. Department of Agriculture，1963.

Mutshewa A. The use of information by environmental planners：A qualitative study using grounded theory methodology [J]. Information Processing and Management：An International Journal，2010，46 (2)：212－232.

Nelson P. Information and consumer behavior [J]. The Journal of Political Economy，1970，78 (2)：311－329.

Olesen I，Alfnes F，Rra M B，et al. Eliciting Consumers' Willingness to Pay for Organic and Welfare－labelled Salmon in a Non－hypothetical Choice Experiment [J]. Livestock Science，2010，127 (2)：218－226.

Ortega D L，Wang H H，Widmar N J O，et al. Reprint of "Chinese producer behavior：Aquaculture farmers in southern China" [J]. China Economic Review，2014，30 (9)：540－547.

Parker J S，Wilson R S，Lejeunnej，et a1. Including growersin the "fodsafety" conversation：Enhancing the design and implementation offod safety programming based on farm and marketing nedsof fresh fruit andvegetable producers [J]. Agricul—Tureand Human Values，2012，29 (3)：303－319.

Popkin，Samuel L. The Rational Peasant：The Political Economy of Rural Society in Vietnam [M]. University of California Press，1979.

Putnam R D. Making Democracy Work：Civic Traditions in Modern Italy [M]. Princeton：Princeton University Press，1993.

Rousseau S，Vranken L. Green Market Expansion by Reducing Information Asymmetires：Evidence for Labeled Organic Food Products [J]. Food Policy，2013，40 (6)：31-43.

Rouvière E，Caswell J A. From punishment to prevention：A French case study of the introduction of co-regulation in enforcing food safety [J]. Food Policy，2012，37 (3)：246.

Rozan A，Stenger A，Willinger M. Willingness to Pay for Food Safety：An Experimental Investigation of Quality Certification on Bidding Behaviour [J]. European Review of Agricultural Economics，2004，31 (4)：409-425.

Salaün Y，Flores K. Information Quality：Meeting the Needs of the Consumer [J]. International Journal of Information Management，2001，21 (1)：21-37.

Schiffman L G，Kanuk L L. Consumer behavior (7thEdition) [M]. Beijing：Tsinghua University Press，2003：425-426，447.

Schiffman L G，Wisenblit J. Consumer Behavior (11th Edition) [M]. London：Pearson，2014.

Sinclair D. Self-regulation versus command and control? Beyond false dichotomies [J]. Law & Policy，1997，19 (4)：527-559.

Sirgy M J. Self-concept in consumer behavior：A critical review [J]. Journal of Consumer Research，1982 (9)：287-300.

Smith G C，Tatum J D，Belk K E，et al. Traceability from a US Perspective [J]. Meat Science，2005，71 (1)：174-193.

Souza-Monteiro D M，Caswell J A. The economics of implementing traceability in beef supply chains：Trends in major producing and trading countries [R]. University of Massachusetts，Amherst Working Paper，2004.

Sterling Liddell，Dee Von Bailey. Market opportunities and threats to the U. S. pork industry by traceability systems [J]. International Food and Agribusiness Management Review，2001 (4)：287-302.

Tempesta T，Vecchiato D. An Analysis of the Territorial Factors Afecting Milk Purchase in Italy [J]. Food Quality and Preference，2013，27 (1)：35-43.

Tonsor G T，Schroeder T C. Livestock identification：Lessons for the US beef industry from the Australian system [J]. Journal of International Food & Agribusiness Marketing，2006，18 (3/4)：103-118.

Umberger W J，Boxall P C，Lacy R C. Role of Credence and Health Information in Determining US Consumers' Willingness - to - Pay for Grass - Finished Beef [J]. Australian Journal of Agricultural and Resource Economics, 2009, 53 (4): 603 - 623.

Umberger W J, Feuz D M, Calkins C R, et al. Country - of - origin Labeling of Beef Products: U. S. Consumers' Perceptions [J]. Journal of Food Distribution Research, 2003, 34 (3): 103 - 116.

Umberger W J, Thilmany McFadden D D, Smith A R. Does altruism play a role in determining US consumer preferences and willingness to pay for natural and regionally produced beef? [J]. Agribusiness, 2009, 25 (2): 268 - 285.

Van Rijswijk W, Frewer L J. Consumer needs and requirements for food and ingredient traceability information [J]. International Journal of Consumer Studies, 2012, 36 (3): 282 - 290.

William H G. Econometric Analysis (7th edition) [M]. London: Pearson, 2011.

Wooldridge J. Econometric Analysis of Cross Section and Panel Data [M]. MIT Press, Cambrige, Massachusetts, London, England, 2002.

Wu L, Wang S, Zhu D, et al. Chinese consumers' preferences and willingness to pay for traceable food quality and safety attributes: The case of pork [J]. China Economic Review, 2015, 35 (9): 121 - 136.

Wu L, Xu L, Gao J. The acceptability of credited traceable food among Chinese consumers [J]. British Food Journal, 2011, 133 (4): 519 - 534.

Yang Q, Pang C, Liu L, et al. Exploring consumer perceived risk and trust for online payments: An empirical study in China's younger generation [J]. Computers in Human Behavior, 2015, 50 (9): 9 - 24.

Yoo C W, Parameswaran S, Kishore R. Knowing about your food from the farm to the table: using information systems that reduce information asymmetry and health risks in retail contexts [J]. Information & management, 2015, 52 (6): 692 - 709.

Zhang C, Bai J, Wahl T I. Consumers' willingness to pay for traceable pork, milk, and cooking oil in Nanjing, China [J]. Food Control, 2012, 27 (1): 21 - 28.

后　　记

猪粮安天下。生猪产业的健康发展对国家社会经济的稳定有序具有重要作用，近两年非洲猪瘟疫情的暴发更使我们充分认识到猪肉供给对保障民生和社会经济稳定的重大作用。从2010年以来，本人就开始持续关注食品可追溯体系建设，尤其自2012年攻读博士以来，更是重点聚焦猪肉可追溯体系和猪肉质量安全问题研究。本人曾于2017年出版了一本专著《基于质量安全的中国猪肉可追溯体系运行机制研究》，并在该书研究的基础上，成功申请到国家自然科学基金项目“基于监管与声誉耦合激励的猪肉可追溯体系质量安全效应研究：理论与实证（71603169）”。本书即是上一本专著和国家自科基金项目研究成果基础上的总结、延续和深化。本人关注猪肉可追溯体系研究多年，紧跟我国猪肉可追溯体系建设步伐，其间所取得的一系列研究成果得到了相关专家和政府管理部门的认可。在多年的积累下，终于形成这样一本专著《猪肉可追溯体系质量安全效应研究：理论与实证》，说是“十年磨一剑”，也毫不夸张。

“民以食为天，食以安为先”。保障食品质量安全始终是关系国计民生的大事，建立食品可追溯体系是解决食品质量安全问题的重要途径。近些年，国家层面诸多法律法规和政策举措不断将食品安全追溯体系建设推向深入。《中华人民共和国食品安全法》中规定：国家建立食品安全追溯制度。食品生产经营者应当依照本法的规定，建立食品安全追溯体系。2015年12月，国务院发布的《关于加快推进重要产品追溯体系建设的意见》指出，坚持以落实企业追溯管理责任为基础，以推进信息化追溯为方向，加快建设覆盖全国、先进适用的重要产品追溯体系。《中华人民共和国国民经济和社会发展第十三个五年（2016—2020年）规划纲要》指出，加强农产品质量安全和农业投入品监管，强化产地安全管理，实行产地准出和市场准入制度，建立全程可追溯、互联共享的农产品质量安全信息平台，健全从农田到餐桌的农产品质量安全全过程监管体系。2016年9月，国家食品药品监督管理总局发布《关于推动食品药品生产经营者完善追溯体系的意见》，食品药品生产经营者应当承担起食品药品追溯体系建设的主体责任，实现对其生产经营的产品来源可查、去向可追。在发生质量安全问题时，能够及时召回相关产品、查寻原因。猪肉作为中国居民消费最多的肉类产品却经常受到质量安全问题的困扰，厘清我国猪肉可追溯体系建设至今，其保障生猪和猪肉质量安全的作用到底如何，在此基础上建立和优化既能实现猪肉有效溯源以保障猪肉质量安全，又能全面考虑不同利益主体利益的猪肉可追溯体系运行机制，对完善猪肉可追溯体系建设以及保障猪肉质量安全具有重要现实意义。这也正是本书研究的价值所在。

本研究也是集体协作的结晶。在本书资料收集过程中，得到社会各界的大力支持和帮助，感谢现代农业产业技术体系北京市生猪产业创新团队的支持，尤其是我的博士导师、北京市生猪产业创新团队产业经济岗位专家乔娟教授以及我的硕士导师李秉龙教授的细致指导和大力支持。感谢接受问卷调研、典型调研和参加座谈会的所有养猪场户、生猪屠宰加工企业负责人、猪肉销售商和消费者，在此不一一致谢。特别感谢天津农学院张玉梅博士、山东师范大学耿宁博士，以及农业农村部农村经济研究中心王慧敏师姐、张振师兄、曹慧博士、王欧博士对本书调研的大力帮助与支持。正是他们的配合和帮助使得本研究所需的数据资料能够顺利获得。还要特别感谢上海市农业科学院的院领导、各机关处室领导和农业科技信息研究所的所领导及各位同事对本研究给予的无私帮助和大力支持，没有你们的帮助就没有本书的顺利完成和出版。对本研究做出重要贡献和给予帮助的还有中国动物疾病预防中心副主任辛盛鹏、江南大学吴林海教授、中国海洋大学陈雨生师兄、北京工商大学于海龙师兄、南京农业大学刘爱军副教授、上海海洋大学李玉峰副教授、上海市农业科学院农业科技信息研究所张莉侠研究员、俞美莲副研究员、贾磊博士、朱哲毅博士、张孝宇博士、周洲博士、马佳研究员、马莹、王丽媛、王雨蓉等。此外，本书调查研究过程中还得到本人所指导的几位硕士生金俪雯、胡亚琳、冯晓晓、孟晓芳、朱文君、王颖颖、王浩、李智彬等的大力帮助，同样对他们表示感谢，他们都非常优秀，相信未来会有很好的发展。值本书出版之际，向所有参与和支持过本研究的人表示最衷心的感谢。

本书是国家自然科学基金项目“基于监管与声誉耦合激励的猪肉可追溯体系质量安全效应研究：理论与实证（71603169）”的主要研究成果，也包含国家自然科学基金项目“绿色发展视域下生猪养殖适度规模的演进机理与路径优化研究（71803104）”的部分研究成果，在此表示特别的感谢。最后，感谢中国农业出版社对本书出版给予的支持和帮助。

刘增金

2020年8月10日

图书在版编目（CIP）数据

猪肉可追溯体系质量安全效应研究：理论与实证／刘增金著．—北京：中国农业出版社，2020.10
ISBN 978-7-109-27252-1

Ⅰ.①猪…　Ⅱ.①刘…　Ⅲ.①猪肉－食品安全－监管制度－研究－中国　Ⅳ.①TS201.6

中国版本图书馆CIP数据核字（2020）第170070号

中国农业出版社出版
地址：北京市朝阳区麦子店街18号楼
邮编：100125
责任编辑：姚　红
版式设计：王　晨　　责任校对：周丽芳
印刷：北京大汉方圆数字文化传媒有限公司
版次：2020年10月第1版
印次：2020年10月北京第1次印刷
发行：新华书店北京发行所
开本：720mm×960mm　1/16
印张：16
字数：240千字
定价：58.00元
